高职高专"十二五"规划教材

矿井通风与防尘

（第2版）

主　编　陈国山
副主编　黄玉焕

北　京
冶金工业出版社
2015

内容提要

本书是在2010年出版的《矿井通风与防尘》的基础上修订而成的，保持了原版的特色，在内容上更加丰富和系统，其主要内容包括井下生产的空气条件，井下空气的基本成分；井下空气流动的基本性质，风流的动力、阻力、能量的变化，风流流动过程中的风量分配；矿井的自然通风方式，矿井的机械通风方式、通风设备、矿井机械通风的原理；矿井通风设计的基本内容、矿井通风系统设计的思路和过程，包括全矿总需风量、各工作场所所需风量的确定方法和计算过程，风量在各工作单位的分配和调整，以及相关通风设备的选择等内容；风流的预热和冷却、风流大小和方向的管理、漏风的管理、通风设施的管理；井下生产防尘的内容，包括粉尘的产生、危害、检测方法、防治方法。

本书是高职高专金属矿开采技术专业的专业课教材，也可作为本科教育、高等专科学校、成人高等教育、中职教育的教材。

本书也适用于矿山地质、矿山安全工程、矿山测量专业的工程技术人员学习及培训，还可供从事矿山地质工作、矿山测量工作、矿山监督和矿山管理工作的技术人员参考。

图书在版编目(CIP)数据

矿井通风与防尘/陈国山主编．—2版．—北京：冶金工业出版社，2015.2

高职高专“十二五”规划教材

ISBN 978-7-5024-6846-0

Ⅰ.①矿… Ⅱ.①陈… Ⅲ.①矿山通风—高等职业教育—教材 ②矿井—除尘—高等职业教育—教材 Ⅳ.①TD72 ②TD714

中国版本图书馆CIP数据核字(2015)第004457号

出 版 人　谭学余
地　　址　北京市东城区嵩祝院北巷39号　邮编　100009　电话　(010)64027926
网　　址　www.cnmip.com.cn　电子信箱　yjcbs@cnmip.com.cn
责任编辑　俞跃春　贾怡雯　美术编辑　杨　帆　版式设计　葛新霞
责任校对　卿文春　责任印制　李玉山
ISBN 978-7-5024-6846-0
冶金工业出版社出版发行；各地新华书店经销；三河市双峰印刷装订有限公司印刷
2010年2月第1版，2015年2月第2版，2015年2月第1次印刷
787mm×1092mm　1/16；14印张；336千字；212页
36.00元

冶金工业出版社　投稿电话　(010)64027932　投稿信箱　tougao@cnmip.com.cn
冶金工业出版社营销中心　电话　(010)64044283　传真　(010)64027893
冶金书店　地址　北京市东四西大街46号(100010)　电话　(010)65289081(兼传真)
冶金工业出版社天猫旗舰店　yjgy.tmall.com

第2版前言

《矿井通风与防尘》自2010年出版以来，受到广大使用者的好评，取得了良好的社会效益。为了感谢各大兄弟院校师生为本书提出的宝贵意见，以及满足矿山发展和科技进步的需要，进一步丰富和完善本书的内容，本书做了如下修订：

(1) 完善了矿井风流性质、自然风流形成原因等相关内容，增强了本书的阅读性；

(2) 更新了矿井自然风流及风流运动状态的测定方法，使其更具有直观性和现场实用性；

(3) 完善和补充了矿井风流分配调节方法等相关内容，使本书内容更加充实；

(4) 更新了矿井风流管理的内容；

(5) 更新和补充了对最新的矿井内空气压力及工作环境等检测仪器及设备的结构及原理介绍和使用说明，体现了本书内容的与时俱进；

(6) 更新了机械通风风机及主扇等相关内容。

参加本次修订的有吉林电子信息职业技术学院陈国山、王红亮、孟令飞、陈西林、吕国成、包丽明、包丽娜，安徽工业职业技术学院黄玉焕，北京科技大学王洪胜。其中，孟令飞、陈西林、包丽娜修订第1章，黄玉焕修订第2~4章，陈国山修订5、6章及附录，王洪胜、吕国成修订第7、8章，王红亮、包丽明修订第9章。本书由陈国山担任主编，黄玉焕担任副主编。

由于编者水平所限，书中不足之处，诚请读者批评指正。

编　者

2014年11月

第1版前言

随着国民经济的快速发展，金属矿地下开采的技术水平提高很快，矿产的开采深度和强度不断增加，工作环境相对恶劣，保证狭小作业空间的大气质量至关重要。它是保证矿山从业人员安全和生产正常进行的前提条件，因此，在了解和掌握矿井通风的基础知识和基础理论的同时，不断加强矿井通风管理，依据风流在矿井内的运动规律，通过机械通风等方式，不断为矿井提供新鲜空气，排出矿内有毒有害物质，为矿山安全运行创造良好环境，实现矿山的可持续发展。

根据教育部高职高专矿业类教学指导委员会金属矿开采技术教研组、冶金教育学会高职高专矿业类课程组的要求，以冶金工业出版社“十一五”冶金行业教材规划为指导方针，我们编写了本教材。

本教材为实现高职高专培养应用型人才的办学理念和高职高专人才培养目标，编写过程中注重教材的针对性。本教材以培养复合采矿工程人才为出发点，理论教学内容的编写全面，且侧重了实践性教学内容和生产实践知识的讲解，加强了学生实践应用能力的培养。内容新颖，教材内容包括了国内最新的理论和前沿技术，特别加强了对新技术的介绍。以便学生更好的从事矿山生产和管理工作。为学生日后从事矿山生产工作打下基础。

本教材由吉林电子信息职业技术学院陈国山、刘兴科、王洪胜、王红亮、包丽娜、吕国成、包丽明编写。其中，包丽娜，刘兴科编写第1章，陈国山编写第2~4章，王洪胜，吕国成编写第5、6章，王红亮，包丽明编写第7章，王洪胜编写附录部分。本书由陈国山、王洪胜担任主编，王红亮、包丽娜担任副主编。

在编写过程中，得到许多同行、矿山工程技术人员的支持和帮助，在此表示衷心的感谢。

由于编者水平有限，书中不足之处，诚请读者指正。

编　者

2009年10月

目 录

1 矿井内大气环境

1.1　矿井内空气的主要成分

矿井内的空气来源于地面空气。地面空气主要由氧（O_2）、氮（N_2）和二氧化碳（CO_2）组成。这些气体在空气中所占比例见表1-1。

表1-1　空气主要成分

名　称	体积分数/%	质量分数/%
氧	20.96	23.28
氮	79.00	76.64
二氧化碳	0.04	0.08

此外，空气中还含有微量的水蒸气、微生物和灰尘等，这些物质成分仅在城市或工业中心等局部地区变化较大，但不影响整个地面的空气组成，所以不包括在地面空气的组成成分之内。

地面空气进入矿井后，在成分上将发生一系列的变化，如氧含量减少，混入各种有害有毒气体和矿尘，空气温度、湿度和压力也会发生相应变化。

可见，地面空气与矿内空气是有区别的。矿内空气在其成分与地面空气相近似时（如进风巷道中的风流）称为新鲜风流，反之称为污浊风流或废风、污风（如回风道中的风流）。

(1) 氧（O_2）。氧（O_2）是一种无色、无味、无臭的气体，和空气相比，它的相对密度是1.11。它的化学性质很活泼，几乎能与所有的气体化合，易使其他物质氧化，是人与动物呼吸和物质燃烧不可缺少的气体。

人对氧的需要量是随人的体质强弱及劳动强度大小而定的：休息时所需的氧量不少于0.25L/min；在行走和劳动时，所需氧量为1～3L/min。

空气中含氧量减少时人体的反应见表1-2。

表1-2　空气中含氧量减少时人体的反应

空气中含氧量(体积分数)/%	人体的反应
17	静止时无影响，但工作时能引起喘息、呼吸困难
15	呼吸及脉搏跳动急促，感觉及判断能力减弱，失去劳动能力
10～12	失去理智，时间稍长即有生命危险
6～9	失去知觉，呼吸停止，心脏在几分钟内尚能跳动，不进行急救会导致死亡

因此，对井下工作面必须供给含有足够氧气的新鲜空气。我国矿山安全规程规定：在总进风和采掘工作面进风中，氧气的体积分数不得低于20%。

（2）二氧化碳（CO_2）。二氧化碳（CO_2）是一种无色略带酸臭味的气体，俗称碳酸气，相对密度为1.52，容易聚集在巷道底部或地井盲巷没有风流的地方，二氧化碳不助燃，不能供呼吸，易溶于水。

二氧化碳对人的呼吸有刺激作用，二氧化碳在人体内增多时，能刺激人的呼吸神经中枢，从而引起频繁的呼吸，使人的需氧量增加。另外，井下空气中二氧化碳在浓度过大时，又会使氧含量相对减少，使人中毒或窒息。

空气中二氧化碳含量变化对人体的影响见表1-3。

表1-3　空气中二氧化碳含量变化对人体的影响

空气中二氧化碳含量(体积分数)/%	人体的反应
1	呼吸感到急促
3	呼吸量增加两倍，并很快感到疲劳
5	呼吸感到困难，耳鸣，血液流动很快（太阳穴跳动快）
6	发生严重的喘息，极度虚弱无力
10	头晕，很快处于昏迷状态
10~20	呼吸处于停顿状态，失去知觉
20~25	中毒死亡

为了防止二氧化碳的危害，安全规程规定：在总进风和采掘工作面进风中，二氧化碳的体积分数不得超过0.5%；在总回风中其体积分数不得超过0.75%。

（3）氮（N_2）。氮（N_2）是一种无色、无味、无臭的气体，相对密度为0.97，既不助燃，也不能供人呼吸。在正常情况下，氮对人体无害，但当空气中氮含量增加时，会使氧气含量相对减少，而使人窒息。在通风正常的巷道中氮含量一般变化不大。

综上所述，地表空气的主要成分是氧、二氧化碳及氮。空气进入矿井后，其成分会发生变化。由于在矿井里，矿岩及木材等不断缓慢氧化，消耗大量氧气，并产生二氧化碳，因此，主要是氧气减少及二氧化碳增加。在矿内通风不好的地方，尤其是采空区附近及有二氧化碳放出的独头巷道，氧的体积分数可能会降到1%~3%。所以在进入这些巷道前应该进行相关检查，否则贸然进入将有窒息死亡的危险。已经停止通风的旧巷，未经检查决不允许进入，以免发生二氧化碳中毒、窒息事故。

1.2　矿井内空气中的主要有毒有害气体

金属矿山井下常见的对安全生产威胁最大的有毒有害气体有一氧化碳、二氧化氮、二氧化硫、硫化氢等。

1.2.1　有毒有害气体的来源

1.2.1.1　爆破时所产生的炮烟

爆破是矿山生产的主要作业之一。爆破后不能立即进入工作面，因为现代各种工业炸药爆破分解都是建立在可燃物质（如碳、氢、氧等）气化的基础上的。当炸药爆炸时，除产生水蒸气和氮外，还产生二氧化碳、一氧化碳、氮氧化物等有毒有害气体，统称为炮烟。炮烟会直接危害工人的安全和健康。

1.2.1.2 柴油内燃机工作时所产生的废气

井下使用柴油动力的无轨设备能使劳动生产率大大提高，但柴油机工作时排出的废气对工人的危害较大。因为柴油是由碳（85%～86%）、氢（13%～14%）和硫（0.05%～0.7%）组成，柴油的燃烧一般不是理想的完全燃烧，会产生很多局部氧化和不燃烧的东西。所以，柴油机排出的废气是各种成分的混合物，其中以氮氧化物（主要是一氧化氮和二氧化氮）、一氧化碳、醛类和油烟等四类成分含量较高，毒性较大，是柴油机废气中的主要有害成分。一般柴油机废气中的氮氧化物的体积分数为0.005%～0.025%，一氧化碳的体积分数为0.016%～0.048%。所以应进一步了解一氧化碳和氮氧化物的特点，才能清楚地知道它们的危害及其预防方法。

1.2.1.3 硫化矿物的氧化

在开采含硫矿床时，由于硫化矿物缓慢氧化，除产生大量的热外，还会产生二氧化硫和硫化氢气体，如：

$$FeS_2 + 2H_2O \longrightarrow Fe(OH)_2 + H_2S + S \tag{1-1}$$

$$CaS + H_2O + CO_2 \longrightarrow CaCO_3 + H_2S$$

$$Fe_7S_8 + O_2 \longrightarrow 7FeS + SO_2$$

在含硫矿岩中进行爆破工作或硫化矿尘爆炸以及坑木腐烂和硫化矿物的水解，都会产生二氧化硫和硫化氢气体。

1.2.1.4 井下火灾

当井下失火引起坑木燃烧时，井下氧气供应不充分会产生大量一氧化碳，如一架棚子（直径为180mm，长2.1m的立柱两根和一根长2.4m的横梁，体积为0.17m^3）燃烧所产生的CO约为97m^3，这么多的CO足以使断面为4～5m^{2}的巷道在2km长范围以内的空气中CO含量达到致命的浓度。

1.2.2 各种有毒有害气体的性质

1.2.2.1 一氧化碳（CO）

CO是一种无色、无味、无臭的气体，相对密度为0.97。由于一氧化碳与空气重量相近，易于均匀散布在巷道中，若不用仪器测定很难察觉。一氧化碳不易溶解于水，在通常的温度和压力下，化学性质不活泼。

一氧化碳是一种性质极毒的气体，在井下各种中毒事故中所占的比例较大。一氧化碳性质极毒是由于它与人体血液中血色素的结合力比氧大250～300倍，也就是说血液吸收一氧化碳的速度比氧快250～300倍。当人体吸入的空气含有一氧化碳时，那么血液就要多吸收一氧化碳，少吸入甚至不吸入氧气。这样人体内循环的不是氧素血色素（H_BO_2），而是碳素血色素（H_BCO），使人患缺氧症。当血液中一氧化碳达到饱和时就完全失去输送氧的能力，使人死亡。

但是，氧气、一氧化碳与血色素之间的反应是可逆的，见式（1-2）：

$$H_BO_2 + CO \rightleftharpoons H_BCO + O_2 \tag{1-2}$$

这说明空气中一氧化碳含量过高会妨碍人体吸收氧；反之，有足够的氧气也会排出人体内的一氧化碳。因此一氧化碳中毒时只要吸入新鲜空气就会减轻中毒的程度，所以对一氧化碳中毒者应尽快地将其转移到新鲜风流中进行人工呼吸，其仍可得救。一氧化碳含量对人体的影响见表1-4。

表1-4 空气中不同的一氧化碳浓度对人体的影响

一氧化碳浓度		人体的反应
质量浓度/mg·L^{-1}	体积分数/%	
0.2	0.016	呼吸数小时，人感到耳鸣头痛等，当吸入新鲜空气后，即恢复正常
0.6	0.048	连续呼吸1h就会感到耳鸣，头痛，心跳加速
1.6	0.128	连续呼吸0.5～1h，四肢无力，呕吐，感觉迟钝，丧失行动能力
5.0	0.400	连续呼吸20～30min，丧失知觉，呼吸停顿，以致死亡
12.5	1.0	1～2min即死亡

由于一氧化碳的毒性很大，安全规程规定：井下作业地点（不采用柴油设备的矿井），空气中一氧化碳的体积分数不得超过0.0024%，质量浓度不得超过0.03mg/L。这个规定的允许浓度比表1-4所列的有轻微症状的中毒浓度还有几倍的安全系数，这主要考虑到人在这种环境下从事劳动也不致中毒和受到伤害。但爆破后，在扇风机连续运转不断送入新鲜风流的情况下，一氧化碳浓度降到0.02%时就可以进入工作面。使用柴油设备的矿井一氧化碳的体积分数应小于0.005%。

若经常在一氧化碳浓度超过允许浓度的环境中工作，虽然短时期内不会发生急性病状，但血液长期缺氧和中枢神经系统受到伤害，就会引起头痛、眩晕、胃口不好、全身无力、记忆力衰退、情绪消沉及失眠等慢性中毒。

1.2.2.2 氮氧化物（NO、NO_2）

爆破后和柴油机废气中都有大量的一氧化氮（NO）产生，一氧化氮是极不稳定的气体，遇到空气中的氧即转化为二氧化氮（NO_2）。

二氧化氮是一种褐红色的气体，相对密度为1.57，具有窒息刺激气味，极易溶解于水；二氧化氮遇水后生成硝酸，对人的眼、鼻、呼吸道和肺部都有强烈的腐蚀作用，以致破坏肺组织而引起肺部水肿。

二氧化氮中毒的特点是起初无感觉，往往要经过6～24h后才出现中毒征兆。即使在危险浓度下，起初也只是呼吸道受刺激、咳嗽，但经过6～24h后，就会发生严重的支气管炎、呼吸困难、吐黄痰，进而发生肺水肿、呕吐等症状，以致很快死亡。

当空气中二氧化氮的体积分数为0.004%时，2～4h还不会引起中毒现象；当体积分数为0.006%时，就会引起咳嗽，胸部发痛；当二氧化氮的体积分数为0.01%时，短时间内对呼吸器官就有很强烈的刺激作用，咳嗽、呕吐、神经麻木；当二氧化氮的体积分数为0.025%时，很快使人中毒死亡。

空气中不同的二氧化氮浓度对人体的影响见表1-5。

表1-5 空气中不同的二氧化氮浓度对人体的影响

二氧化氮浓度		人体的反应
质量浓度/mg · L^{-1}	体积分数/%	
0.08	0.004	经过2~4h不会引起显著的中毒现象
0.12	0.006	短时间呼吸道有刺激作用，咳嗽、胸痛
0.20	0.01	短时间呼吸器官受到强烈刺激作用，剧烈咳嗽，声带痉挛性收缩，呕吐，神经系统麻木
0.51	0.025	短时间内死亡

为了防止二氧化氮的毒害，安全规程规定：井下作业地点（不采用柴油设备的矿井）空气中二氧化氮的体积分数不得超过0.00025%，质量浓度不得超过0.005mg/L；使用柴油设备的矿井二氧化氮的体积分数应小于0.0005%。

1.2.2.3 硫化氢（HS）

硫化氢是一种无色、有臭鸡蛋味的气体，相对密度为1.19，易溶于水，在通常情况下，1体积的水中，能溶解2.5体积的硫化氢，故它常积存于巷道的积水中。硫化氢能燃烧，当体积分数达到6%时，具有爆炸性。

硫化氢有很强的毒性，能使血液中毒，对眼睛黏膜及呼吸道有强烈的刺激作用。硫化氢对人体的危害见表1-6。

表1-6 空气中不同的硫化氢浓度对人体的影响

硫化氢的浓度		人体的反应
质量浓度/mg · L^{-1}	体积分数/%	
0.14	0.01	数小时后发生轻度中毒，流唾液和清鼻涕，瞳孔放大，呼吸困难
0.28	0.02	1h后昏迷，头痛，呕吐，四肢无力
0.7	0.05	30min~1h失去知觉，痉挛，脸色发白，不急救便死亡
1.4	0.10	很快有死亡的危险

安全规程规定，井下空气中硫化氢的体积分数不得超过0.00066%。

1.2.2.4 二氧化硫（SO_2）

二氧化硫是一种无色、有强烈硫黄味的气体，易溶于水，相对密度为2.2，常积存于巷道的底部，对眼睛有强烈的刺激作用。二氧化硫与水蒸气接触生成硫酸，又对呼吸器官有腐蚀作用，使喉咙和支气管发炎，呼吸麻痹，严重时引起肺水肿。不同的二氧化硫浓度对人体的影响见表1-7。

表 1-7 空气中不同的二氧化硫浓度对人体的影响

二氧化硫浓度		人体的反应
质量浓度/mg · L^{-1}	体积分数/%	
0.014	0.004	嗅觉器官感到刺激味
0.057	0.006	对眼睛和呼吸器官有强烈的刺激，引起眼睛红肿、流泪、咳嗽、头痛、喉痛等现象
1.43	0.01	引起急性支气管炎、肺水肿，短期内中毒死亡

安全规程规定，矿内空气中二氧化硫的体积分数不得超过 0.0005%。

在矿石含硫量（体积分数）超过 15% ~20% 的矿井里，一氧化碳和二氧化硫含量不断增加，是矿石自燃火灾的主要征兆之一。

1.2.3 有毒气体中毒时的急救

1.2.3.1 一氧化碳中毒时的急救

从一氧化碳的特性可以看出，一氧化碳是毒害很大的气体，产生在爆破后和柴油机排出的废气中，在对一氧化碳中毒伤员进行急救时应加以区别对待。一氧化碳中毒，呼吸浅而急促，失去知觉时面颊及身上有红斑，嘴唇呈桃红色。对中毒伤员可施用人工呼吸及苏生输氧，输氧时可掺入 5% ~7% 的二氧化碳以兴奋呼吸中枢促进恢复呼吸机能，口服生萝卜汁有解毒作用。

1.2.3.2 二氧化氮中毒时的急救

二氧化氮是毒害很大的气体，产生在爆破后和柴油机排出的废气中，二氧化氮中毒时，突出的特征是指尖、头发变黄，另外还有咳嗽、恶心、呕吐等症状。因为二氧化氮中毒时，往往发生肺水肿，所以切忌采用人工呼吸，以免加剧肺水肿的发展。可用拉舌头刺激神经引起呼吸，或在喉部注入碱性溶液——$NaHCO_3$，以减轻肺水肿现象。当必须用苏生输氧时，也只能输入不含二氧化碳的纯氧，以免刺激肺器官。最好是在苏生器供氧的情况下，让中毒伤员自行呼吸。

1.2.3.3 硫化氢中毒时的急救

硫化氢中毒，除施行人工呼吸或苏生输氧外，可用浸过氨水溶液的棉花或毛巾放在嘴和鼻旁，因氨是硫化氢的良好解毒物。

1.2.3.4 二氧化硫中毒时的急救

二氧化硫中毒能引起肺水肿，故应避免用人工呼吸；当必须用苏生输氧时，也只能输入不含二氧化碳的纯氧。外部器官受硫化氢、二氧化硫刺激时，眼睛可用 1% 的硼酸水或明矾溶液冲洗，喉咙可用苏打溶液、硼酸水及盐水漱口。

1.3 矿井内的工作环境

1.3.1 矿井内气候条件

不论在工作还是休息时，人体都在不断地产生热量和散发热量以保持热平衡。劳动强度越大，散发的热量就越多。若热量不能充分散发，会感到闷热；体内积热严重，会中暑。反之，人体过量散热会导致感冒。只有当人体产生的热量与散发的热量相平衡，使体温保持在36.5～37℃时，才是最合理的外部条件。

人体是借助于对流、辐射及汗水蒸发三种方式向空气散发热量的。影响对流散热的是人体与周围空气的温度差和空气的流动速度；辐射的效果受人体及周围介质温差大小的影响；汗水蒸发与空气温度、湿度和风流速度都有关系。这样可以看出，影响人体散热的条件是空气温度、湿度及其流动速度的综合作用，称为矿内气候条件，它对人体的健康及劳动生产率的提高有着重要的影响。

1.3.1.1　*矿井内空气的温度*

矿内空气温度是矿内气候条件的重要因素。温度过高，人体散热困难；温度过低，则散热太快，人体过冷。最适宜的矿内空气温度是15～20℃。

矿内空气的温度受多种因素的影响：

（1）地面空气温度的变化。地面空气温度对井下温度有直接影响。冬季地面冷空气进入矿井，可使矿内空气温度降低，甚至发生结冰现象。夏季地面热空气进入矿井，可使井下温度升高。这种影响对较浅的矿井比较明显，因为风流进入矿井后，不能有充分的热交换时间。这种影响对较深的矿井则影响不太显著。

（2）岩石温度。浅部岩石温度是随地表温度而变化；但从恒温带以下，则岩石温度随着深度的增加而升高，不受地表气候的影响。恒温带的深度一般为20～30m，其温度等于该地区空气的年平均温度。由于岩石性质种类不同，岩石温度每增加1℃，其相应的下降深度叫地温率。根据地温率可按下式计算岩石温度。

$$t = t_{\mathrm{H}} + \frac{H - h_1}{g_{\mathrm{r}}} \tag{1-3}$$

式中　t——深度为H m处的岩石温度,℃；

t_{H}——恒温带的温度,℃；

h_1——恒温带的深度，m；

g_{r}——地温率，m/℃，金属矿床地温率约为40～45m/℃。

当矿井开采深度增加后，温度的升高将是一个显著的问题。如南非的深部矿井中2750m水平的岩石温度高达43.5℃；印度的奥列古姆矿井在2750m水平，岩石温度高达61.5℃。

（3）氧化生热。在硫化矿床，矿石的氧化是高温的直接原因。如安徽向山硫铁矿的独头工作面气温曾达40℃。

（4）水分蒸发。水分蒸发时从空气中吸收热量，使空气温度降低。1g的水蒸发可吸收2449J的热量，1m^{3}的空气吸收或放出1298J热，将使空气温度升高或降低1℃。所以在1m^{3}空气中有1g水蒸发，将使空气温度降低1.9℃。

（5）空气受压缩或膨胀。当空气向下流动时，随着温度的增加，空气受压缩而放出热量，一般垂直深度每增加100m，气温增高1℃；当空气向上流动时，因膨胀而吸热，平均每升高100m，气温下降0.8～0.9℃。

（6）矿井通风。矿井通风对矿井气温有直接影响。许多矿井的实践说明，在高温工作面，通过适量的风流，气温会显著下降。因为空气流过巷道或工作面时，吸收热量排出地表。若气温较低，风流速度过大会使人体大量散热，所以根据不同的气温有不同的风速要求，见表1-8。

表1-8　空气温度与风速要求

空气温度/℃	风速要求/m·s^{-1}	空气温度/℃	风速要求/m·s^{-1}
<15	不高于0.5	20~24	不低于1.5
15~20	不高于1.0	24~25	不低于2.0
20~22	不低于1.0		

为了给井下工人创造一个良好的劳动环境，安全规程规定：井下作业地点最高允许温度为27℃，否则必须采取降温措施。

(7) 其他因素。如机电设备散热、灯火燃烧、人体散热等，对气温也有一定的影响。

1.3.1.2　*矿内空气的湿度*

空气中常含有一定的水蒸气。单位体积或单位质量的空气所含有的水蒸气量称为空气的绝对湿度或实际湿度；在某一温度时，单位空气所含有的最大水分称为该温度时的饱和湿度。过多的水分将变为水滴。

在同温度的情况下绝对湿度与饱和湿度之比的百分数，称为相对湿度，可用式（1-4）表示：

$$\varphi = \frac{\gamma_A}{\gamma_B} \times 100\% \tag{1-4}$$

式中　φ——空气的相对湿度，%；

γ_A——空气的绝对湿度，g/m^3；

γ_B——同温度的空气饱和湿度，g/m^3。

对人体有影响的主要是相对湿度，所以一般所指湿度是相对湿度。相对湿度小于40%，说明空气极为干燥；相对湿度大于80%，表示空气比较潮湿。湿度过大，则人体出汗不易蒸发；湿度过低，则感到干燥并引起黏膜干裂。湿度一般以50%~60%为宜。湿度对人体散热有一定的影响，但不如风速及温度的作用明显。

所以，创造良好气候条件的措施，首先仍然是合理的通风。在高温矿井还可采用喷水降温。此外，南方的矿井用岩石冷却进风温度，可使工作面气温降低2~5℃。北方矿井采用旧巷道在冬季预热进风，也收到良好效果。

1.3.1.3　*矿井气候*

矿井气候即矿井空气的温度、湿度和流速三个参数的综合作用。这三个参数也称为矿井气候条件的三要素，单独用某一因素评价气候条件的好坏是不够的。

评价气候条件舒适程度的综合指标有多种，这里介绍两种。

A 卡他度

卡他度是用模拟的方法度量环境对人体散热率影响的综合指标。测量卡他度的仪器称为卡他温度计。卡他温度计全长200mm，下端为长圆形贮液球，长约40mm，直径16mm，表面积22.6cm^2，内装酒精；上端为一长圆形空间，用于容纳加热时上升的酒精，如图1-1所示。在卡他计的长杆上刻有38℃及35℃两个刻度。

每个卡他计有不同的卡他常数F，它表示贮液球在温度由38℃降到35℃时每平方厘米表面上的散热量。测定前，将卡他计放入60～80℃热水中，使酒精上升到上部空间1/3处，取出擦干后即可进行测定。测定时，将卡他计悬挂在测定空间，酒精液面开始下降，记录由38℃降到35℃所需的时间t，按式（1-5）计算出卡他度H。

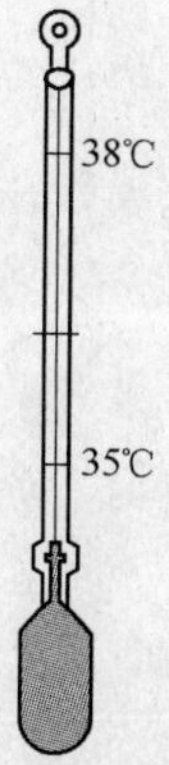

图1-1 卡他温度计

$$H = F/t \tag{1-5}$$

卡他度表示贮液球单位表面积、单位时间的散热量。因散热方式不同，卡他度有干、湿两种。干卡他度仅表示以对流和辐射方式的散热效果。湿卡他度则表示对流、辐射和蒸发三者的综合散热效果。测定湿卡他度时。需在卡他计的贮液球上包裹一层浸湿的纱布，测定方法与干卡他度相同。散热条件越好，卡他度的值越高。不同劳动强度所要求的卡他度，见表1-9。

表1-9 卡他度与劳动繁重程度的关系

劳动状况	轻微劳动	一般劳动	繁重劳动
干卡他度	>252	>336	>420
湿卡他度	>756	>1050	>1260

B 热应力指数（*HSI*）

*HSI*是以热交换值和人体热平衡为计算基础，并加入劳动强度因素的一个综合性舒适条件指标，热应力指数以*HSI*表示，它的表达式为：

$$HSI = E_P/E_d \times 100\% \tag{1-6}$$

式中 E_d——人体的排汗量不超过1L/h，人体皮肤温度为35℃时，由于汗蒸发形成的最大散热率；

E_P——维持人体热平衡所必需的散热率。

*HSI*曲线图可表示不同劳动强度所允许的气象条件，如图1-2所示。

例如，在湿球温度为30℃、风速为1.25m/s条件下，可进行中等强度的劳动；在干球温度为36℃、相对湿度为45%、风速为0.5m/s条件下，亦可进行中等强度的劳动；当湿球温度超过32℃，此时，*HSI*已超过100，仅能从事轻体力劳动。这个指标（*HSI*）在欧美各国较为常用。

空气温度、湿度和风速是矿井气候条件的三要素，它们是影响人体热平衡的主要因素。空气温度对人体对流散热起着主要作用；空气相对湿度影响人体蒸发散热的效果；风速影响人体的对流散热和蒸发散热的效果。对流换热强度随风速增大而增大，同时湿交换效果也随风速增大而加强。

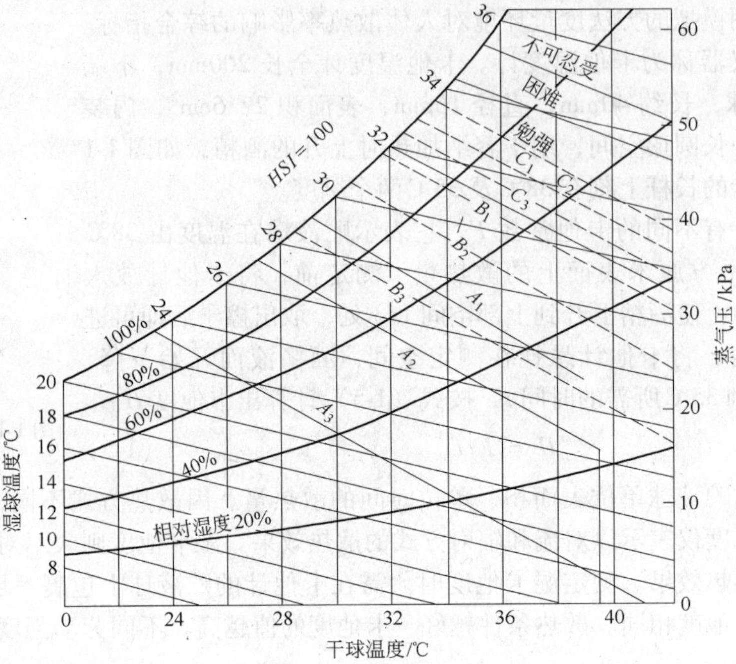

图1-2　*HSI* 曲线图

A_1—风速 0.5m/s，重劳动；A_2—风速 1.25m/s，重劳动；A_3—风速 2.5m/s，重劳动；
B_1—风速 0.5m/s，中劳动；B_2—风速 1.25m/s，中劳动；B_3—风速 2.5m/s，中劳动；
C_1—风速 0.5m/s，轻劳动；C_2—风速 1.25m/s，轻劳动；C_3—风速 2.5m/s，轻劳动

1.3.1.4　我国矿井气候条件的安全标准

我国现行评价矿井气候条件的指标是干球温度。我国《金属非金属矿的安全规程》规定，矿井空气最高容许干球温度为28℃。

采掘作业地点的气候条件应符合表1-10的规定，否则，应采取降温或其他防护措施。

表1-10　采掘作业地点气候条件规定

干球温度/℃	相对湿度/%	风速/m·s^{-1}	备　注
≤28	不规定	0.5～1.0	上　限
≤26	不规定	0.3～0.5	舒　适
≤18	不规定	≤0.3	增加工作服保暖

1.3.2　硅尘及其危害

在凿岩、爆破、运输及破碎岩石过程中会产生大量矿尘。含游离二氧化硅超过10%的矿尘称为硅尘。随空气进入呼吸道的粉尘，小于5μm的粉尘进入肺细胞后，被吞噬细胞捕捉并排出体外。若进入肺细胞的是硅尘，一部分被排出体外；余下的由于其毒性作用，

破坏了吞噬细胞的正常机能，使细胞逐渐变性坏死，肺失去弹性，这就是人们常说的硅肺病（旧称矽肺病）。所以0.1～5μm的硅尘是最有害的，称之为呼吸性粉尘。

影响硅肺病发生和发展的因素有粉尘含游离二氧化硅的多少、粉尘粒度、空气含尘量、人接触含尘空气的时间以及人的体质等。诸因素中空气含尘量是主要因素。

为了保证工人的健康，我国安全规程规定：地下矿山作业场所空气中粉尘的最高允许（质量）浓度为2mg/m^3；进风巷道与采掘工作面的风源含尘质量浓度不得大于0.5mg/m^3。

我国许多矿山，认真贯彻执行“安全生产”和“预防为主”的方针，坚持湿式作业及有效通风，在防止硅尘危害方面，取得了显著的成效。实践表明，只要长期坚持“风水为主”的防尘措施及“预防为主”的综合方针，就能达到国家规定的卫生标准，硅肺病的发生和发展是可以控制的。

1.3.3 放射性元素的产生及危害

1.3.3.1 氡及其危害

自然界存在着很多放射性元素，它们在不断地进行衰变，并不断放出α、β、γ射线。一种原子核放出射线后，变成另一种原子核，称为放射性衰变。现已查明，自然界存在铀、钍、锕三个衰变系，它们都有一个在常温常压下以气体形式存在的放射性元素，其中铀系中的氡容易对井下工作人员造成危害。

地壳中铀的含量大约是百万分之三，有的富集成具有开采价值的铀矿。铀几乎在所有的岩石中都有其踪迹，在井下空气中也会出现浓度相当高的氡。所以认为只有在铀矿井才需要防氡的看法是片面的。

氡是一种惰性气体，对人体无直接危害，但氡子体呈固体微粒形式，大小为0.001～0.05μm，有一定的荷电性，具有很强的附着能力，因此在空气中很容易与粉尘结合形成“放射性气溶胶”。被吸入人体后，氡及其子体继续衰变放出α射线，长期作用能使支气管和肺组织产生慢性损伤，引起病变，故认为它是产生矿工肺癌的原因之一。

事实说明，即使在铀矿山，γ射线对人体的外照射也很弱。所谓矿井的放射性防护，是针对被吸入人体的氡及其子体所放射的α射线的内照射而言的。

1.3.3.2 矿内大气中氡的来源

岩石中普遍存在着铀，铀不断地衰变，不断产生氡气，并从岩石的裸露表面进入空气中。所以在含铀品位不变的情况下，岩石的自由面越多，析出的氡也就越多。实践说明，在一些通风不好的非铀矿井，岩石裂隙及有大量的充填料（未填实）的采空区中，往往也存在高浓度氡。当矿内气压低于岩石裂隙及采空区的气压时，氡就进入矿内大气中。

氡在水中的溶解度不大，但由于岩石裂隙中存在高浓度的氡，地下水中溶解大量的氡，一经流入矿井，氡便从水中析出。

采矿及掘进都在不断地破碎矿岩，随着矿岩裸露面的增加，矿井的氡析出量也增加。另外，地面空气中的氡随入风风流进入井下，一般来说，它在数量上是极其微小的，可忽略不计。

1.4 矿井内工作环境的检测

1.4.1 有毒气体的检测

1.4.1.1 有毒气体检测原理

利用各种检定管测定空气中各种有害气体的原理是：根据各种待测气体和检定管中指示剂发生化学变化后指示剂变色的深浅或长度来确定各种气体的浓度。前者称为比色法，后者称为比长法。目前生产的检定管有一氧化碳、硫化氢和氧化氮等几种。

比长式检定管测定一氧化碳浓度的原理是：利用吸附五氧化二碘和发烟硫酸的硅胶作指示剂，置于玻璃管中；当含有一氧化碳的气体通过检定管时，检定管中的指示剂与一氧化碳相接触并起化学反应，一氧化碳将五氧化二碘还原，产生一个棕色变色圈（游离碘），变色圈的长度与通过检定管的气体中的一氧化碳浓度成正比。因此，根据变色圈的长度就可以指示一氧化碳的浓度，并从检定管的刻度上直接读出被测气体的一氧化碳浓度。

1.4.1.2 有毒气体检测仪器

常用检测仪器的分类见表1-11，常用检测仪器见表1-12。

表1-11 常用检测仪器分类

分类方式	类型		
使用方式	袖珍式	携带式	固定式
显示方式	指针式	数字式	光柱式
工作方式	间断式	连续式	
输出方式	报警式	控制式	
采样方式	泵吸式	扩散式	

表1-12 常用有毒气体检测仪器

序号	仪器名称	测量范围①
1	一氧化碳检测报警仪	0~0.2%
2	一氧化碳检测报警仪	0~1%
3	氧气检测报警仪	0~30%（体积分数）
4	硫化氢检测报警仪	0~0.01%
5	硫化氢检测报警仪	0~0.1%
6	二氧化硫检测报警仪	0~0.01%
7	二氧化硫检测报警仪	0~0.1%
8	氯气检测报警仪	0~0.005%
9	氰化氢检测报警仪	0~0.003%
10	一氧化氮检测报警仪	0~0.01%
11	二氧化氮检测报警仪	0~0.01%
12	甲烷检测报警仪	CH_4：0~4.0%

续表 1-12

序号	仪器名称	测量范围①
13	可燃气体检测报警仪	LEL：0～100%
14	甲烷/氧气检测报警仪	CH_4：0～4.0% O_2：0～30%（体积分数）
15	甲烷/一氧化碳检测报警仪	CH_4：0～4.0% CO：0～0.1%
16	三合一气体检测报警仪	CH_4：0～4.0% CO：0～0.1% O_2：0～30%（体积分数）
17	四合一气体检测报警仪	CH_4：0～4.0% CO：0～0.1% O_2：0～30%（体积分数） H_2S：0～0.01%
18	二氧化碳检测仪	0～0.2%
19	氢气检测报警仪	0～0.2%
20	臭氧检测报警仪	0～0.2%
21	气体检测仪校准装置	$CH_4/CO/O_2$
22	氨气检测报警仪	0～0.01%

①表中未注明的浓度均指质量分数。

1.4.2 空气含尘量的测定

粉尘检测是以科学的方法对生产环境空气中粉尘的含量及其物理化学性状进行测定、分析和检查的工作。从安全和卫生学的角度出发，日常的粉尘检测项目主要是粉尘浓度、粉尘中游离二氧化硅含量和粉尘分散度（也称为粒度分布）的检测。

1.4.2.1 粉尘浓度的测定

矿的粉尘浓度测定主要有滤膜测尘法和快速直读测尘仪测定法。

（1）滤膜测尘法。测尘原理是用粉尘采样器（或呼吸性粉尘采样器）抽取采集一定体积的含尘空气，含尘空气通过滤膜时，粉尘被捕集在滤膜上，根据滤膜的增重计算出粉尘浓度。

（2）快速直读测尘仪测定法。用滤膜采样器测尘是一种间接测量粉尘浓度的方法，由于准备工作、粉尘采样和样品处理时间比较长，不能立即得到结果，在卫生监督和评价防尘措施效果时显得不方便。为了满足这方面工作特点的需要，各国研制开发了可以立即获得粉尘浓度的快速测定仪。

1.4.2.2 粉尘游离二氧化硅的测定

国家标准中规定的测定方法是焦磷酸质量法，也有用红外分光光度计测定法进行测定的。

（1）焦磷酸质量法。在 245～250℃ 的温度下，焦磷酸能溶解硅酸盐及金属氧化物，对游离二氧化硅几乎不溶。因此，用焦磷酸处理粉尘试样后，所得残渣的质量即为游离二氧化硅的量，以百分比表示。为了求得更精确的结果，可将残渣再用氢氟酸处理，经过这一过程所减轻的质量则为游离二氧化硅的含量。

（2）红外分光光度计测定法。当红外光与物质相互作用时，其能量与物质分子的振动或转动能级相当时会发生能级的跃迁，即分子电低能级过渡到高能级。其结果是某些波长的红外光被物质分子吸收产生红外吸收光谱。游离二氧化硅的吸收光谱的波数为 $800cm^{-1}$、$780cm^{-1}$、$694cm^{-1}$（相当于波长为 12.5μm、12.8μm、14.4μm）。

（3）粉尘分散度的测定。粉尘分散度分为数量分散度和质量分散度。前者是针对具有代表性的一定数量的样品逐个测定其粒径的方法。其测定方法主要有显微镜法、光散射法等。测得的是各级粒子的颗粒百分数。后者是以某种手段把粉尘按一定粒径范围分级，然后称取各部分的质量，求其粒径分布，常采用离心、沉降或冲击原理将粉尘按粒径分级，测出的是各级粒子的质量分数。

（4）常用仪器。本书介绍两种粉尘采样仪：FCY-3R25 智能型呼吸性（全尘）恒流粉尘采样仪和 FCY-3R30 智能型双头呼吸性（全尘）恒流粉尘采样仪。

1）FCY-3R25 智能型呼吸性（全尘）恒流粉尘采样仪（如图 1-3 所示）。专用于测定生产班组工作场所内空气中粉尘平均浓度的两用仪器，是一种较可靠的粉尘分离装置。它广泛运用于疾病预防、环境监测、劳动保护、安监、军事、科研教学、冶金、石油化工、铁路、建材等部门的卫生监测和评价，也可与有关仪器配套使用。

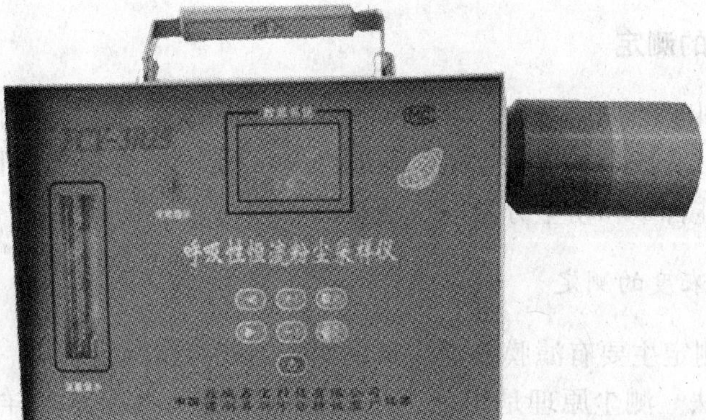

图 1-3　FCY-3R25 智能型呼吸性（全尘）恒流粉尘采样仪

呼吸性粉尘预捕集器能对危害人体的呼吸性粉尘和粗粉料粉尘进行分离，其分离效率符合国际公认的“BMRC”曲线标准。采用进口低耗能金属抽气泵为采样动力，具有压头高，流量稳定，负载能力强，噪声低，操作简便，使用寿命长等特点。

具有单片机智能控制系统，液晶屏数显，菜单设置，背光显示，采用 PVC 密封式触摸功能键。测定、计时准确，性能稳定，结构紧凑，自动恒压恒流，兼容性强，操作简便。既可长时间连续或间歇采样，也可与有关仪器配套使用，具有一机多用等特点。电子流量调节电路，一体化功能触摸键，单片机设置采样时间、预调、工作、欠压、充电提示等功能。冲击式预捕集器采集空气中的呼吸性粉尘，符合国际公认的“BMRC”曲线标准。交、直流供电，内置电池采用无记忆性高容量电池组，外出采样时可随时补充电力。

主要技术参数有：

采样流量：$L_{设}=20$L/min；流量范围：5～25L/min，抽气负压：不小于3000Pa；采样范围：TSP RSP；恒流精度：<±1.5%；滤膜直径：ϕ40mm(TSP)；流量计精度：小于2.5级；稳定性误差：不大于±5%；采样头气密性：1000Pa压力不漏气；显示：四位LCD液晶数显；采样时间误差：5min内不超过1s，定时误差：不大于±0.1%；采样效率：符合“BMRC”采样曲线标准；定时范围：99h59min（倒计时数字显示）；工作噪声：不大于65dB(A)；使用状态：连续或断续工作；连续时间：大于300min；工作条件：-20～50℃；相对湿度：小于85%；储存温度：-30～55℃；工作电源：AC 220V 50Hz DC 12V；充电电流：400mA（标准型）；外形尺寸：(213×136×130)mm；仪器质量：不大于2.3kg（含电池）；仪器类型：非防爆型。

2）FCY-3R30智能型双头呼吸性（全尘）恒流粉尘采样仪（如图1-4所示）。采用进口智能单片机LCD液晶屏数显系统、菜单设置、背光灯显示，结构紧凑、性能稳定、测量准确，具有自动恒压恒流等功能。独特的金属抽气泵为采样动力，电子流量调节电路。具有压头高，流量稳定，负载能力强，噪声低，操作简便，使用时间长等特点。

图1-4 FCY-3R30智能型双头呼吸性（全尘）恒流粉尘采样仪

具有智能控制系统，液晶数显、菜单设置、触摸开关，设有电力、阻力、流量补偿等功能。测定、计时准确，精度高，性能稳定，噪声低，体积小，质量轻，兼容性强，操作简便。采用进口低耗能金属抽气泵，抗负载能力强，设有电子流量调节（针阀调节）双装置。自动恒压恒流，采样中不因负载增加而使流量降低，工作、欠压、充电提示。一体化功能触摸键，既可长时间连续采样或间歇采样，也可与有关仪器配套使用。ϕ40mm冲击式预捕集器采集空气中的呼吸性粉尘，符合国际公认的“BMRC”曲线标准。交、直流兼容，内置电池采用无记忆性高容量电池组，外出采样时可随时补充电。

主要技术参数有：

采样流量：$L_{设}=20$L/min（双路）；流量范围：5～30L/min；抽气负压：不小于3000Pa；采样范围：TSP RSP；恒流精度：小于±1.5%；滤膜直径：ϕ40mm（TSP）；流

量计精度：小于 2.5 级；流量稳定性：30min 内小于 ±5%；定时误差：不大于 ±0.1%；环境大气压：80kPa ~ 110kPa；采样头气密性：1000Pa 压力不漏气；连续时间：大于 240min；工作噪声：不大于 65dB(A)；采样时间误差：5min 内不超过 1s；工作条件：-20 ~ 50℃；采样效率：符合“BMRC”采样曲线标准；定时范围：99h 59min（单片机智能控制）；显示模块：四位 LCD 液晶数显；使用状态：连续或断续工作；相对湿度：小于 85%；储存温度：-30 ~ 55℃；工作电源：AC 220V 50Hz DC 12V；充电电流：500mA（标准型）；外形尺寸：(213 × 136 × 130)mm；仪器质量：2.5kg（含电池组）；仪器类型：非防爆型。

1.4.3　矿井气候条件的测定

1.4.3.1　卡他计

卡他度由卡他温度计测量，它的构造很简单，是一根底部为一个大圆柱管的酒精温度计，如图 1-1 所示。

卡他度实际上就是用卡他计液球的散热强度来模拟人体的散热强度。因此，卡他度可定义为：卡他度是卡他计在平均温度为 36.5℃（模拟人体平均体温）时液球单位表面积上在单位时间内所散发的热量（mJ/cm^2）。由卡他度的定义可知，卡他度的实质就是卡他计液球在平均温度为 36.5℃时的散热强度，用它来模拟人体的散热。

卡他度的测定：将卡他计放入 60 ~ 80℃ 的热水中，使酒精上升到上部空间的 1/3 处，取出擦干（测干卡他度）后挂在测定空间点。随着液球的散热，温度下降，酒精液面不断下降，记录由 38℃降到 35℃所需要的时间。然后按式（1-7）计算卡他度，以使衡量环境气候条件对人体散热强度的影响成为可以度量并且可以测定的一个指标。测定湿卡他度时，卡他计液球表面要包湿纱布。测干卡他度则不需要包湿纱布，图 1-5 示出了干卡他度的测量方法。

$$H = F/t \tag{1-7}$$

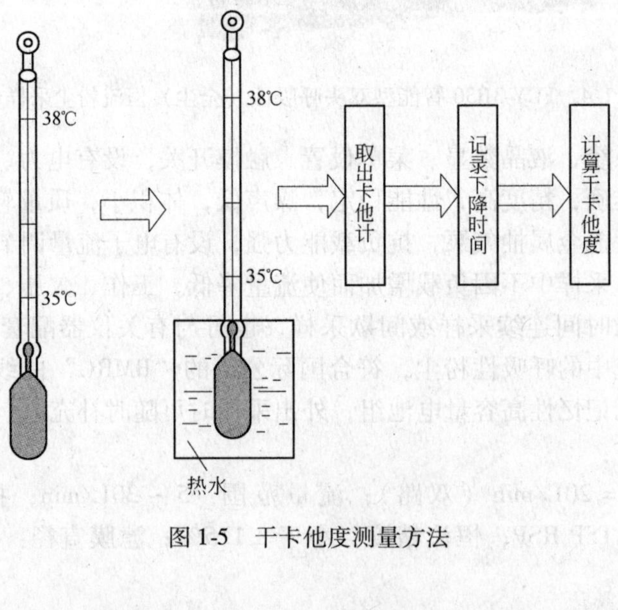

图 1-5　干卡他度测量方法

式中 H——卡他度，mJ/(cm^2·s)；

F——卡他计常数，mJ/cm^2；

t——卡他计液面从38℃降到35℃所需要的时间，s。

卡他度常用的另一单位（非法定计量单位）为：毫卡/(厘米^2·秒)(即mcal/(cm^2·s)，1cal≈4.18J)。对于不同劳动强度，推荐的舒适卡他度值见表1-13。

表1-13 不同劳动强度的舒适卡他度值

卡他度类型	轻微劳动		一般劳动		繁重劳动	
	mJ/(cm^2·s)	mcal/(cm^2·s)	mJ/(cm^2·s)	mcal/(cm^2·s)	mJ/(cm^2·s)	mcal/(cm^2·s)
干卡他度	>25	>6	>33	>8	>42	>10
湿卡他度	>75	>18	>105	>25	>126	>30

一般卡他度的值越大，散热条件越好，根据现场观测，不同的卡他度对人体的影响见表1-14。

表1-14 不同卡他度对人体的生理影响

冷却能力		上身赤膊人体的生理反应
湿卡他度	干卡他度	
5	1.5	工作时感觉非常闷热、大量出汗、体温上升，特别是心跳次数增加
10	3.5	感到闷热，只有在大量出汗的情况下才能保持正常的体温，皮肤红晕而潮湿，脉搏数增加
15	5.5	舒适条件的下限
20	8.0	很舒适
25	10.0	工作时感到凉爽或稍冷

1.4.3.2 湿度计

湿度计是用来测量湿度的。湿度计由两只完全相同的温度计构成，其中一只温度计为干泡温度计，另一只为湿泡温度计。

湿度计测量相对湿度的原理：由于湿泡温度计的感温泡包着棉纱，棉纱的下端浸在水中，水的蒸发使湿泡温度计的温度示数总是低于干泡温度计的温度示数（气温），这一温度差值跟水蒸发快慢（即当时的相对湿度）有关。根据两温度计的读数，从表或曲线上可查出空气的相对湿度。湿度计从结构上有悬吊式湿度计、手摇式湿度计、吸风式湿度计、记录式湿度计、氯化锂湿度仪，从结果的获取方式上有数字式湿度计和指针式湿度计。

由于湿度的测量依据温度的变化，一般均将湿度计与温度计生产成为一个整体，统称温湿度计。两种常用的温湿度计记录仪如图1-6所示。

矿内空气与地面空气一样，都是由空气与水蒸气混合而成的湿空气。衡量矿内空气所含蒸气量的参数有绝对湿度和相对湿度。

影响湿度的因素有以下几种：

(1) 地面湿度的季节变化。阴雨季节湿度较大，夏季相对湿度较低，但气温较高，绝对湿度较大，冬季相对湿度较大，但气温较低，绝对湿度并不太高。地面湿度除受季节影

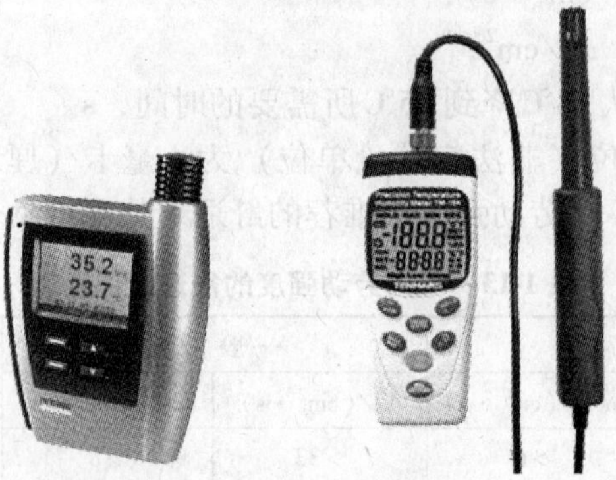

图 1-6　常用温湿度计记录仪

响外，还与地理位置有关。我国湿度分布，在沿海地区较高，向内陆逐渐降低，在西北地区出现最低值。

（2）矿井涌水量和滴水的变化。当矿井涌水量较大或滴水较多时，由于水珠易于蒸发，则井下比较潮湿。一般金属矿山井下湿度在 80% ~90% 左右，盐矿的涌水较小，且盐类吸湿性较强，相对湿度一般为 15% ~25%。

矿井湿度变化规律：冬天地面空气温度较低，相对湿度高，进入矿井后，温度不断升高，相对湿度不断下降，沿途不断吸收井壁水分，于是出现在进风段空气干燥现象。夏天则相反，地面空气温度高，相对湿度低，进入矿井后，温度逐渐降低，相对湿度不断升高，可能出现过饱和状态，致使其中部分水蒸气凝结成水珠，进风段显得很潮湿。这就是人们所见进风段冬干夏湿的现象。当然，在进风段有滴水时，即使是冬天仍是潮湿的。

回采工作面由于湿式作业，喷雾洒水，一般湿度比较大，特别是总回风道和出风井中，相对湿度都在 95% 以上。如果开采深度比较大，进风线路比较长，回采工作面和回风道的空气温度常年变化不大，则其湿度常年变化也不大。

复习思考题

1-1　为什么氧气减少、二氧化碳增加是矿井空气成分变化的共同现象？

1-2　进入废旧巷道时，若火柴擦不燃，说明什么问题，应注意什么？

1-3　填写表 1-15 并分析表中所列有害物质的基本特征。

表 1-15　几种有害物质的比较

名　称 / 项　目	CO	NO_2	SO_2	H_2S	矿　尘
（1）对人的直观感觉					
（2）人体中毒部位					
（3）主要来源					
（4）相对密度					

续表 1-15

项目 \ 名称	CO	NO_2	SO_2	H_2S	矿尘
（5）能否溶于水					
（6）人体直观感觉的最低浓度					
（7）安全规程允许浓度					
（8）允许浓度与最低感觉浓度之比					
（9）中毒后能否进行人工呼吸					

1-4　矿内空气中哪一种有毒气体的危害性最大，为什么？

1-5　什么叫硅尘？

1-6　什么叫呼吸性粉尘？

1-7　空气含尘量如何表示，卫生标准是什么？

1-8　影响硅肺发生和发展有哪些因素，主要的因素是什么？

1-9　为什么要为矿井创造良好的气候条件？

1-10　空气的流动速度为什么会影响人体的散热效果？

1-11　为什么空气的相对湿度大会影响汗水蒸发？

1-12　影响矿内空气温度变化有哪些因素？

1-13　卡他度高时，人感到热还是冷，为什么？

1-14　矿井通风的任务包括哪些？

1-15　某一矿井流通的空气量为 $2500m^3/min$，进入矿内空气的温度 $t_1=5℃$，相对湿度为70%，矿内排出的空气温度 $t_2=20℃$，相对湿度为90%，则每一昼夜从矿井带出地表的水分是多少？

2 矿井内风流的性质

2.1 矿井风流的压力

在一条通风巷道中的两点空气能量不同，空气必然从能量高的地点流向能量低的地点，从而形成风流。这说明空气流动必须具备两个条件：一是有通路，二是能量不同。空气本身能量的变化是造成风流流动的根本原因。为了掌握空气运动的规律，首先应了解有关空气压力的一些问题。

2.1.1 空气的密度与重力密度

单位体积的空气所具有的质量称为空气的密度 ρ，单位为 kg/m^3。

$$\rho = \frac{m}{V} \tag{2-1}$$

由于空气的重量等于空气的质量乘以重力加速度，$G = mg$，故：

$$\rho = \frac{m}{V} = \frac{G}{g} \times \frac{1}{V}$$

式中 m——空气的质量，kg；

V——空气的体积，m^3；

G——空气的重量，N；

g——重力加速度，m/s^2。

而单位体积的空气所具有的重量称为空气的重力密度 γ，单位为 N/m^3。

$$\gamma = \frac{G}{V} \tag{2-2}$$

由式（2-1）与式（2-2）可得重力密度与密度之间的关系为：

$$\rho = \frac{\gamma}{g} \tag{2-3}$$

空气的重力密度随着压力、温度和湿度而变化，可用下式计算：

$$\gamma = 0.465\,\frac{p}{T}\left(1 - 0.378\,\frac{\phi p_{W}}{P}\right) \tag{2-4}$$

式中 p——大气压力，mmHg（1mmHg = 133.322Pa）；

T——空气绝对温度，$T = 273 + t$，K；

t——空气温度，℃；

ϕ——空气相对湿度，%；

p_{W}——空气饱和水蒸气分压力，mmHg。

还可以用下面的一些简单公式来计算空气的重力密度（N/m^3）。

干空气　$$\gamma = 0.465 \frac{p}{T} \tag{2-5}$$

湿空气　$$\gamma = 0.455 \frac{p}{T} \tag{2-6}$$

矿井通风中，在空气状态变化的情况下，大气压力从700mmHg到840mmHg，空气温度从0℃到30℃，相对湿度从60%到100%时，若矿井通风中没有特殊要求，都可以用式（2-6）计算空气的重力密度。

2.1.2　空气压力

包围着地球的大气，受到地心吸引力的作用，其底部单位面积上所具有的重力（即重量）称为大气压力，也称为气压。所以大气压力是一个压强的概念。

由于气压随海拔高而变，所以空气的密度也随海拔高而改变。

2.1.2.1　空气静压

空气分子间的压力或空气分子持续无规则的热运动对容器壁面产生的压力称为空气的静压。空气的静压在各个方向上均相等。空间某一点空气静压的大小与该点在大气中所处的位置和受扇风机所造成的人工压力有关。

大气压力是地面静止空气的静压力，它等于单位面积上空气柱的重量。

地球为空气所包围，空气圈的厚度高达1km，靠近地球表面空气密度大，距地球表面越远，空气密度越小，不同海拔标高处空气柱的重量是不一样的。因此，对不同地区来讲，由于它的海拔标高、地理位置和空气温度不同，其大气压力也不相同。各处大气压力主要随海拔标高的变化而变化，其变化规律见表2-1。

表2-1　不同海拔高度的大气压力

海拔高度/m	0	100	200	300	500	1000	1500	2000
大气压力/kPa	101	100	99	98	95	90	85	80

在矿井内，随着矿井开采深度增加，空气柱的重量（空气静压）也增加。对于非高海拔的矿井，通常垂直深度每增加100m，空气静压要增加1066.5～1331.5Pa的压力。

矿内风流的静压，除与空气柱的重量有关外，矿井通风方式、扇风机工作状况也会对其产生影响，使其高于或低于当地大气压力。

空气静压又可分为绝对静压和相对静压，主要区分在于量度空气静压大小所选择的基准。

绝对静压是以真空状态绝对零压为比较状态的静压，即以零压力为起点表示的静压。绝对静压恒为正值，用 p_s 表示。

相对静压是以当地大气压（Pa）为比较基准的静压，即绝对静压与大气压之差。如果井巷内某点的绝对静压 p_s 大于大气压（Pa），则称为正压，反之称为负压。相对静压用 h_s 表示。

2.1.2.2　空气动压

流动空气具有一定的动能，因此风流中任一点除有静压 h_s 外，还有动压 h_v。动压因空气运动而产生，恒为正值，具有方向性。如果某点的风流速度为 v，空气的密度为 ρ，则该点的风流动压 h_v(Pa)为：

$$h_v = \frac{1}{2}\rho v^2$$

由于

$$\rho = \frac{\gamma}{g}$$

所以

$$h_v = \frac{v^2}{2g}\gamma$$

2.1.2.3　空气全压

风流的全压即该点静压和动压的叠加，当静压用绝对静压 p_s 表示时，相应的动压用 p_v 表示，叠加后风流的压力为绝对全压 p_t，则三者关系为：

$$p_t = p_s + p_v$$

即风流中任一点的绝对静压 p_s 与相应的动压 p_v 之和等于该点的绝对全压 p_t，如果静压用相对静压 h_s 表示，叠加后风流的压力就是相对全压 h_t，相对全压 h_t 等于相对静压 h_s 与动压 h_v 的代数和。

在矿井负压通风风流中，某点相对全压的绝对值 h_t 为：

$$h_t = h_s - h_v$$

在矿井正压通风风流中，某点相对全压的绝对值 h_t 为：

$$h_t = h_s + h_v$$

2.1.2.4　空气压力的单位

空气压力的单位为帕斯卡（Pa）。工程上常用的压力单位（非法定计量单位，不提倡使用）还有：毫米水柱（mmH_2O）、毫米汞柱（mmHg）、千克力/米^2（kgf/m^2）等。这四种计量单位之间的换算关系见表2-2。

表 2-2　压力单位之间的换算关系

帕斯卡 (Pa)	毫米水柱 (mmH_2O)	千克力/米^2 (kgf/m^2)	毫米汞柱 (mmHg)	毫巴 (mbar)	寸水柱 (inH_2O)	磅力/尺^2 (lbf/ft^2)
9.80665	1	1	0.07356	0.09807	0.03934	0.20492
133.32224	13.595	13.595	1	1.33322	0.53489	2.78586
100	10.19709	10.19709	0.75006	1	0.4012	2.08957
249.25405	25.41667	25.41667	1.86956	2.49254	1	5.20833
47.85681	4.88	4.88	0.35896	0.47857	0.912	1

续表 2-2

帕斯卡（Pa）	毫米水柱（mmH_2O）	千克力/米^2（kgf/m^2）	毫米汞柱（mmHg）	毫巴（mbar）	寸水柱（inH_2O）	磅力/尺^2（lbf/ft^2）
1	0.10197	0.10197	0.0075	0.01	0.00401	0.0209
0.1	0.0102	0.0102	0.00075	0.001	0.0004	0.00209
101324.96	10332.2	10332.2	760	1013.2496	406.51273	2117.2541

2.2 矿井风流的压差

2.2.1 绝对压力和相对压力

一般所指的大气压力，计算基准是以绝对真空状态为零点压力，故其又称为绝对压力。在矿井通风中常以当地同标高的大气压力为计算基准，用高于或低于它的数值来表示，称为相对压力。如果气体的压力大于当地大气压力称为正压，小于当地大气压力称为负压。这种相对压力在矿井通风中常常称为矿井压差。

2.2.2 风流中两点间的压力差

2.2.2.1 等断面水平风流

如图 2-1 所示，A 点的风流的全压为

$$p_A + \frac{1}{2}\rho_A v_A^2$$

B 点的风流的全压为

$$p_B + \frac{1}{2}\rho_B v_B^2$$

当 A 点的全压大于 B 点，风流由 A 向 B。它们之间的差值见式（2-7）：

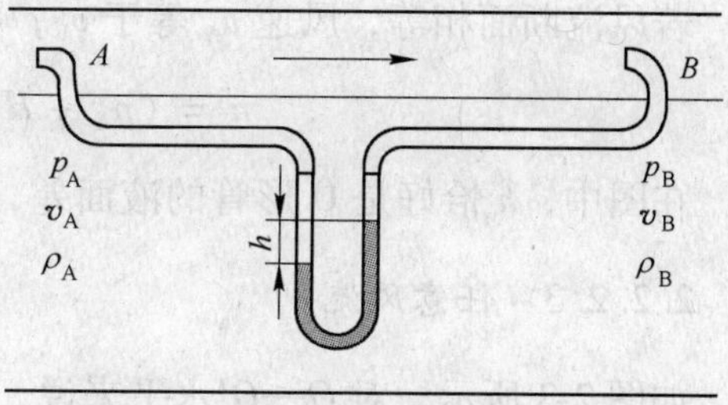

图 2-1 等断面水平风流的能量关系

$$h = \left(p_A + \frac{1}{2}\rho_A v_A^2\right) - \left(p_B + \frac{1}{2}\rho_B v_B^2\right) \tag{2-7}$$

式中 h——A、B 两点间的全压差；

p_A——A 点大气压力；

p_B——B 点大气压力；

v_A——A 点风流速度；

v_B——B 点风流速度；

ρ_A——A 点空气密度；

ρ_B——B 点空气密度。

在图 2-1 中，h 所表示的 U 形管的液面差即为两点的压差值，按工程单位制其单位为 mmH_2O，换算成国家法定计量单位则为 Pa，所表示的差值称为 A、B 两点风流的全压差。全压差还可以写成：

$$h = (p_A - p_B) + \left(\frac{1}{2}\rho_A v_A^2 - \frac{1}{2}\rho_B v_B^2\right)$$

即点 A、B 间的全压差等于两点的静压差加两点的动压差。若风流断面未改变，$v_A = v_B$，而空气密度变化很小，则动压差为零。此时

$$h = p_A - p_B$$

即全压差等于静压差。这种情况可以理解为在等断面的水平管道中，风流从气压高的地点流向气压低的地方。

但是不能因此而得出结论，风流一定是从气压高的地方流向气压低的地方。在静止的空气中，高空的气压必然小于地面，并没有由于两者的气压差而产生从地面向高空的风流。这是因为两点的能量是相等的，高空的气压虽低但位能大，地面气压虽高但位能小。所以把气压、位能、动压三者之和称为某一点风流的总能量。

有了能量差，空气才会流动。所以矿井通风中的压差，实质上是能量差。

2.2.2.2　等断面垂直风流

如图 2-2 所示，对于任意水平面 $O—O'$ 来说，则 A、B 两点的能量差为：

$$h = \left(p_A + \frac{1}{2}\rho_A v_A^2 + H_A\rho_A g\right) - \left(p_B + \frac{1}{2}\rho_B v_B^2 + H_B\rho_B g\right) \tag{2-8}$$

若风流断面相等，风速 v_A 等于 v_B，并且密度 ρ_A 近似于 ρ_B，则：

$$h = (p_A + H_A\rho_A g) - (p_B + H_B\rho_B g)$$

在图中，h 恰好是 U 形管的液面差，所以 h 也表示 A、B 两点的能量差。

2.2.2.3　任意风流

如图 2-3 所示，对 $O—O'$ 水平来说，A 点的能量为：

$$p_A + H_A\rho_A g + \frac{1}{2}\rho_A v_A^2$$

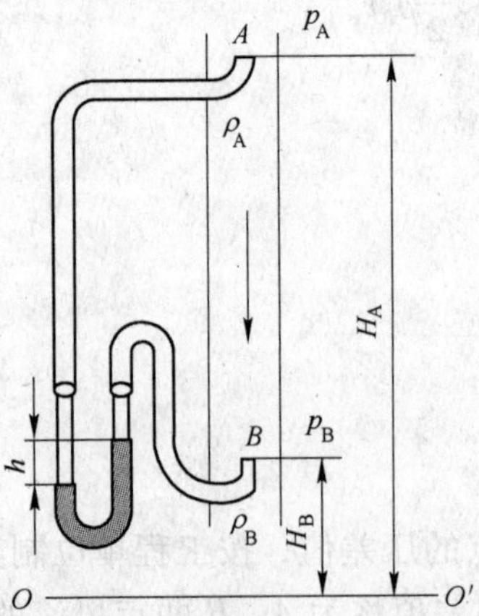

图 2-2　等断面垂直风流的能量关系

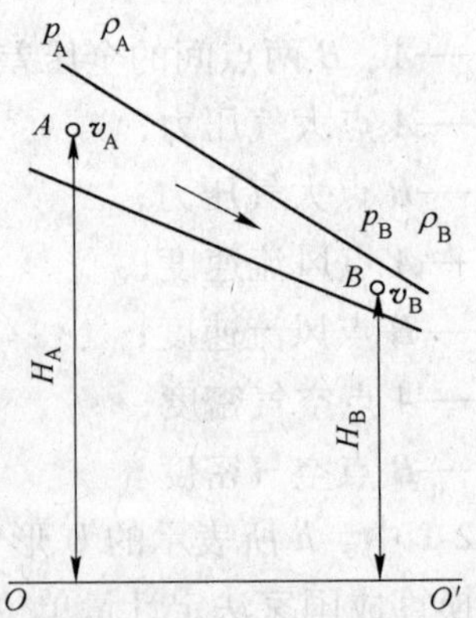

图 2-3　任意风流的能量关系

B 点的能量为

$$p_B + H_B \rho_B g + \frac{1}{2}\rho_B v_B^2$$

由于 A 点能量大于 B 点，因而产生由 A 向 B 的风流。其能量差为

$$h = \left(p_A + H_A\rho_A g + \frac{1}{2}\rho_A v_A^2\right) - \left(p_B + H_B\rho_B g + \frac{1}{2}\rho_B v_B^2\right) \tag{2-9}$$

式中 h——A、B 两点的能量差；
p_A——A 点的气压；
H_A——A 点相对于 $O—O'$ 水平的高度；
ρ_A——A 点的空气密度；
v_A——A 点风速；
p_B——B 点气压；
H_B——B 点相对于 $O—O'$ 水平的高度；
ρ_B——B 点空气密度；
v_B——B 点风速。

所以，空气总是从总能量大的地方流向总能量小的地方；不论任何形式的风流，都是由于能量差而引起它的流动。在矿井通风中已习惯于把引起空气流动的能量差称为压差，以 h 表示。式（2-9）就是不可压缩的黏性稳流的伯努利方程式。

2.2.2.4 管内外的压差

上面所说到的压差概念，都是针对管内的各点之间的压差而言，即管内各点的相对压力。现在分析管内外的相对压力。

如图 2-4 所示，不论压入式或抽出式都以管外大气压力作为标准压力比较，管外大气压力以 p 表示。为了方便说明，管内外的静压差、全压差及管内动压在图上以三个不同点表示，实际上是在同一点上测定的。

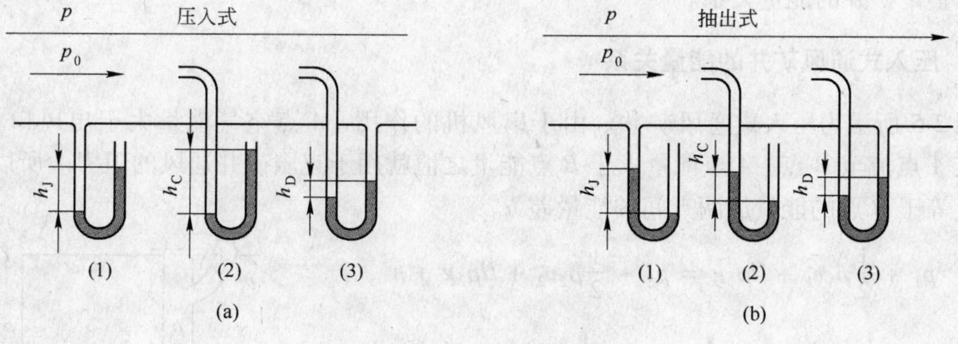

图 2-4 管内外压差变化关系
（a）压入式管道；（b）抽出式管道

图 2-4(a)是压入式管道。管内空气压力大于管外，故 U 形管（1）的水面左边下降右边上升，液面差就是管内外的静压差，以 h_J 表示。U 形管（3）左边承受管内动压和静

压，右边只承受管内静压，因两边静压相等而相互抵消，所以两边液面差值只是管内动压，以 h_D 表示。U 形管（2）的左边承受管内的动压和静压，即全压；右边承受管外的静压、但管外风速为零，动压也为零，也是承受全压。和（1）相比，（2）左边增加了管内动压作用，液面差增大，其值为 h_C，则 $h_C = h_J + h_D$。这里全压差与静压差都是以管内压力大于管外压力来表示。

图 2-4(b)是抽出式管道。管内空气压力小于管外，则 U 形管（1）左边水面上升，右边下降，其差值以 h_J 表示。U 形管（3）左边增加动压作用，使水面下降，其差值仍为管内动压，以 h_D 表示。U 形管（2）左边承受管内静压及动压；右边只承受管外静压。由于管外风速为零，所以水面差是管内外的全压差，以 h_C 表示。和 U 形管（1）相比较，（2）左边增加动压作用，故 $h_C = h_J + h_D$。这里全压差与静压差都以管外压力大于管内压力来表示。

上述现象如何理解？实质上，不论压入式或抽出式，管内外的全压差 h_C。及静压差 h_J 都是以绝对值表示。而管内两点的压差，是具有风流的方向性。设管内静压为 p_0，管外静压为 p，管内动压为 h_D，管外动压为零，则管内外全压差 h_C 为：

压入式　$$h_C = (p_0 + h_D) - (p + 0) = (p_0 - p) + (h_D - 0) = h_J + h_D \tag{2-10}$$

抽出式　$$h_C = (p + 0) - (p_0 + h_D) = (p - p_0) + (0 - h_D) = h_J - h_D \tag{2-11}$$

所以对于风流中的任意两点来说，其全压差必然是静压差加动压差。但是对于管内外的压差，由于管外动压为零，则压入式的管内外全压差的绝对值等于静压差的绝对值加管内动压；抽出式的管内外全压差的绝对值等于静压差的绝对值减管内动压。

2.3　能量方程在矿井通风中的应用

矿井风流基本没有受压缩，密度变化不大，不超过 6% ~8%，可以用伯努利方程式来解释矿井风流的能量关系。这对于约一个大气压的空气，其风速不大于 100m/s，深度变化小于 500m，不会引起过大的误差。

风流运动的过程正是不断造成压差以克服通风阻力的过程。根据通风方式不同，进一步分析整个矿井的能量关系。

2.3.1　压入式通风矿井的能量关系

图 2-5 所示为压入式通风矿井。由于扇风机的作用，A 点空气能量大于出风口 B 点，空气从 A 点流至 B 点。A 点能量大于 B 点能量之值就用于克服矿井通风的阻力。所以 A 点的能量等于 B 点的能量加两点间的能量差 h。

即　$$p_1 + \frac{1}{2}\rho_1 v_1^2 + H\rho_1 g = p_2 + \frac{1}{2}\rho_2 v_2^2 + H\rho_2 g + h$$

则　$$\left(p_1 + \frac{1}{2}\rho_1 v_1^2 + H\rho_1 g\right) - \left(p_2 + \frac{1}{2}\rho_2 v_2^2 + H\rho_2 g\right) = h \tag{2-12}$$

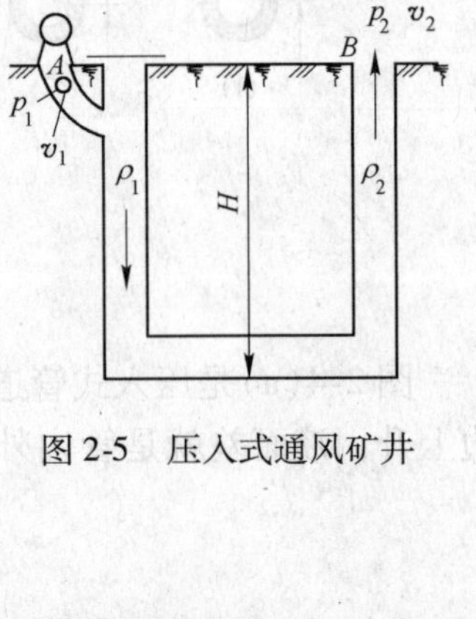

图 2-5　压入式通风矿井

式中　p_1——A 点空气静压；

v_1——A 点风流速度；

ρ_1——进风井空气密度；

p_2——B 点空气静压；

v_2——B 点出风口风速；

ρ_2——出风井空气密度；

H——矿井深度。

式（2-12）就是矿井通风的能量关系，也是通风动力与阻力间的关系。应该说明，这一关系只适用于空气在流动过程中密度变化不大的情况，对于不是很深的矿井，矿井通风基本符合这一变化规律。这里先引入一个概念，扇风机的全压，是指扇风机出风口的全压与扇风机入风口全压之差值。

图 2-5 中，由于扇风机入风口的静压等于地表大气压，并且风速等于零，故扇风机所造成的全压 h_C，是扇风机的出风口（风硐）A 与地表大气压 p_2 之差。

$$h_C = \left(p_1 + \frac{1}{2}\rho_1 v_1^2\right) - (p_2 + 0) = (p_1 - p_2) + \frac{1}{2}\rho_1 v_1^2 \tag{2-13}$$

而 $p_1 - p_2$ 为扇风机的静压差，令 $h_J = p_1 - p_2$，则：

$$h_C = h_J + \frac{1}{2}\rho_1 v_1^2 \tag{2-14}$$

所以，压入式扇风机的全压等于扇风机的静压差加扇风机出风口（风硐）的动压。

有自然通风存在时，进出风井空气柱的压力差即为自然压差

$$h_Z = H\rho_1 g - H\rho_2 g \tag{2-15}$$

在这里，自然通风对机械通风来说，若 ρ_1 大于 ρ_2，则 h_Z 为正，若 ρ_1 小于 ρ_2，则 h_Z 为负。

把式（2-12）改写为

$$(p_1 - p_2) + \frac{1}{2}\rho_1 v_1^2 + (H\rho_1 g - H\rho_2 g) = h + \frac{1}{2}\rho_2 v_2^2$$

则

$$h_C \pm h_Z = h + \frac{1}{2}\rho_2 v_2^2 \tag{2-16}$$

式（2-16）说明，压入式通风矿井的能量关系是通过扇风机的全压与自然压差的联合作用，来克服矿井的通风阻力并最后造成出风口的动压。

2.3.2 抽出式通风矿井的能量关系

图 2-6 所示为抽出式通风的矿井，A、B 两点的能量关系为：

$$\left(p_1 + \frac{1}{2}\rho_1 v_1^2 + H\rho_1 g\right) - \left(p_2 + \frac{1}{2}\rho_2 v_2^2 + H\rho_2 g\right) = h \tag{2-17}$$

$$(p_1 - p_2) + (H\rho_1 g - H\rho_2 g) + \frac{1}{2}\rho_1 v_1^2 - \frac{1}{2}\rho_2 v_2^2 = h$$

$$h_J \pm h_Z + \frac{1}{2}\rho_1 v_1^2 - \frac{1}{2}\rho_2 v_2^2 = h$$

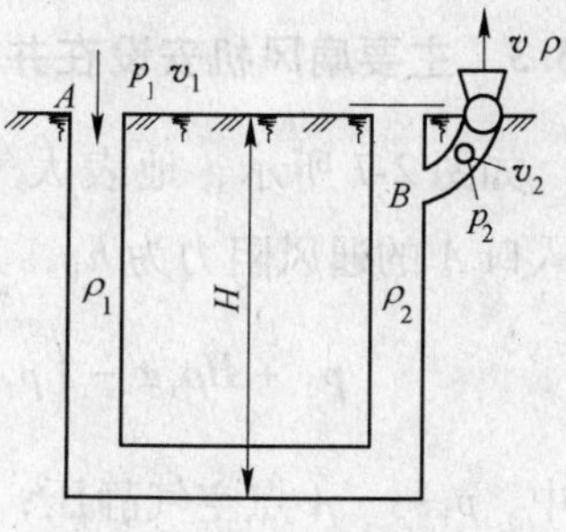

图 2-6 抽出式通风矿井

大气风速 v_1，没有起到推动矿井风流的作用。从能量上说风速 v_1 等于零，故

$$h_J - \frac{1}{2}\rho_2 v_2^2 \pm h_Z = h \tag{2-18}$$

在没有自然压差的情况下，即 $h_Z = 0$ 时，有：

$$h_J - \frac{1}{2}\rho_2 v_2^2 = h \tag{2-19}$$

所以抽出式扇风机对矿井作功是 $h_J - \frac{1}{2}\rho_2 v_2^2$ 的这一部分，把这一部分称为抽出式扇风机的有效静压。

根据扇风机全压的概念，抽出式扇风机的全压仍然是扇风机的出风口（扩散器）与入风口（风硐）的全压差。

$$h_C = \left(p_1 + \frac{1}{2}\rho v^2\right) - \left(p_2 + \frac{1}{2}\rho_2 v_2^2\right)$$

$$= (p_1 - p_2) + \left(\frac{1}{2}\rho v^2 - \frac{1}{2}\rho_2 v_2^2\right) \tag{2-20}$$

式中　p_1——大气压力；

v——扇风机出口的风速；

ρ——扇风机出口的空气密度。

则
$$h_C = h_J + \left(\frac{1}{2}\rho v^2 - \frac{1}{2}\rho_2 v_2^2\right)$$

$$h_C - \frac{1}{2}\rho v^2 = h_J - \frac{1}{2}\rho_2 v_2^2$$

代入式（2-18），有：

$$h_C - \frac{1}{2}\rho v^2 \pm h_Z = h$$

$$h_C \pm h_Z = h + \frac{1}{2}\rho v^2$$

得出与式（2-16）相同的结果，所以，抽出式矿井通风的能量关系，仍然和压入式一样，是扇风机的全压与自然压差的联合作用，它用于克服矿井通风阻力并造成出口的动压。

2.3.3　主要扇风机安设在井下的能量关系

如图 2-7 所示，地表大气压力为 p_0。从地表到扇风机入口 A 的通风阻力为 h_1，其能量关系为：

$$p_0 + H\rho_1 g - \left(p_1 + \frac{1}{2}\rho_1 v_1^2\right) = h_1 \tag{2-21}$$

式中　p_1——A 点空气静压；

v_1——A 点的风速；

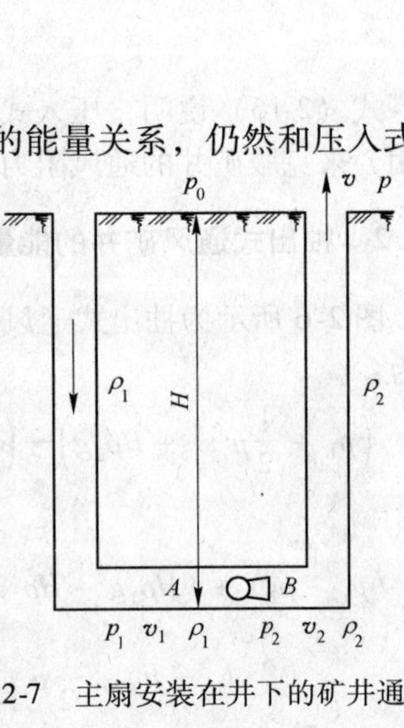

图 2-7　主扇安装在井下的矿井通风

ρ_1——进风空气柱平均密度。

同理，从扇风机出口 B 到地表的通风阻力为 h_2，其能量互换关系为

$$\left(p_2 + \frac{1}{2}\rho_2 v_2^2\right) - \left(p_0 + \frac{1}{2}\rho v^2 + H\rho_2 g\right) = h_2 \tag{2-22}$$

式中 p_2——B 点空气静压；

v_2——B 点风速；

ρ_2——出风空气柱平均密度；

v——矿井出口风速；

ρ——出口空气密度。

整个矿井的通风阻力为上述两段阻力之和，$h = h_1 + h_2$，即：

$$p_0 + H\rho_1 g - \left(p_1 + \frac{1}{2}\rho_1 v_1^2\right) + \left(p_2 + \frac{1}{2}\rho_2 v_2^2\right) - \left(p_0 + \frac{1}{2}\rho v^2 + H\rho_2 g\right) = h$$

实际上 $\left(p_2 + \frac{1}{2}\rho_2 v_2^2\right) - \left(p_1 + \frac{1}{2}\rho_1 v_1^2\right)$ 就是井下这台扇风机的全压，以 h_C 表示，则：

$$h_C \pm h_Z - \frac{1}{2}\rho v^2 = h$$

$$h_C \pm h_Z = h + \frac{1}{2}\rho v^2$$

得出的结论，仍然和主要扇风机安装在地表是一样的。

从这些特殊性中可以看到它们的共性，即矿井通风的动力，包括扇风机和自然通风，除用于克服矿井通风阻力外，还损失在最后出口的动压。主要扇风机的安装地点及扇风机工作方式虽然不同，但其能量互换关系都遵循这一基本规律，即：

$$h_C \pm h_Z = h + \frac{1}{2}\rho v^2$$

等式的左边是通风的动力，右边是风流能量的损失。对于矿井来说，矿井阻力 h 远远大于出口动压 $\frac{1}{2}\rho v^2$。这就提出了对于矿井空气流动所需要了解的问题，即整个矿井的通风阻力、扇风机工作及自然通风的特性等。

在抽出式通风矿井，由于其出口往往集中了全矿井总风流，出口动压较大。所以在抽出式扇风机的出口安装扩散器，会收到良好的效果。

2.4 矿井内空气压力的测定

2.4.1 绝对压力的测定

通常使用水银气压计和空盒气压计测定矿内外空气绝对压力。

水银气压计主要由一个水银盛槽与一根玻璃管构成。玻璃管上端密闭，当装满水银后，下端插入水银盛槽中，管内上端形成绝对真空，下部充满水银。盛器里的水银表

面受到空气压力，故管内水银柱高度随着空气压力而变化。此管中水银面与盛器里水银面的高度差，就是所测空气的绝对压力。如图 2-8 所示。根据结构分为动槽式与定槽式。

动槽式气压计结构如图 2-9 所示。它将一支长 90cm 的玻璃管上端封闭，管中装满水银，然后将开口端倒插入下部汞槽中，管中的汞由于重力的作用而下降，因而在封闭的玻璃管上部出现一段真空，汞槽与大气相通。盛汞的玻璃管装在黄铜管中，黄铜管上部刻有主标尺，并在两边开有长方形小窗，在窗内装一可上下滑动的游标尺，通过转动调节游标螺旋可使游标尺上下移动。汞槽底部为一羊皮袋，可以借助下端的螺旋 Q 调节其中汞面的高度，汞面的高度应正好与固定在汞槽顶端的象牙针尖接触，这个汞面就是测定汞柱高度的“零点”，也就是铜管上主标尺的“零点”，测定时气压计必须垂直安装，否则会有误差。

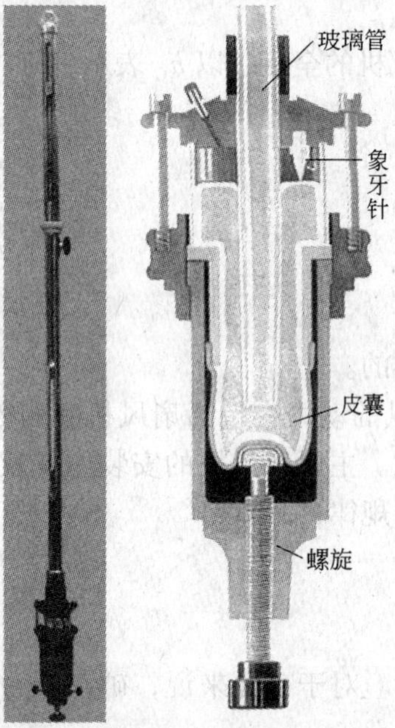

图 2-8　水银气压计原理

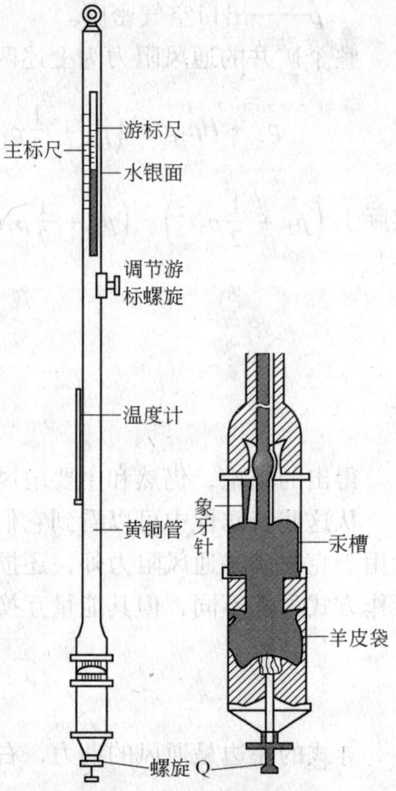

图 2-9　动槽式气压计

动槽式气压计使用方法为：

（1）读取温度。首先从气压计所附温度计上读取温度。

（2）调节汞槽中汞面的高度。慢慢旋转底部螺旋 Q，使汞槽中的汞面与象牙针尖恰好接触，调节时可利用汞槽后面白瓷板的反光来观察汞槽的高度，调节动作要轻而慢，汞面调节好以后，稍待 30s 再次观察汞面与象牙针尖接触的情况，没有变化后继续下一步操作。

（3）调节游标尺，转动调节游标螺旋使游标尺的下沿高于汞柱面，然后缓慢下降直至游标尺下沿与汞柱的凸面相切，此时观察者的眼睛与游标尺的下沿及汞柱的凸面在同一水平面上。

（4）读取气压计数值。先从主标尺上读出靠近游标尺下端且在其下面的刻度，即为大气压的整数部分。再从游标尺上找出一根与主标尺上某一刻度线相吻合的刻线，其刻线值即为大气压的小数部分，单位是 kPa。

定槽式气压计与动槽式气压计大同小异，不同之处在于前者的汞槽中汞面无须调节，它的水银是装在体积固定的槽内。当大气压力发生变化时，玻璃管内水银液面和水银槽内的水银液面的高度差也相应变化。在计算气压计的标尺时已经补偿了水银槽内液面的变化量。其使用方法除槽中汞面无须调节，其他均与动槽式气压计相同，气压计读数的校正方法也完全相同。

图 2-10 所示是一种常用的水银气压计。外部为黄铜管，内部为一支一端封闭的玻璃管，管内装满水银，开口一端插入水银槽中，管内水银柱受重力作用而下降，当作用在水银槽面上的大气压力强度与玻璃管内水银柱重力作用相平衡时，水银柱就稳定在某一高度上，这个高度就表示出当时的气压。

空盒气压表又称无液气压计，它由一个被抽成真空的皱纹状金属空盒与连接在盒上带指针的传动机构所构成。由于盒内抽成真空（实际上还有少许余压），当大气压力作用于盒面上时。盒面被压缩，并带动传动杠杆使指针转动。

图 2-11 所示是空盒气压表的一种。它的主要部分是一种波纹状表面的真空金属盒。为了不使金属盒被大气压所压扁，用弹性钢片向外拉着它。大气压增加，盒盖凹进去一些；大气压减小，弹性钢片就把盒盖拉起来一些。盒盖的变化通过传动机构传给指针，使指针偏转。从指针下面刻度盘上的读数，可知当时的大气压值。它使用方便，易于携带，但测量结果不够准确。

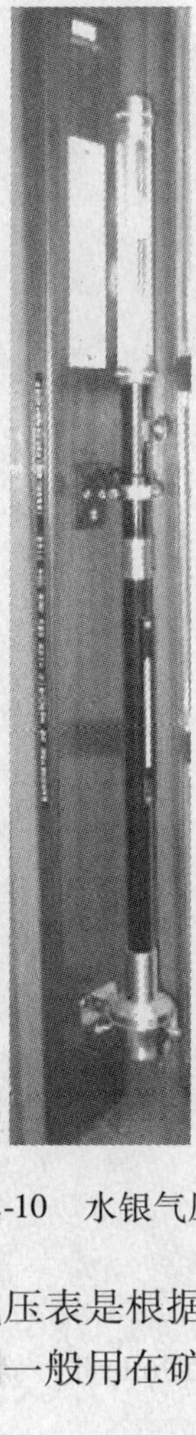

图 2-10 水银气压计

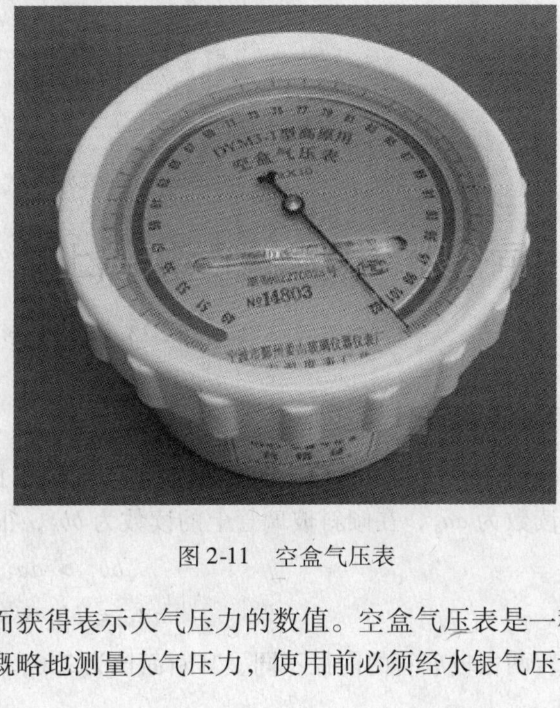

图 2-11 空盒气压表

空盒气压表是根据指针转动的幅度而获得表示大气压力的数值。空盒气压表是一种携带式仪表，一般用在矿内外非固定地点概略地测量大气压力，使用前必须经水银气压计校正。测量时将盒面水平放置在被测地点，停留 10 ~ 20min，待指针稳定后再读数。读数时视线应垂直于盒面。

除以上介绍的空盒气压表、水银气压计外，还有先进的电子直读式气压计，如图 2-12 所示。

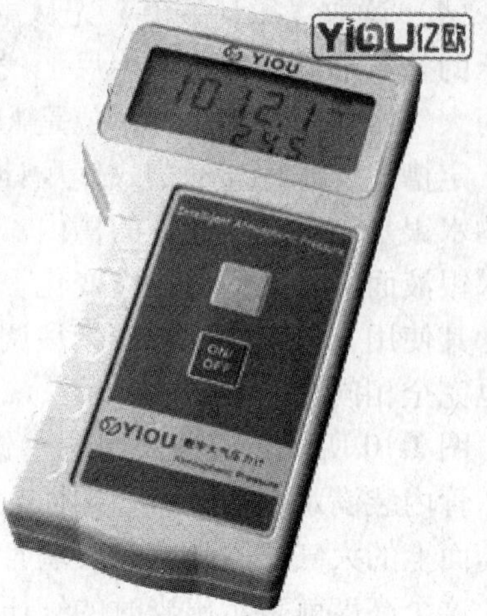

图 2-12　电子直读式气压计

2.4.2　相对压力的测定

2.4.2.1　U 形压差计

如图 2-13 所示，U 形压差计是使用比较普遍的压差计。在 U 形玻璃管的两个管口分别连接两根皮管，引至需要测定压差的两点。U 形管的两支玻璃管水面的高差，即两点的风流压差，以 mmH_2O 表示其单位。必须注意，U 形管的刻度尺一定要安放垂直。测定时，若水面振动较大，可用一只小棉花球塞入胶皮管或用一根内径很小的玻璃管接于胶皮管与 U 形管之间。

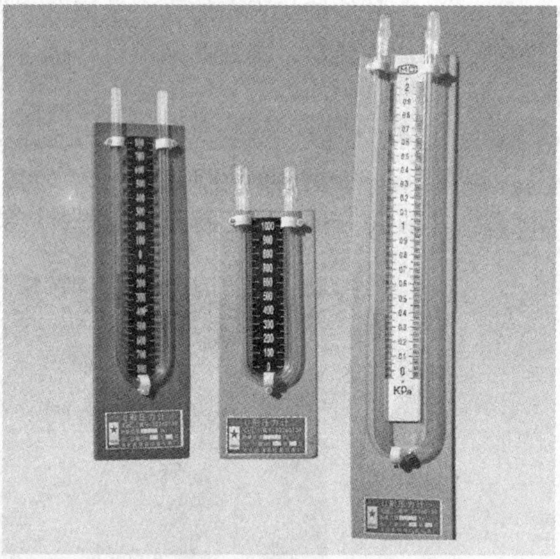

图 2-13　常用 U 形压差计

2.4.2.2　倾斜压差计

倾斜压差计如图 2-14 ~ 图 2-16 所示，从图 2-14 可以看出，相同的压差在垂直玻璃管上的读数为 aa_1，在倾斜玻璃管上的读数为 bb_1，很明显

$$bb_1 > aa_1$$

$$aa_1 = bb_1 \times \sin\beta$$

若两根玻璃管的内径不同，其断面比为 250，当细管液面上升 250mm 时，粗管只下降

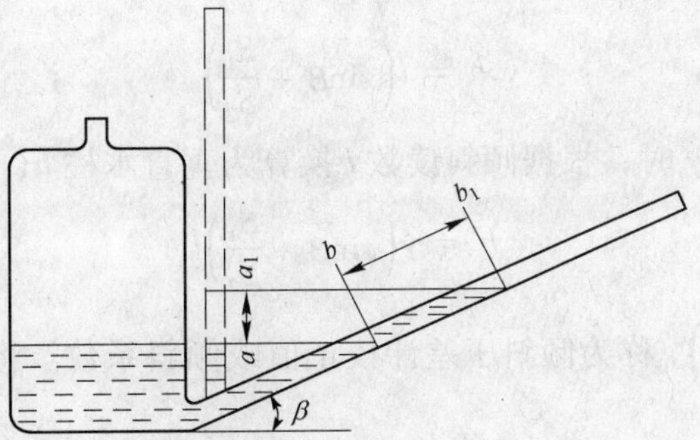

图 2-14　倾斜压差计原理

图 2-15　立式倾斜压差计

图 2-16　卧式倾斜压差计

1mm。在测压差时，可以只观察细管中液面的变化。若使用密度小的液体（如酒精）代替水，可使液面变化值增大。根据这些原理所制作成的倾斜压差计，读数就较为精确。

倾斜压差计是一种可见液体弯面的多测量范围的液体压差计，其原理如图 2-14 所示。较高的压力和宽容器接通，较低的压力和倾斜管接通。假设在所测压力的作用下，与水平线之间有倾斜角为 β 的管子内的工作液体在垂直方向升高了一个高度 h_1（即 aa_1），相应地在倾斜方向上升 l（即 bb_1），而在宽广容器内的液面下降 h_2。这时在仪器内工作液体液面的高差可表示为：

$$h = h_1 + h_2$$

并且

$$h_1 = l\sin\beta$$

假设 S_1 为管子的断面积，S_2 为宽容器的断面积，那么：

$$lS_1 = S_2h_2$$

也就是在倾斜管内所增加的液体体积为 lS_1，等于宽广容器内所减少的液体体积 S_2h_2。

$$h_2 = l\frac{S_1}{S_2}$$

把以上三式整理可得到：

$$h = l\left(\sin\beta + \frac{S_1}{S_2}\right)$$

当所使用的液体密度为 γ 时，根据倾斜读数 l 换算为垂直水柱 h(mmH_2O)，则：

$$h = \gamma\left(\sin\beta + \frac{S_1}{S_2}\right)l$$

令 $k = \gamma\left(\sin\beta + \frac{S_1}{S_2}\right)$，称为倾斜压差计校正值或倾斜系数。将其注明在该仪器的弧形支架上。则：

$$h = kl$$

使用倾斜压差计测压时，应将倾斜测压管置于所需的倾斜角，把仪器调整水平，将三通旋塞旋钮调到测压位置，然后取掉胶皮管与三通旋塞的接头，用嘴轻吸，使倾斜测量管液面上升到接近其顶端的位置，排除积存于仪器中的气泡，反复几次，直到排尽为止。转动零位调整旋钮，将倾斜测量管内的液面调到“0”位；将三通旋塞转到测压位置，就可以用来测量压差。

2.4.2.3　皮托管

如图 2-17 所示，皮托管是一支双层金属管，两层管互不相通，内管直接与管嘴相通，外管与管嘴不通。外管壁上开有 4 ~ 6 个小孔与标有“ - ”的管脚相通，用来测定静压。内管与标有“ + ”的管脚相通，用来测定风流的全压。当管嘴正对风流时，内管受全压作用，外管只受静压作用，则 U 形管的液面差即为动压，如图 2-18 所示。

测两点间的风流压差时，应分别在两点安装皮托管，如图 2-19 所示。使皮托管嘴对正风流，管脚用胶皮管与 U 形管或倾斜压差计相接。若胶皮管都与两支皮托管的“ + ”号脚相接，所测之值为全压差；与两支皮托管的“ - ”号脚相接，所测之值为静压差。

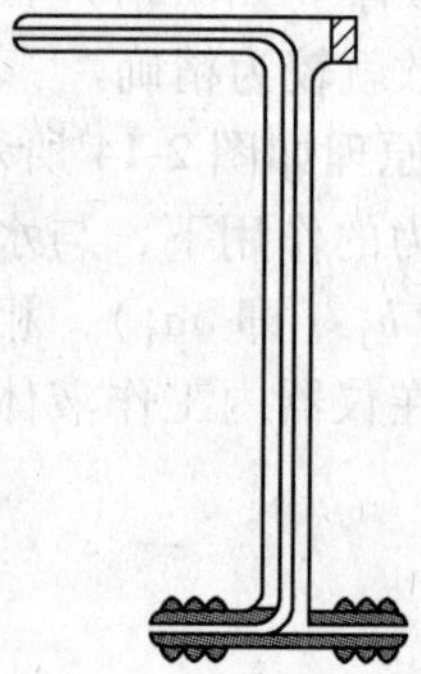

图 2-17　皮托管

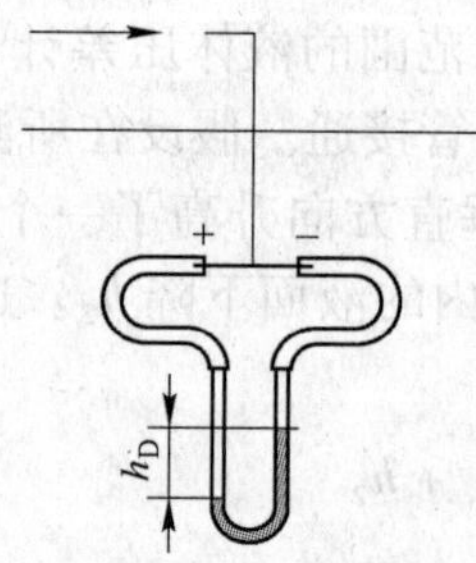

图 2-18　用皮托管测动压

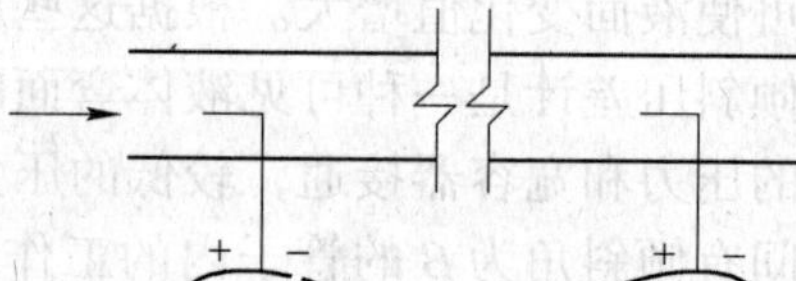

图 2-19　测定风流压差

2.5　矿井内风流的阻力

2.5.1　阻力规律

风流在井巷中流动时的阻力 h 与平均风速和井巷特征有依存关系，其基本关系如下：

$$h = Cv^x \tag{2-23}$$

式中 h——风流在管道中运动时的能量损失，即压差；

v——风流平均速度；

C——流体特征及管道特征所决定的常数；

x——根据风流的流动状态所决定的指数。

这里提出了两个问题，即管道特征与风流状态。先讨论风流状态对阻力的影响。

空气在管道中流动时，若各小流束间互不相混，这种状态称为层流。当风速逐渐增大，风流中出现了横向流动，该种流动为紊流。这两种不同的风流状态在管路断面上的速度分布不同，如图 2-20 所示。层流中心点的风速与平均风速的比值大于紊流中的这一比值。

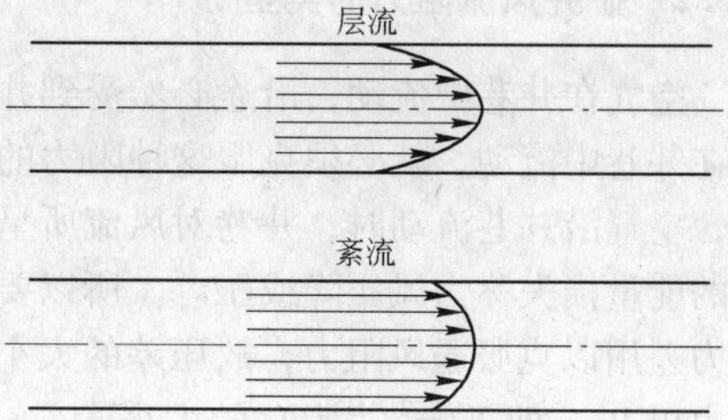

图 2-20 两种风流状态的风速分布

判断风流状态可根据雷诺数来确定。雷诺数是一个无因次的数据。当雷诺数小于 2300 时，流体运动状态称为层流，大于 2300 即为紊流。故雷诺数 2300 称为临界雷诺数。

雷诺数按下面公式求得：

$$Re = \frac{vd}{\nu} \tag{2-24}$$

式中 v——管内流体的平均速度，m/s；

d——管道直径，m；

ν——流体的运动黏度，m^2/s。

非圆形管道可用巷道的等值直径代替 d。它是与风流流过的巷道净断面积相等的圆的直径：

$$d = 4\frac{S}{P}$$

式中 S——管道断面积；

P——管道的周边长。

在某一管道中，流体达到临界雷诺值所具有的最低风速称为临界风速。空气的运动黏度一般可取 $15 \times 10^{-6} m^2/s$。按照式（2-24）可以计算出各种梯形断面巷道的临界风速，见表 2-3。

表 2-3 梯形断面中的临界风速

断面/m^2	1	2	4	6	8
临界风速/$m \cdot s^{-1}$	0.035	0.024	0.017	0.014	0.011

表 2-3 说明，断面越大，造成紊流所需的风速越小。如在 $4m^2$ 的巷道里，当风速大于 0.017m/s 时即属紊流风流，在矿井中，大多数巷道断面和平均风速都大于上述数值，因此井巷中的风流几乎都是紊流状态。当风流通过充填物的孔隙、岩石裂缝以及采空区时，一般是层流状态。这一部分漏风在矿井通风中往往是很难避免的。所以矿内空气的流动，

在井巷及工作面等主要地点的风流是紊流状态，而某些漏风地点是层流状态。

由于层流和紊流的运动形式不同，风速与压差之间的变化关系也各有特点，也就是说存在不同的阻力定律。从实验得知，层流时其关系为一次函数关系，即：

$$x = 1, h = Cv \tag{2-25}$$

紊流时其关系为二次函数关系，即：

$$x = 2, h = Cv^2 \tag{2-26}$$

2.5.2　矿井风流阻力的类型

空气在井巷中流动，沿途必然受到井巷对它所呈现的各种阻力的作用，因此要维持空气在井巷中流动，就必须克服这种阻力的作用，这就会导致风流本身的能量损失。在通风上，空气沿井巷流动时，井巷对风流所呈现的阻力，称为井巷的通风阻力；而单位体积风流的能量损失称为风压降或压差。所以要使空气沿井巷流动，就要提高起点的能量，形成压力差用以克服通风阻力，故压差的大小（单位以Pa，即N/m^2表示）就是通风阻力（单位也以Pa，即N/m^2表示）的大小。

空气流动的过程就是克服阻力的过程。这些阻力按其发生的原因归纳起来不外乎三种，即摩擦阻力、局部阻力和正面阻力。

2.5.2.1　摩擦阻力

空气在井巷中流动时，由于井巷壁与风流间的摩擦引起风流本身分子间的相互干扰和摩擦而产生的阻力称为摩擦阻力，由该阻力所引起的风流能量损失称为摩擦阻力损失。

空气在井巷中流动和水在管道中流动很相似，所以可以把水力学中的有关公式应用于矿井通风中。根据水力学实验，摩擦阻力损失h_f(Pa)为：

$$h_f = \frac{\alpha PL}{S^3}Q^2 \tag{2-27}$$

式中　α——摩擦阻力系数，$N \cdot s^2/m^4$；

Q——风量，m^3/s；

P——管道壁的周边长，m；

L——管道的长度，m；

S——管道的断面积，m^2。

摩擦阻力系数α是由巷道壁的粗糙程度决定的，不受风速的影响，受空气密度的影响很小，对于一条具体的井巷来说，巷道壁的粗糙程度是一定的，α值可视为常数。各种井巷的α值，按空气密度ρ为$1.2kg/m^3$计算，在通风类图书中及设计参考书中都可以查出。

每一条通风井巷，它的摩擦阻力系数、周边长、长度及断面积等都是定值，可以令

$$R_f = \frac{\alpha PL}{S^3} \tag{2-28}$$

式中　R_f——摩擦风阻。

则

$$h_f = R_f Q^2 \tag{2-29}$$

上式是适用于没有漏风，起点风量与终点风量相等时的情况。有漏风时，起点风量 Q 与终点风量 Q' 不等，则应为：

$$h_{\mathrm{f}} = R_{\mathrm{f}}\left(\frac{Q + Q'}{2}\right)^2 \tag{2-30}$$

2.5.2.2 局部阻力

风流运动时，转弯、突然缩小等会导致风速的突然重新分布，引起分子之间的互相冲击产生的阻力称为局部阻力，该阻力引起的风流能量损失叫局部阻力损失。从实验得知：

$$h_{\mathrm{JU}} = \xi \frac{\rho}{2} v^2 \tag{2-31}$$

式中 h_{JU}——局部阻力损失，Pa；

ξ——局部阻力系数，无因次；

ρ——空气密度，$\mathrm{kg/m^3}$；

v——平均风速，m/s。

令

$$\rho = 1.2\mathrm{kg/m^3}$$

则

$$h_{\mathrm{JU}} = 0.6\xi \frac{1}{S^2} Q^2 \tag{2-32}$$

由于断面面积 S 是定值，则令：

$$R_{\mathrm{JU}} = 0.6\xi \frac{1}{S^2} \tag{2-33}$$

式中 R_{JU}——局部风阻。

得

$$h_{\mathrm{JU}} = R_{\mathrm{JU}} Q^2 \tag{2-34}$$

矿井产生局部阻力的地点有风硐、风桥、弯道、断面变化的巷道、巷道交叉和汇合处、扇风机扩散器等。就全矿而言，上述地点产生的局部阻力的总和，在全矿通风阻力中所占的比例通常小于20%。但在特殊情况下，局部阻力有时可能加大，不应忽视。

2.5.2.3 正面阻力

若风流中存在物体，则空气流动时，必然使风速突然重新分布，造成风流分子间的互相冲击而产生的阻力称为正面阻力，由正面阻力所引起的风流能量损失称为正面阻力损失。从实验得知 h_{ZH}(Pa)：

$$h_{\mathrm{ZH}} = R_{\mathrm{ZH}} Q^2 \tag{2-35}$$

式中 R_{ZH}——正面风阻。

正面风阻在矿井中所占比例较小，一般都忽略不计，特殊情况下可包括在摩擦风阻中。

2.5.2.4 矿井通风阻力定律

上面所介绍的三种阻力形式，它们虽然具有本身的特点，但都包含着一个共同的规律，即：

$$h = RQ^2 \tag{2-36}$$

式中　R——风阻。

这个公式是矿井通风中风量与能量损失之间相互关系的一个普遍规律，称为矿井通风阻力定律。将以它作为一个基本的规律，去分析今后所遇到的矿井通风中的若干问题，从而找出解决矿井通风的方法。

根据矿井通风阻力定律的表示方法，矿井通风的能量互换关系就可以改写成：

$$h_C \pm h_Z = RQ^2 + \frac{1}{2}\rho v^2 \tag{2-37}$$

在这里，应注意以下几点：

（1）在工程单位制中，风阻 $\left(R = \frac{h}{Q^2}\right)$ 单位本应为 $kgf \cdot s^2/m^8$

为方便起见，令 $1kgf \cdot s^2/m^8 = k\mu$（千缪）。

在法定单位制中，风阻单位为 $N \cdot s^2/m^8$，所以：

$$1kgf \cdot s^2/m^8 = 9.81N \cdot s^2/m^8$$

（2）从矿井通风阻力定律可以看出，风流能量损失的大小，决定于风阻及风量两方面。同理，风量的大小也决定于风阻及压差两方面。但是，风阻的大小不受压差及风量变化的影响，只受井巷形状、尺寸及粗糙度的影响。

（3）风流运动所受的阻力有多少，风流能量就降低多少。风阻只是阻力中的一个因素，不能代表阻力的全部含义。而风流的状态一定时，风阻决定着风量与压差之间的关系。

（4）把风阻看成一个定值时，压差与风量间的函数关系，根据风流状态而不同。

层流时为一次函数关系

$$h \propto Q \tag{2-38}$$

紊流时为二次函数关系

$$h \propto Q^2 \tag{2-39}$$

上述二式可以理解为当压差增加为原有的2倍时，紊流风量增加为原有的$\sqrt{2}$倍，层流增加为原有2倍；而层流时风速越大摩擦阻力系数 α 值越小。所以当一个矿井岩石裂缝极为发育，层流状态的漏风会相当严重，工作面的实得风量减少。在这种情况下，若只采用增加压差的办法来增加矿井风量，将会导致漏风增加，而工作面实得风量增加并不显著。

矿井通风所消耗的电能往往占全矿用电的30%，所以单纯增加压差是不恰当的，它将导致更高的电耗。若采用降低矿井风阻的方法，则既减少电耗，又减少漏风，从而增加工作面的实得风量，是较为合理的。

2.5.2.5　矿井巷道摩擦阻力系数的测定

一般通风类图书及设计手册都有各种不同井巷的摩擦阻力系数，可供参考使用。由于摩擦阻力系数与空气密度成正比，所以在书本及手册中所列的数值是以空气密度为1.2kg/m³为标准的。

为了使摩擦阻力系数更切合实际，可在现场实测。矿井里，可以用皮托管、倾斜压差计及风速表等测算出井巷的摩擦阻力系数α。所测井巷的断面、形状及巷道壁的粗糙度应无变化，选择其中不小于200m长的一段直线巷道，测出该巷道的风流压差h_M及风量Q；并量出巷道的周长P、断面面积S及两测点之间的距离L，即可求出摩擦阻力系数α值。同时，还要测出该地区的空气温度、湿度、气压，求出空气的密度，再按下式换算为标准值α_β($N \cdot s^2/m^4$)：

$$\alpha_\beta = \frac{1.2\alpha}{\rho}$$

还应说明，当巷道漏风时，应按两测点的风量求出巷道的平均风量，再求出α值。测定时应注意以下几点：

(1) 压差计应放在欲测段风流下方测点的后面距离6~8m处，以免影响压差的测定。

(2) 读数时，两测点之间不应有行人或车辆。

(3) 胶皮管内不能进水，管内应畅通无阻。

(4) 各接头处不能有漏气。

(5) 皮托管应用支架支撑牢固。

2.6 矿井通风阻力对风流的影响

2.6.1 矿井风阻特性曲线及等积孔

2.6.1.1 矿井风阻特性曲线

根据矿井通风阻力定律，对于一条风道或整个矿井来说，风阻R可以看成是常数；不同的风量Q，相应地造成不同的压差h。以压差为纵坐标，风量为横坐标。按照已给定的风阻值，即可作出一条h-Q曲线，如图2-21所示。它是一条抛物线，即R所示。但是当风阻变化时，风阻特性曲线也随之变化。风阻增大，曲线变陡如Ⅰ；风阻减小，曲线变缓如Ⅱ。通风阻力是由风量及风阻两方面造成的，但是压差一定时，风阻大风量小，风阻小风量大。所以一个矿井的通风困难与否，很大程度决定于风阻大小。矿井风阻大表示通风困难，反之表示通风容易。

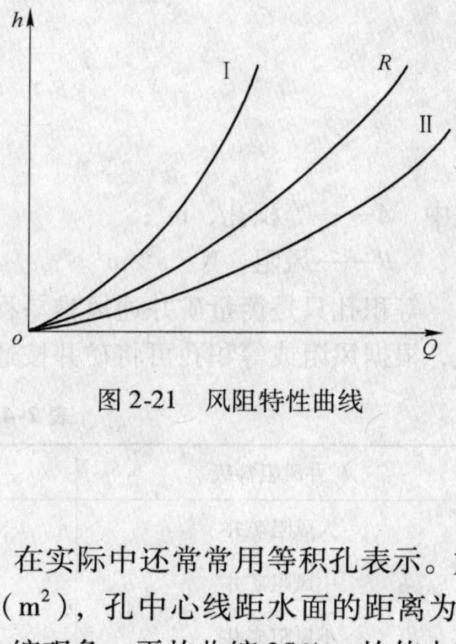

图2-21 风阻特性曲线

2.6.1.2 矿井等积孔

衡量矿井通风的难易程度，除用风阻大小表示外，在实际中还常常用等积孔表示。如图2-22所示，设一容器，器壁上有一个孔，面积为A(m^2)，孔中心线距水面的距离为h(m)。由于水压作用，水从孔口往外射出，并且产生收缩现象，平均收缩35%，故使水流断面收缩到 0.65A。

若收缩处的流速为 v(m/s)，则产生的动压为 $\frac{1}{2}\rho v^2$。由于孔口周围的板壁很薄，对于水流的摩擦阻力极小，可以忽略不计，则水的位能就全部变为动能，即：

$$h = \frac{1}{2}\rho v^2 \tag{2-40}$$

所以

$$v = \sqrt{\frac{2h}{\rho}}$$

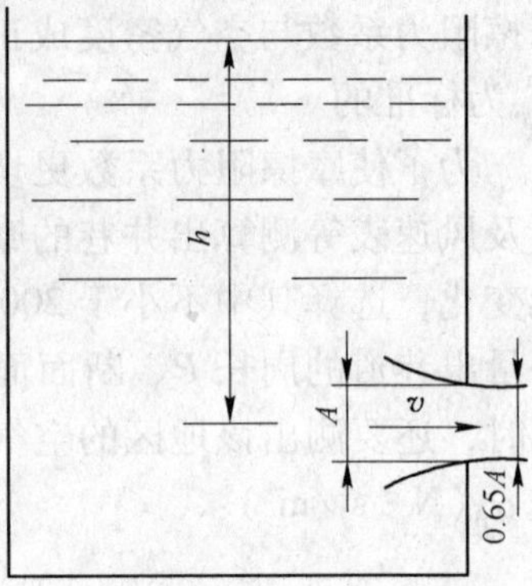

图 2-22　等积孔示意图

而流量 $Q = v \times 0.65A$，则 $v = \frac{Q}{0.65A}$，代入式（2-40）：

$$\frac{Q}{0.65A} = \sqrt{\frac{2h}{\rho}}$$

$$A = \frac{Q}{0.65\sqrt{\frac{2h}{\rho}}}$$

可以看出，容器断面很大，当水位 h 一定时，A 值大，流量 Q 值大；A 值小，流量 Q 值也小。即一定的压力对于一定的孔只能产生一定的流量。矿井通风也同样如此，一定的压差对于一定的矿井也只能产生一定的风量。所以风阻 R 和孔口 A 的面积，都可反映出矿井通风的难易程度，这个孔称为等积孔。

将空气密度 $\rho = 1.2\text{kg/m}^3$ 代入上式，则得：

$$A = 1.192\frac{Q}{\sqrt{h}} \tag{2-41}$$

$$A = 1.192\frac{1}{\sqrt{R}} \tag{2-42}$$

或

$$R = \frac{1.42}{A^2} \tag{2-43}$$

式中　A——等积孔，m^2；

R——风阻，$\text{N}\cdot\text{s}^2/\text{m}^8$。

等积孔只是衡量矿井通风难易程度的一个假想孔，而不是存在于矿井中的具体孔。为此，根据风阻或等积孔可将矿井按通风难易分为三级，见表 2-4。

表 2-4　矿井按通风难易程度分级

矿井风阻等级	等积孔 A/m^2	风阻 $R/\text{N}\cdot\text{s}^2\cdot\text{m}^{-8}$
大风阻矿井	<1	>1.42
中风阻矿井	1~2	0.355~1.42
小风阻矿井	>2	<0.355

2.6.2 降低矿井风阻的措施

矿井要求一定的风量。为了满足所需风量，需要使用扇风机。扇风机的电耗与矿井风阻及风量有关。当风量不能降低要求时，应通过降低风阻来降低电耗，从而降低矿井通风费用。降低风阻的措施如下：

（1）降低摩擦风阻。从式（2-29）可知，井巷的断面积、长度、周边长及摩擦阻力系数都在不同程度上影响着摩擦风阻的大小。从降低风阻的角度来看，都属应考虑的因素。

1）增大风流断面积。可以明显地看出，风流断面面积的三次方与摩擦风阻成反比关系。同一形状的断面，断面增大，周边长也增加。例如梯形巷道，断面与周边长存在如下的关系：

$$P = 4.16\sqrt{S} \tag{2-44}$$

式中 P——井巷周边长；

S——井巷断面积。

式（2-29）可以理解为：

$$R_f \propto \frac{P}{S^3}$$

$$R_f \propto \frac{\sqrt{S}}{S^3}$$

所以

$$R_f \propto \frac{1}{S^{5/2}} \tag{2-45}$$

虽然摩擦风阻与井巷断面面积没有达到三次方的反比关系，但它仍然是降低风阻的一个重要因素。从通风的角度来看，断面越大，风阻越小，耗电越少。但是断面增大，掘进成本增高。所以其中存在着合理的经济断面，其通风费用与掘进费用之总和达到最低。

2）减少周边长。面积相同，形状不同的井巷断面，其周边长也各不相同。设圆形断面的周边长为1，其他同面积但形状不同的断面周边长见表2-5，可根据生产需要选用。

表2-5 不同断面与圆形断面相比在断面面积相等的条件周边长为圆周长的倍数

断面形状	周边长为圆周长的倍数
圆 形	1
正方形	1.13
梯 形	1.18
椭圆形	1.09 ~ 1.23
矩 形	1.2 ~ 1.5

3）减小风流长度。为了降低摩擦风阻，应以最短距离送风。

4）减少摩擦阻力系数。井巷壁的光滑程度直接影响摩擦风阻。一般来说，混凝土砌碹及喷浆支护具有较小的摩擦阻力系数。保证设计的井巷断面符合规格是降低摩擦风阻的有效措施。

（2）降低局部风阻。在通风井巷中，应尽量避免风流的直角转弯、突然扩大及突然缩小等现象。

（3）降低正面风阻。在通风井巷中，应清除不必要的堆积物，尤其是抽出式通风的回风道，往往不易引起人们的重视。这一点应予特别注意。

（4）合理选择降低风阻的井巷。降低风阻的目的，是为了降低通风阻力从而降低电耗。从式（2-37）可知，在同样风阻的条件下，风量的大小对阻力的影响更为突出一些。那么在风量大的井巷采取降低风阻的措施，收效就显著得多。所以对主要的进、出风井巷，采用适当措施降低风阻就显得特别重要。

2.7　风速的测定

2.7.1　风速表

通风工程中，常用的风流速度测定仪器有机械风表、热球风速仪、卡他计、热线风速仪、激光测速仪等。矿山一般应用前两种仪器测定风速。

2.7.1.1　机械风表与电子风表

A　机械风表的类型

常用风表有杯式和翼式两种（如图 2-23 所示）。杯式风表用于风速大于 10m/s 的高风速测定；翼式风表用于测定 0.1 ~ 10m/s 的中等风速，具有高灵敏度的翼式风表可以测定 0.1 ~ 0.5m/s 的低风速。

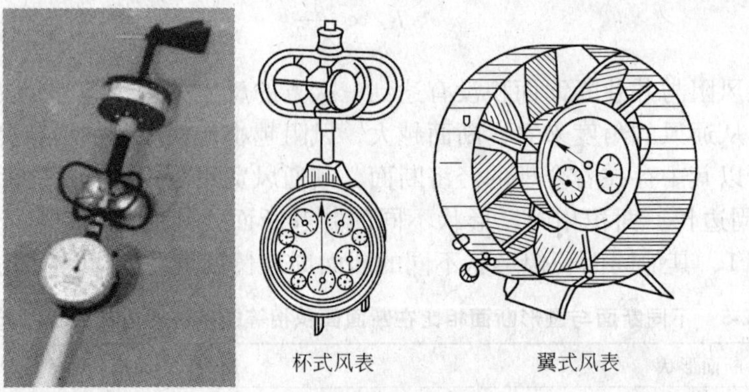

图 2-23　机械风表类型

B　机械风表的组成结构

杯式和翼式风表内部结构相似，是由一套特殊的钟表转动机构、指针和叶轮组成。杯式的叶轮是 4 个杯状铝勺，翼式则为 8 张铝片。此外，风表上有一个启动和停止指针转动的小杆，打开时指针随叶轮转动，关闭时叶轮虽转动但指针不动。某些风表还有回零装置，以便从零开始计量表速。

C　机械风表的测定

测定时，先回零，待叶轮转动稳定后打开开关，则指针随着转动，同时记录时间。约经 1 ~ 2min，关闭开关。测完后，根据记录的指针读数和指针转动时间，算出风表指示表

速 N:

$$N = (N_t - N_0)/t$$

然后换算成实际风速 u。

$$u = aN + b$$

式中 N——风表的指示表速，r/s 或 m/s；

N_0——测定前风表的读数，r；

t——测定时间，s；

N_t——测定 t 时间后风表的读数，r；

a，b——常数；

u——测定的实际风速，m/s。

值得注意的是，因机械风表转动部件很容易磨损，磨损后精度降低，因此需定期校正。校正一般在室内专门的设备上进行，也可采用精度高的测风仪进行。校正的原理就是把待测风表置于风速已知的风流中，测出风表的读数，根据风表读数与实际风速的差别即可得出校正曲线。

D 电子（数字）风表

随着机电一体化技术的发展，机械风表与电子技术结合，形成了电子风速表（如图2-24所示）、数字风速表（如图2-25 所示）和遥测风向风速仪（如图2-26 所示）等，大大提高了风速的测定效率和准确度。

图 2-24 轻便型磁感风向风速表

E 热式风速仪

热式风速仪包括热球风速仪、热线风速仪等，其原理是通过热敏感元件因风速变化引起其温度变化而使其电性参数改变，从而实现对风速的测定。图 2-27 所示为热球风速仪。

图 2-28 所示为新型热式风速仪，它同热球风速仪相比，探头坚固耐用，测试精度更高。同叶轮风速仪相比，测试精度更高，更易于测试狭小空间的气流，并且增加了风压测试功能。主要技术指标：计测风速范围为 0.1 ~ 50m/s。

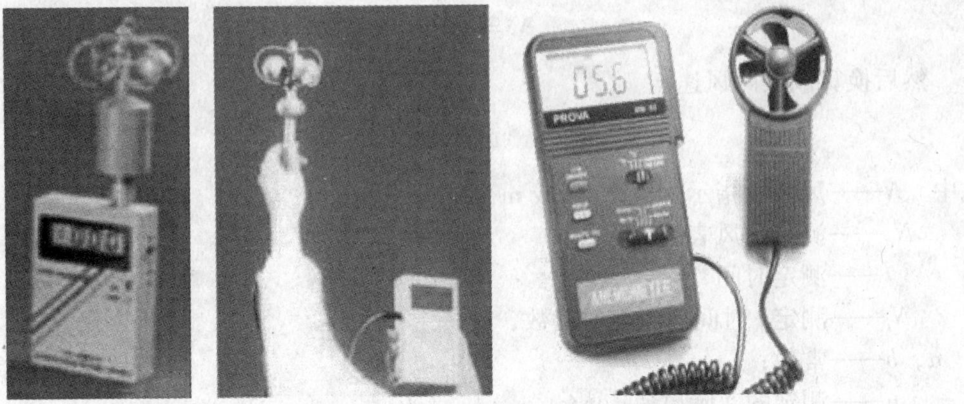

图 2-25　数字风速表

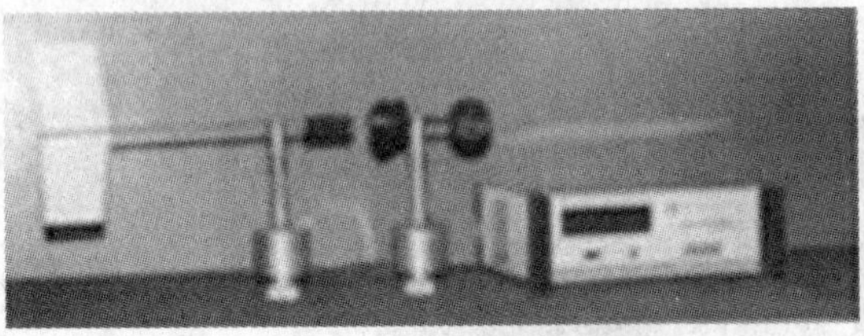

图 2-26　遥测风向风速仪

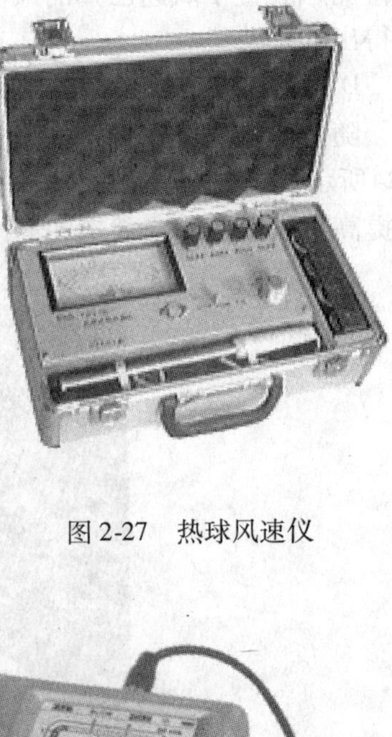

图 2-27　热球风速仪

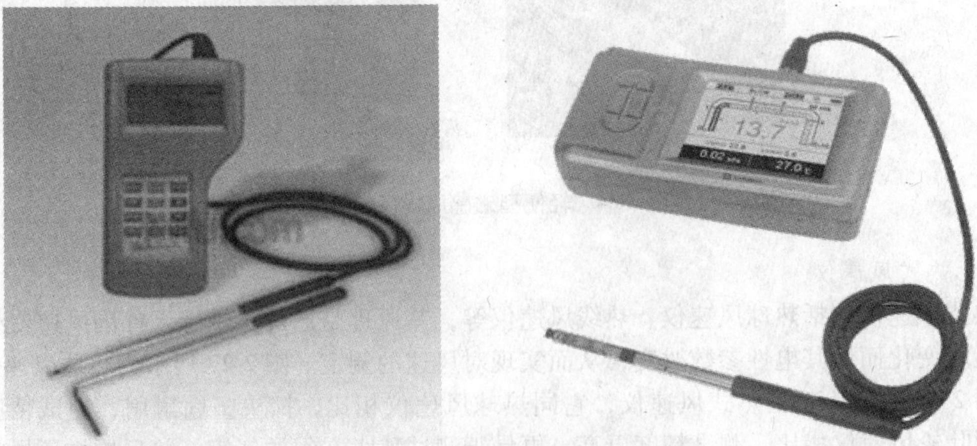

图 2-28　热式风速仪

2.7.2 风速测定

由于风流在断面上速度分布不同，为了测定平均风速，可采取以下方法：

（1）迎面法。测风员面向风流站立，手持风表，手臂伸向正前方，然后按一定的线路使风表作均匀移动。

（2）侧身法。测风员背向巷道壁站立，手持风表，手臂伸出与风流垂直，再按一定线路使风表作均匀移动。

测风时应注意以下几个问题：

（1）用迎面法测定风速时，身体挡住风流，降低通过风表的风速，故测定结果应乘以1.14的校正数。用侧身法测定风速时，由于风表与人体在同一断面，使风流断面减小，风速增大，所以应乘以校正值K：

$$K = \frac{S - 0.4}{S}$$

式中 K——侧身法校正系数；

S——风流巷道断面，m^2。

（2）将巷道断面分为若干小断面，如图2-29所示。若使用热球风表或皮托管测风速，应分别测出各小断面的中心风速，再求平均风速。在使用翼式或杯式风表时，由于风表是累计读数，应使风表在每一小断面中心点停留时间相等，整个断面测定时间为60～100s，再求出平均风速。

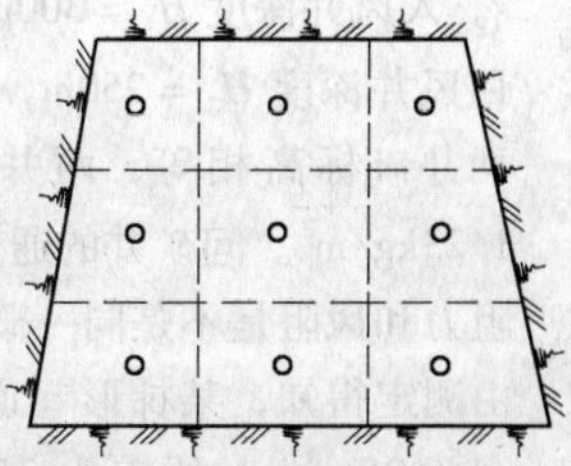

图2-29 用点格法测风速

（3）在同一断面测定不应少于3次，它们之间的误差应在±5%以内。

复习思考题

2-1 空气的密度与重力密度有什么不同？

2-2 为什么空气压力的单位 $1mmH_2O = 9.81N/m^2$？

2-3 动压和静压有什么区别？

2-4 在一条风流中静压加动压等于全压，但是静压差加动压差是不是就一定等于全压差？

2-5 某矿深150m，用压入式通风（如图2-5所示）。已知风硐与地表的静压差为1500Pa，入风井空气的平均密度为$1.25kg/m^3$，出风井为$1.2kg/m^3$，风硐中平均风速为8m/s，出风口的风速为4m/s。求矿井通风阻力。

2-6 某矿深200m，用抽出式通风（如图2-6所示）。已知风硐与地表的静压差为2200Pa，入风井空气的平均密度为$1.25kg/m^3$，出风井为$1.2kg/m^3$，风硐中平均风速为8m/s，扇风机扩散器的平均风速为6m/s，空气密度为$1.25kg/m^3$。求矿井通风阻力。

2-7 若出风井口的风速没有改变，主要扇风机安在井下，压差是否会减少，为什么？

2-8 如图2-30所示，U形管内装水，中间的U形管水面如何变化，变多少？若空气压力为750mmHg（0.1MPa），气温为20℃，管内风速多大？

2-9 如图2-31所示，U形管内装水，已知风速$v_1 = 15m/s$，$v_2 = 4m/s$，空气密度$\rho = 1.2kg/m^3$。问左侧U形管的水面如何变化，其差值为多少？

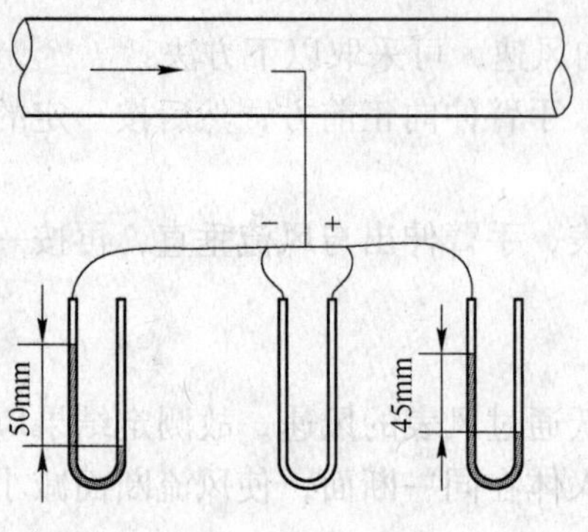

图 2-30　测点压

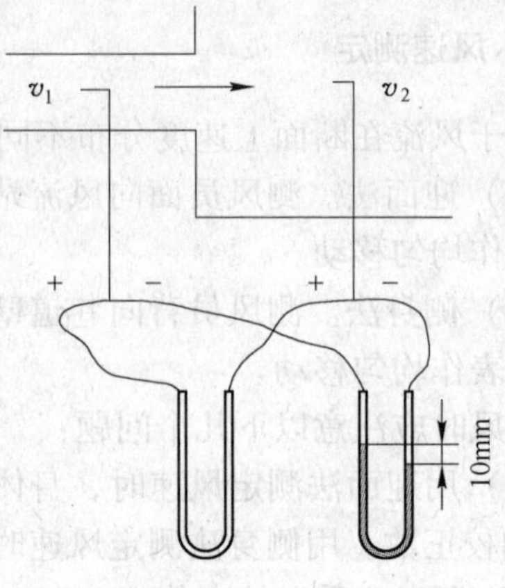

图 2-31　风流突然扩大

2-10　某通风系统如图 2-32 所示，U 形管测出风硐的压差读数为 230mmH$_2$O(2.3kPa)，风硐断面 $S=9\text{m}^2$，通过风量为 $90\text{m}^3/\text{s}$。入风井深度 $H_1=300\text{m}$，其平均空气密度 $\rho_1=1.25\text{kg/m}^3$，回风井深度 $H_2=250\text{m}$，其平均空气密度为 $\rho_2=1.15\text{kg/m}^3$，两井口标高相等，两井筒间巷道中的空气平均密度 $\rho_3=1.23\text{kg/m}^3$。问矿井的通风总阻力为多少？

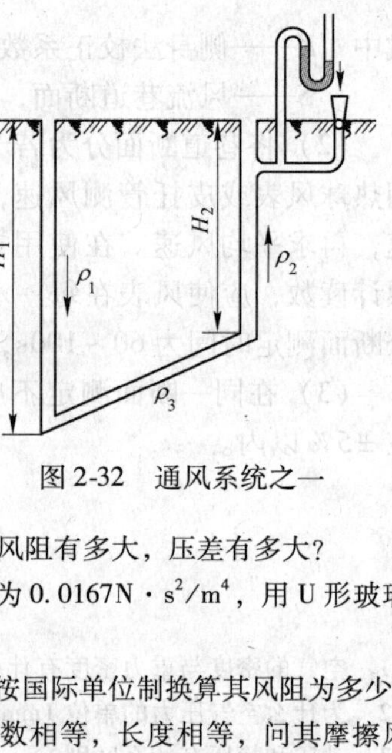

图 2-32　通风系统之一

2-11　阻力和风阻是不是同一概念？

2-12　由测定得知，某梯形巷道断面为 5m^2，长 500m，当通过的风量为 $25\text{m}^3/\text{s}$，压差为 367Pa 时，该巷道的摩擦阻力系数是多少？

2-13　影响摩擦风阻的因素有哪些？

2-14　假若井筒直径 $D=4\text{m}$，摩擦阻力系数 $\alpha=0.004\text{N}\cdot\text{s}^2/\text{m}^4$，深度 $L=325\text{m}$，通过的风量为 $3000\text{m}^3/\text{min}$。按国际单位制，井筒的风阻有多大，压差有多大？

2-15　有一条巷道断面为 6m^2，周长为 10.1m，长 500m，摩擦阻力系数为 $0.0167\text{N}\cdot\text{s}^2/\text{m}^4$，用 U 形玻璃管测出压差为 13mmH$_2$O(127Pa)。该巷道的平均风速为多少？

2-16　有一条混凝土喷浆的巷道，长 300m，断面为 8m^2，周长 11.7m。按国际单位制换算其风阻为多少？

2-17　两条梯形断面的巷道，断面分别为 4m^2 和 8m^2，若其摩擦阻力系数相等，长度相等，问其摩擦风阻的比值为多少？

2-18　为什么要降低矿井风阻？

2-19　影响矿井等积孔变化的因素是什么？

2-20　矿井风阻特性曲线表示什么？设风阻为 $1.96\text{N}\cdot\text{s}^2/\text{m}^8$，试作风阻特性曲线。

2-21　经过实测获得如下资料：

(1) 如图 2-33 所示，两皮托管间距为 200m，倾斜压差计的倾斜系数为 0.5，在压差计上的读数为

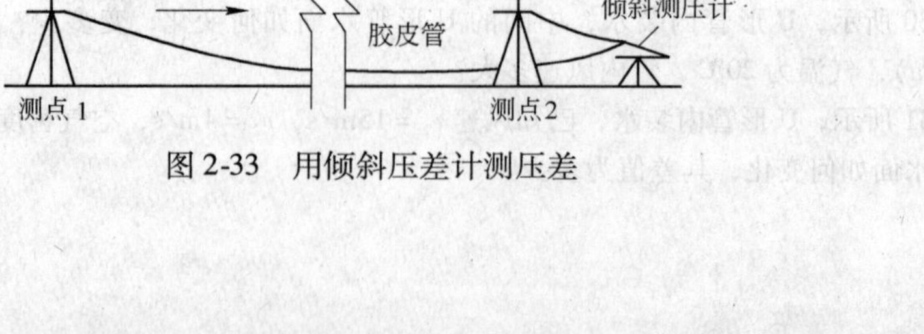

图 2-33　用倾斜压差计测压差

第一次 16. 5mm，第二次 16. 2mm，第三次 16. 3mm。

（2）巷道断面如图 2-34 所示，$a=3\text{m}$，$b=3.5\text{m}$，$c=2.4\text{m}$，$d=2.3\text{m}$。

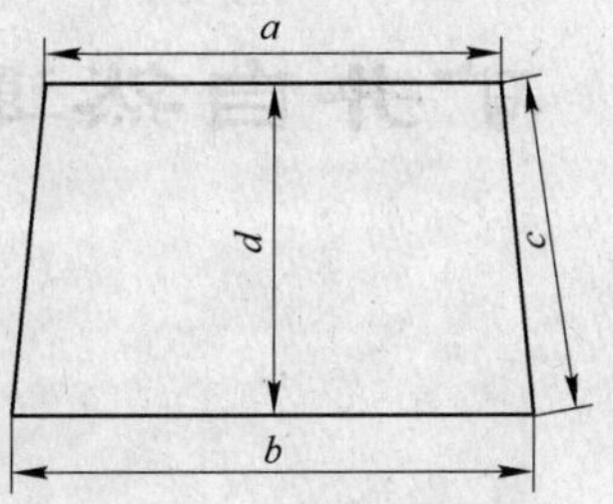

图 2-34　巷道断面图

（3）用翼式风表按侧身法实测记录见表 2-6。

表 2-6　测风记录

顺　序	风表顺序读数/格	风表测风时间
零点读数	5039	—
1	6545	1min 55s
2	7130	2min 10s
3	7590	1min 40s

（4）风速按图 2-35 所示校正。

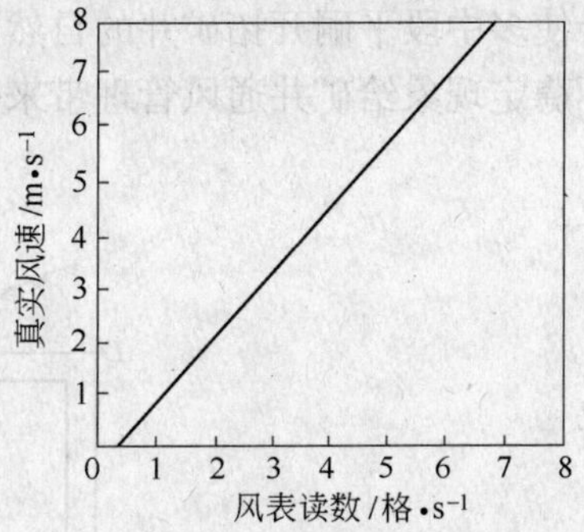

图 2-35　风表校正曲线

（5）该巷道的气温为 15℃，气压 750mmHg（0. 1MPa），相对湿度 80%。根据以上数据，求标准状况下该巷道的摩擦阻力系数、摩擦风阻、等积孔，并作出风阻特性曲线。

3 矿井自然通风

3.1 自然通风的动力

3.1.1 矿井自然风流的形成

一个矿井只要有两个以上的出口，而这些出口的空气柱密度不同，就会产生自然通风。如图 3-1 所示，若空气柱 *AB*、*CD* 的空气密度 ρ_1 及 ρ_2 相等，则矿井无风流，若 ρ_1 大于 ρ_2，风流如实线箭头所示；反之，风流方向如虚线箭头所示。

从空气密度公式可知，空气的密度主要决定于大气压力及空气温度。对于一个矿井来说，大气压力的变化并不显著，而温度的变化较为明显，所以矿井空气密度的变化受温度的影响较大。一般说，由于岩石温度以及其他因素的影响，在不是平硐开拓的矿井，矿井的出风温度有所增高，形成了出风井温度高于进风井的温差现象，实际起到一定的自然通风作用。

平硐开拓的矿井，矿内外的温差将有利于自然通风的形成。如图 3-2 所示，若矿外气温低于矿内，*AB* 空气柱密度大于 *CD*，风流方向如实线箭头所示；反之，风流方向如虚线箭头所示。所以地表气温的变化，会使多中段平硐开拓矿井的自然风流方向变化，以致有的矿井昼夜之间都会风流反向。这种不稳定现象给矿井通风管理带来一定的困难，干扰机械通风。

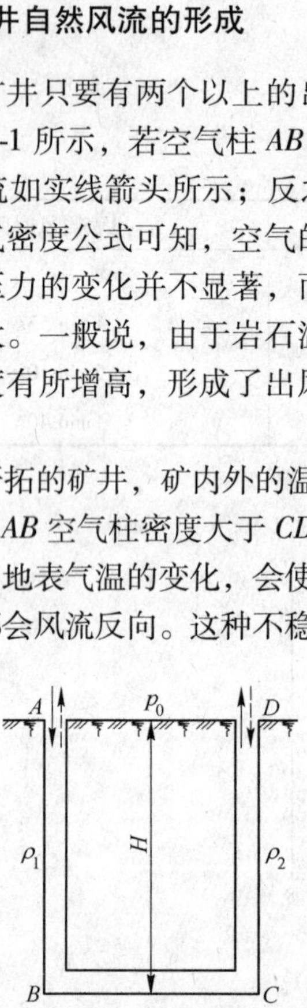

图 3-1　竖井开拓的自然通风

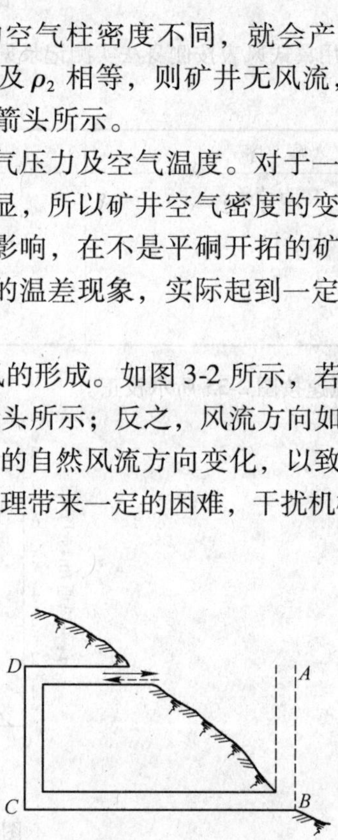

图 3-2　平硐开拓的自然通风

这样看来，形成自然通风的基本原理是由于矿井有两个以上的出口，并且它们的空气柱密度不同。进、出风井空气柱由于密度不同引起的能量之差值，称为自然通风的压差或自然压差。

3.1.2 自然压差的计算

3.1.2.1 浅矿井的自然压差

从图 3-1 可以直接看出，自然压差就是 *AB*、*CD* 两空气柱的压力之差。当矿井深度在

100m 以内，随深度增加空气密度变化不大，可以视为定值，故自然压差 h_Z(Pa)为：

$$h_Z = (p_0 + H\rho_1 g) - (p_0 + H\rho_2 g)$$
$$= H\rho_1 g - H\rho_2 g \tag{3-1}$$

式中 p_0——地表大气压，Pa；

H——矿井深度，m；

ρ_1——进风井空气平均密度，kg/m^3；

ρ_2——出风井空气平均密度，kg/m^3。

3.1.2.2　*深矿井的自然压差*

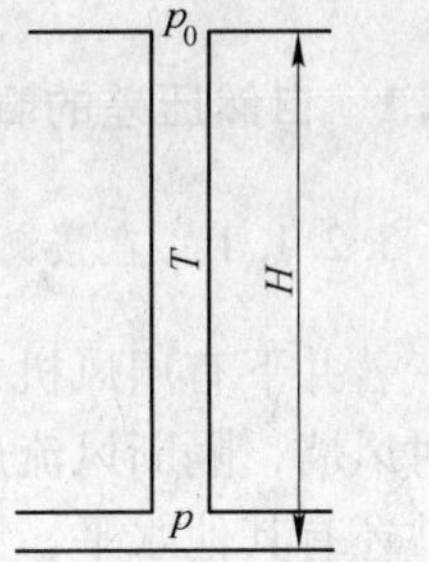

图 3-3　空气柱气压变化

如图 3-3 所示，当矿井深度大于 100m 以后，垂高为 H(m)空气柱的密度、温度、热量都在变化，属于多变过程。用等温过程来计算的随深度压力变化值和多变过程计算的结果极为接近，故可按等温过程计算。当地表大气压为 p_0 时，随深度增加 H(m)后，该点的大气压力为：

$$p = Kp_0\left(1 + \frac{H}{RT}\right) \tag{3-2}$$

式中 K——随深度增加的校正系数，$K = 1 + \frac{H}{10000}$；

R——气体常数，取 29.27；

T——空气柱的平均绝对温度，K。

若矿井只有两个空气柱作用时，其自然压差（Pa）为：

$$h_Z = p_1 - p_2 = Kp_0\left(1 + \frac{H}{RT_1}\right) - Kp_0\left(1 + \frac{H}{RT_2}\right)$$
$$= Kp_0\left(\frac{H}{RT_1} - \frac{H}{RT_2}\right) \tag{3-3}$$

式中 p_0——地表大气压，Pa；

H——矿井深度，m；

T_1，T_2——进风井及出风井的空气平均绝对温度，K。

$$T_1 = 273 + t_1 \qquad T_2 = 273 + t_2$$

在生产矿井中，平均温度可通过实测获得，新设计的矿井按以下方法考虑：

$$t_1 = \frac{t_1' + t_1''}{2}$$

式中 t_1——进风井平均气温，℃；

t_1'——进风井口气温，℃；

t_1''——进风井底气温，℃（可参考同一地区各矿之气温）。

$$t_2 = \frac{t_2' + t_2''}{2}$$

式中 t_2——出风井平均气温,℃;

t_2'——出风井底气温,℃(其值为该处岩石温度减去1~2℃);

t_2''——出风井口气温,℃($t_2''=t_2'-0.005H$)。

可以看出，影响自然压差大小的因素，除气温外，还有矿井深度及地表大气压等。矿井深度越大，自然压差越大。所以在一些深矿井里，自然风量还比较大。如果矿井深1000m，冬季最冷的时期，自然通风的风量可达3900m³/min。我国南方的金属矿井在高山地区多中段平硐开拓的情况下，自然通风的作用是不可忽视的。

3.2 自然压差的测定

3.2.1 自然压差的测定方法

3.2.1.1 直接测定法

若井下有扇风机，先停止扇风机的运转，在总风流流过的巷道中任何适当的地点建立临时风墙，隔断风流后，立即用压差计测出风墙两侧的风压差，此值就是自然风压。如果矿井还有其他水平，则应同时将其他所有水平的自然风流用风墙隔断。可见，这个方法在多水平矿井并不简便。

在有主扇通风的矿井，测定全矿自然风压的方法是：首先停止主扇风机的运转，立即将风硐内的闸板放下，隔断自然风流，这时接入风硐内闸板前的压差计的读数就是全矿的自然风压。

3.2.1.2 间接测定法

在有主扇通风的矿井：首先，当主扇运转时，测出其总风量 Q 及主扇的有效静压 H_s，则可列出能量方程：

$$H_s + H_n = RQ^2 \tag{3-4}$$

然后，停止主扇运转，当仍有自然风流流过全矿时，立即在风硐或其他总风流中测出自然通风量 Q_n，则可列出方程：

$$H_n = RQ_n^2 \tag{3-5}$$

联立解式（3-4）与式（3-5），可得自然风压 H_n 和全矿风阻 R。

同理，将主扇转数改变，或者用闸板调整一下风硐的过风面积，使主扇工况改变，测出其参数，列出其他形式的式（3-5），与式（3-4）联立求解，亦可得自然风压。

在矿井通风设计、日常通风管理和通风系统调整中，为了确切地考虑自然风压的影响，必须对自然风压进行定量分析，为此需要掌握自然风压的测算方法。

3.2.1.3 平均密度测算法

自然风压可根据式（3-1）进行测算。

为了测定通风系统的自然风压，以最低水平为基准面（线），将通风系统分为两个高度均为 z 的空气柱，一个称之内空气柱的平均密度，应在密度变化较大的地方，如井口、井底、倾斜巷道的上下端及风温变化较大和变坡的地方布置测点，并在较短的时间内测出各点风流的绝对静压力 p，干湿球温度 t_d 和 t_w，相对湿度 φ。两测点间高差不宜超过 100m（以 50m 为宜）。若各测点间高差相等，可用算术平均法求各点密度的平均值，即：

$$\rho = \frac{1}{n}\sum_{i=1}^{n}\rho_1 \tag{3-6}$$

若高差不等，则按高度加权平均求其平均值，即：

$$\rho_m = \frac{1}{z}\sum_{i=1}^{n}z_i\rho_i \tag{3-7}$$

式中 ρ_i——i 测段的平均空气密度，kg/m^3；

z_i——i 测段高差，m；

z——总高差，m；

n——测段数。

此方法一般配合矿井通风阻力测定进行，也是目前普遍使用的方法。

例如，如图 3-4 所示的通风系统，在利用气压计法测定该系统通风阻力的同时，测得了图中各测点的空气密度，见表 3-1，求此系统自然风压 H_n。

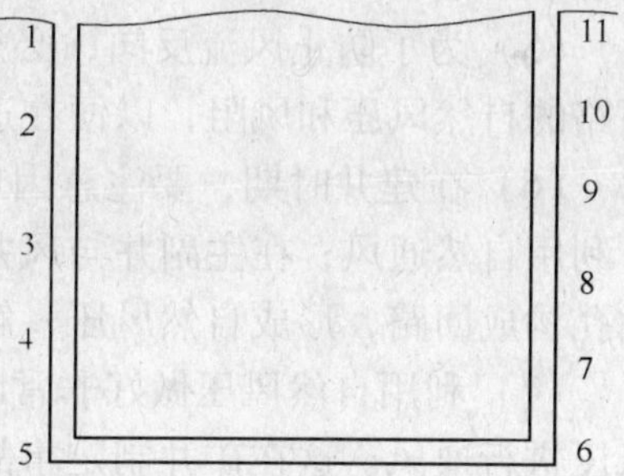

图 3-4 进、回风井湿空气密度测点布置实例

表 3-1 某通风系统不同标高处空气密度测算结果

测 点	1	2	3	4	5	6	7	8	9	10	11
标高/m	+25	-60	-150	-220	-300	-300	-250	-200	-130	-90	+25
密度/kg·m⁻³	1.215	1.229	1.243	1.275	1.299	1.287	2.246	1.231	1.201	1.199	1.177

根据式（3-7），计算进、回风侧平均空气密度 $\rho_{m(1-5)}$、$\rho_{m(6-11)}$

$$\rho_{m(1-5)} = \frac{1}{z}\sum_{i=1}^{5}z_i\rho_i = \frac{1}{325}\left(85\times\frac{1.215+1.229}{2}+90\times\frac{1.229+1.243}{2}+\right.$$

$$\left.70\times\frac{1.243+1.229}{2}+80\times\frac{1.275+1.299}{2}\right)$$

$$=1.250\text{kg/m}^3$$

同理求得 $\rho_{m(6-11)}=1.213\text{kg/m}^3$。

由式（3-1）计算出该系统的自然风压 H_n

$$H_n = gz(\rho_{m(1-5)}-\rho_{m(6-11)}) = 9.8\times325(1.250-1.213) = 117.8\text{Pa}$$

若专门考察矿井的自然风压而进行的测定，其测定时间应选择在冬季最冷或夏季最热以及春、秋有代表性的月份，一个回路的测定时间应尽量短，并选择在地面气温变化较小的时间内进行。

3.2.2 自然风压的控制与利用

研究自然风压的控制和利用具有重要意义。在生产过程中，自然风压的控制与利用的措施主要有如下几方面：

（1）新设计矿井在选择开拓方案、拟定通风系统时，应充分考虑利用地形和当地气候特点，使全年大部分时间内自然风压作用的方向与机械通风风压的方向一致，以便利用自然风压。例如，在山区要尽量增大进、回风井井口的高差；进风井井口布置在背阳处等。

(2) 根据自然风压的变化规律，应适时调整主要通风机的工况点，使其既能满足矿井通风需要，又可节约电能。例如，在冬季自然风压帮助机械通风时，可采用减小风机叶片安装角度或调低转速的方法降低机械风压。

(3) 为了控制和利用自然风压，可人工调整进、回风井内空气的温差。有些矿井在进风井巷设置水幕或者淋水，以冷却空气，同时起到净化风流的作用。

(4) 在多井口通风的山区，要掌握自然风压的变化规律，防止因自然风压作用造成某些巷道无风或反向而发生事故。

(5) 为了防止风流反向，必须做好调查研究和现场实测工作，掌握矿井通风系统和各回路的自然风压和风阻，以便在适当的时候采取相应的措施。

(6) 在建井时期，要注意因地制宜和因时制宜利用自然风压通风，如在表土施工阶段可利用自然通风；在主副井与风井贯通之后，有时也可利用自然通风；有条件时还可利用钻孔构成回路，形成自然风压，解决局部地区通风问题。

(7) 利用自然风压做好非常时期通风。一旦主要通风机因故遭受破坏，便可利用自然风压进行通风。这在矿井制定事故预防和处理计划时应予以考虑。

(8) 在建井时期，要注意因地制宜和因时制宜利用自然风压通风，如在表土施工阶段可利用自然通风；在主副井与风井贯通之后，有时也可利用自然通风。

(9) 利用自然风压做好非常时期通风。一旦主扇因故遭受破坏，便可利用自然风压进行通风。

自然压差的大小，在生产矿井可以实测，以便掌握自然通风的变化规律。

机械通风的矿井，一般都在主要扇风机房安装U形玻璃管实测扇风机的工作压差。如图3-5为压入式通风的矿井，所实测的扇风机全压 h_c。试问这里面是否包括自然压差？图3-5中，若扇风机停止运转，自然压差仍然存在，仍有一定的风量通过。但此时U形管两端都受同样大气压作用，所以U形管不会出现液面差。说明扇风机工作时，在U形管所反映出的压差里，没有包括自然压差。那么，如何测定自然压差？试做下面几种情况分析。

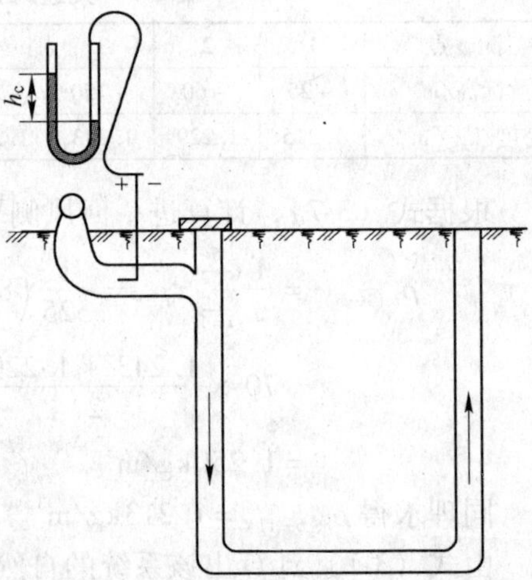

图3-5　压入式通风矿井实测扇风机全压

采用图3-6的方法，设密闭墙，墙的左侧是进风空气柱压力 $p_1 = p_0 + H\rho_1 g$，右侧是出风空气柱的压力墙两侧的压力 $p_2 = p_0 + H\rho_2 g$。墙两侧的压差为：

$$(p_0 + H\rho_1 g) - (p_0 + H\rho_2 g) = H\rho_1 g - H\rho_2 g = h_Z$$

所以此时U形管的液面差就是自然压差。

这里又提出一个问题，密闭墙应设在哪里？现选定密闭墙的位置如图3-7所示，墙两侧的压差为：

$$\begin{aligned}&(p_0 + H\rho_1 g - H''\rho_2 g) - (p_0 + H'\rho_2 g)\\&= H\rho_1 g - H''\rho_2 g - H'\rho_2 g\\&= H\rho_1 g - (H'' + H')\rho_2 g = H\rho_1 g - H\rho_2 g = h_Z\end{aligned}$$

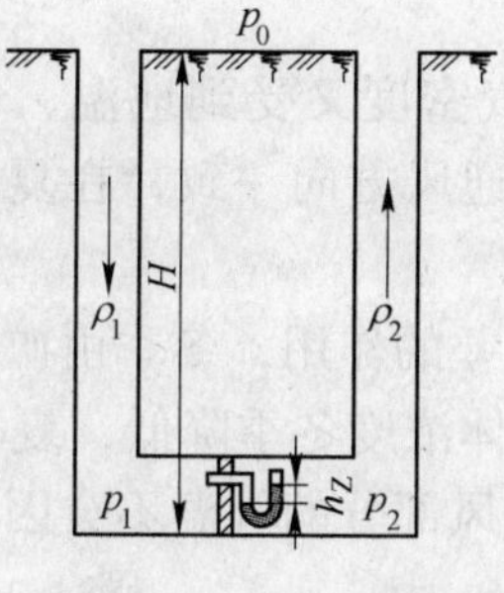

图 3-6　自然压差的测定

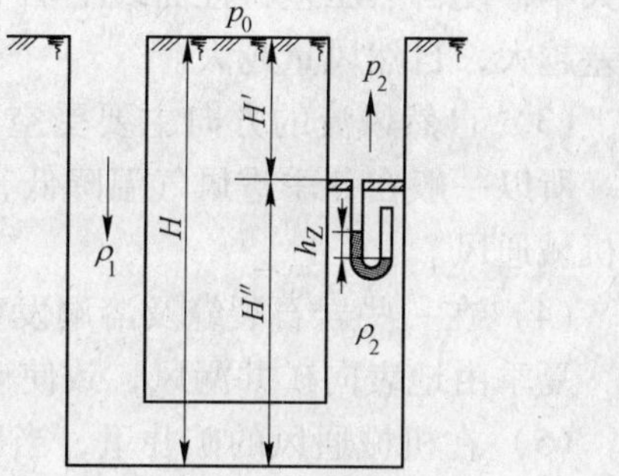

图 3-7　任意点测自然压差

墙两侧的压差仍为自然压差，说明密闭墙的位置，只要能把风流隔断，设在哪里都可以。

那么，在风硐中设一块闸板，当扇风机停止运转时，放下闸板，闸板两侧的空气压差即为自然压差，由 U 形管即可读出矿井的自然压差值，如图 3-8 所示。

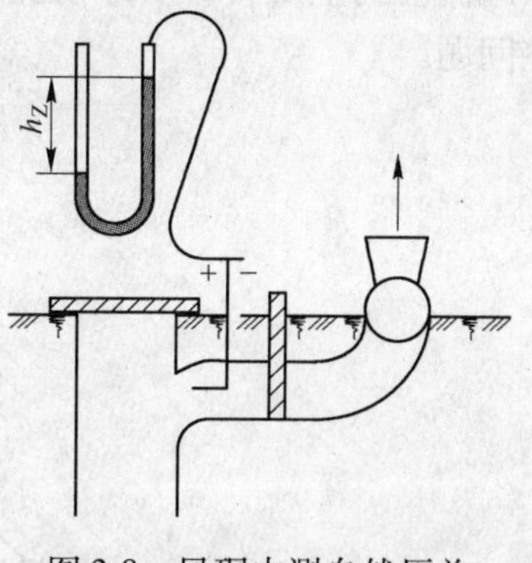

图 3-8　风硐中测自然压差

此外，根据图 3-5 所测出的扇曲机总压差 h_s（压入式通风为扇风机全压 h_c，抽出式通风为扇风机的有效静压）及总风量 Q，列出下式（u 为风硐内风速）：

$$h_s + h_Z = RQ^2 \tag{3-8}$$

然后停止扇风机运转，待停机一定时间避免风流的惯性作用后，测出只有自然压差 h_Z 作用 F 的风量 Q_j，列出下式：

$$h_Z = RQ_Z^2 \tag{3-9}$$

可以看出式（3-8）及式（3-9）是一组联立方程。其中，扇风机的工作压差 h_s，扇风机工作时的总风量 Q 及只有自然通风时的总风量 Q_z 已知，则可解算出自然压差 h_Z 及矿井总风阻 R。

3.2.3　自然风压的特性

自然风压的特性有：

（1）当矿井深度及进出风的温度差没有改变时，自然压差值 h_Z 是常数，其特性曲线如图 3-9 所示。它与矿井风阻特性曲线 Ⅰ 的交点 A，就是自然压差对该矿井的工作点，此时矿井总进风量为 Q；若矿井风阻减小到曲线 Ⅱ，则总进风量将增加到 Q'（工作点此时为 B）。所以自然压差一定时，其风量大小决定于矿井风阻。

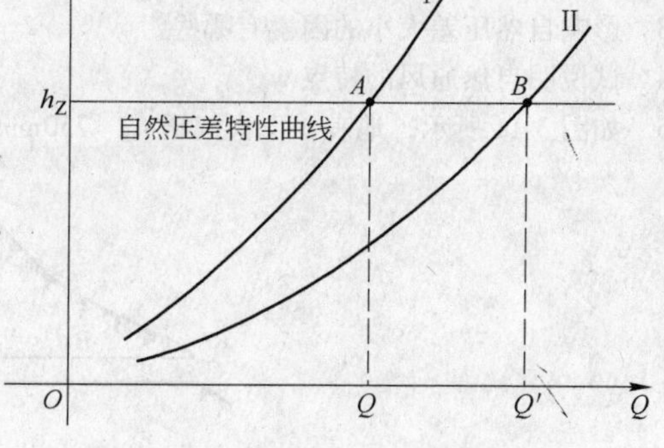

图 3-9　自然压差特性曲线

（2）当矿井风阻一定时，进、出风井空气柱的温差改变，必然改变该矿井的自然压差大小，使自然压差特性曲线上下平移，从而改变矿井的风量。在矿井风阻一定时，自然压差越大，自然风量越大。

(3) 自然风流的方向主要受空气密度的支配，而空气密度又受到地温、气候等的影响。所以一般在冬季进风气温降低，自然通风往往与机械通风方向一致，在夏季则往往干扰机械通风。

(4) 在一些岩石裂缝及溶硐发育的矿井，由于自然压差的作用，冬季由矿井向地表漏风，夏季由地表向矿井漏风，致使矿井空气中的氡及其子体浓度冬季降低，夏季增高。

(5) 在机械通风的矿井里，当扇风机停止运转时，出风部分的气温不会因主扇停止运转而马上降低，自然风流也不会马上反向。

例如红透山矿机械风流方向，如图 3-10 所示。在冬季，当主扇停止运转后，预计自然风流会马上反转。实际情况，并未马上反转。所以在需要用自然风流反向时应估计到这些问题。

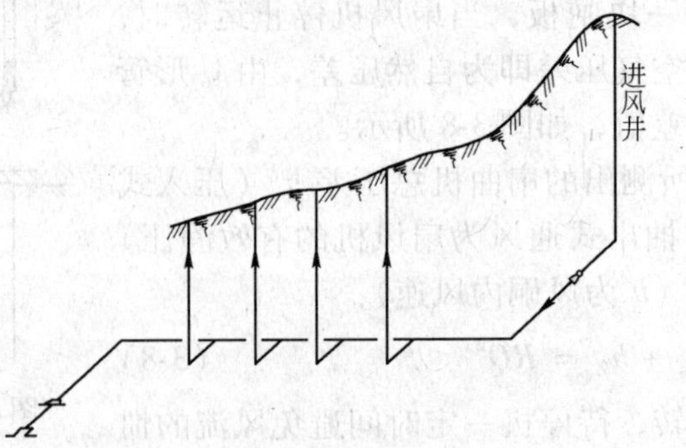

图 3-10 红透山矿机械风流方向

自然通风的优点主要在于不消耗电能，但它不稳定，给通风管理工作带来一定的困难。因此，应根据矿井的具体情况，有利则用，有害则防。

复习思考题

3-1 试说明产生自然通风的原因。

3-2 如何测定面矿井的自然压差?

3-3 影响自然压差大小的因素有哪些?

3-4 试说明自然通风的特点。

3-5 如图 3-11 所示，地表 A 点大气压 $p_0=750\text{mmHg}(0.1\text{MPa})$，地表气温为 0℃，$AB$ 空气柱平均温度为

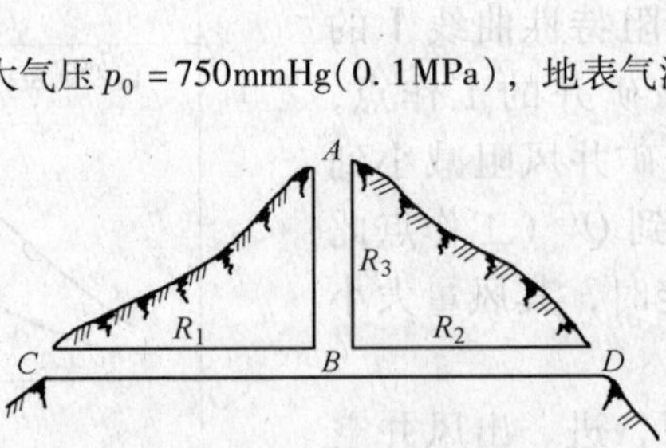

图 3-11 通风系统

17℃，已知各段巷道的风阻为 $R_1 = 1N \cdot s^2/m^8$、$R_2 = 1.5N \cdot s^2/m^8$、$R_3 = 0.5N \cdot s^2/m^8$，矿井深度为300m。求自然通风作用下通过各段巷道的风流方向及风量。

3-6 通风系统如图3-12所示，地表气温 $t_1 = 39℃$，坑内平均气温 $t_2 = 35℃$，$t_3 = 26℃$，$t_4 = 24℃$，A 点大气压力 $p_0 = 730mmHg(0.097MPa)$。求该矿的自然压差及风流方向。

提示：(1) 水平风流无自然压差；

(2) 进出风井口高度不同，可假设大气中仍然有一空气柱与矿内空气柱等高；

(3) 倾斜空气柱应按垂高计算。

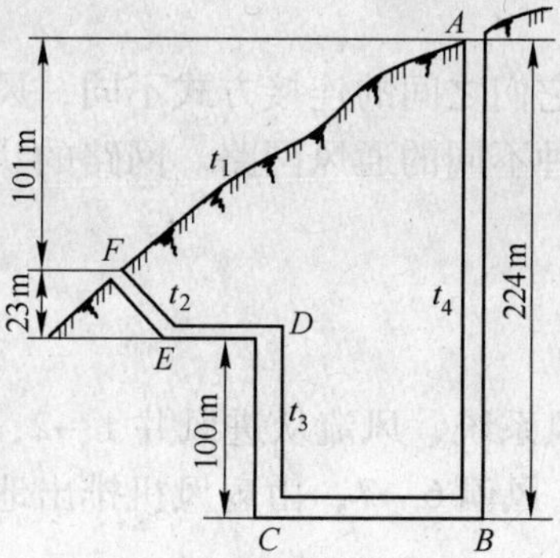

图3-12 通风系统

4 矿井风量分配与调节

4.1 通风网路的基本性质

一个矿井有很多的井巷，它们之间的连接方式不同，风流在当中流动时，会出现许多分支及汇合现象，因而组成各种不同的通风网路。网路的状态在一定程度上影响着矿井的风量分配及矿井总风阻的变化。

4.1.1 串联通风网路

图 4-1 所示为一个矿井通风系统，风流从进风井 1→2，经石门 2→3、运输平巷 3→4、回风石门 4→5 及回风井 5→6、风硐 6→7，由扇风机排出地表，构成串联风流。

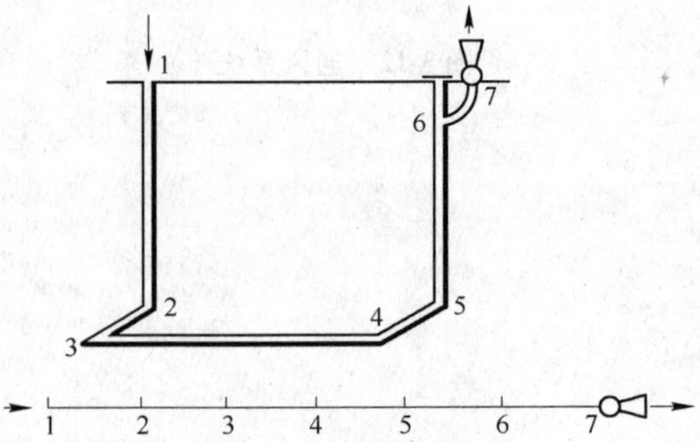

图 4-1 串联通风网路

在没有漏风的情况下，通过每条井巷的风量 Q 都相等；从进风点到出风点的压差就等于各条井巷风流压差之和。这种没有分支风流的连接，称为串联通风网路。

假若有 n 条巷道相串联，各条巷道的风阻为 R_1，R_2，R_3，…，R_n；各条巷道的风量为 Q_1，Q_2，Q_3，…，Q_n；各条巷道的压差为 h_1，h_2，h_3，…，h_n；则总压差应为各条巷道压差之和，即 $h = h_1 + h_2 + h_3 + \cdots + h_n$。

因为总风量为 Q，总风阻为 R，根据通风阻力定律 $h = RQ^2$，则：

$$RQ^2 = R_1 Q_1^2 + R_2 Q_2^2 + R_3 Q_3^2 + \cdots + R_n Q_n^2$$

由于没有漏风，对于串联网路来说，各条巷道风量相等。

所以
$$R = R_1 + R_2 + R_3 + \cdots + R_n \tag{4-1}$$

因此串联的总风阻等于所串联的各巷道风阻之和。串联的巷道越多，总风阻越大。任何矿井的通风系统中，都会出现一些串联现象，所以串联是一种最基本的风流连接形式。但是由于它一方面使总风阻增大，另一方面几个工作面的风流相串联，必然影响后部工作面风流的质量，所以在制定通风系统时，一定要避免工作面间风流的串联。因此，克服工作面之间的串联风流，是矿井通风管理工作的主要内容之一。

4.1.2 并联通风网路

图4-2(a)是中央式开拓用抽出式通风的矿井通风系统。风流从提升斜井进入，在运输平巷分为左右两支进入工作面，经回风平巷汇合进入通风斜井，由扇风机排出地表。其风流线路可作成图4-2(b)所示的通风示意图。由于风流同在点 A 分开以后，又同在另一点 B 相汇合，故这种风流网路称为并联通风网路。

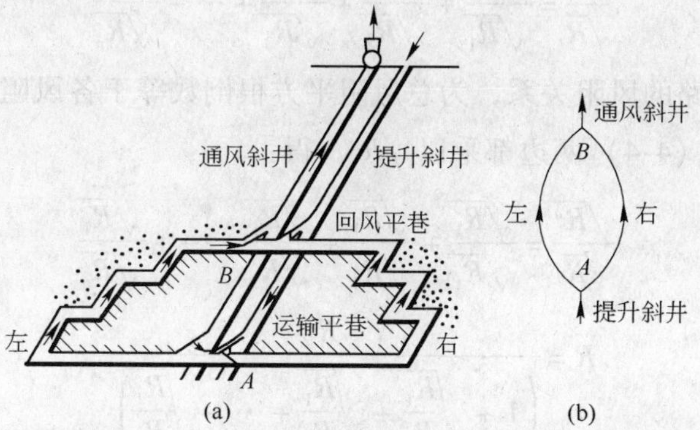

图4-2 并联通风网路

(a) 通风系统图；(b) 通风示意图

4.1.2.1 并联通风网路的总压差

由图4-3可以看出，n 条巷道同在 A 点分支，又同在 B 点相汇合，这种情况属于 n 条风流相并联。因为压差是指风流在某一管道始断面与末断面之间的能量差，而并联通风网路中的每一条风流都应有共同的起点和共同的终点，所以各并联分支的压差都彼此相等，且等于并联网络的总压差，即为：

$$h_1 = h_2 = h_3 = \cdots = h_n \tag{4-2}$$

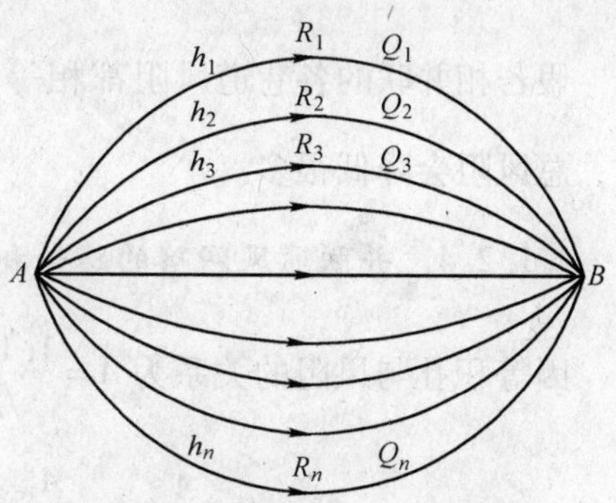

图4-3 并联通风示意图

4.1.2.2 并联通风网路的总风量

并联通风网路的总风量应该等于它的各条巷道风量之和，即：

$$Q = Q_1 + Q_2 + Q_3 + \cdots + Q_n \tag{4-3}$$

4.1.2.3 并联通风网路的总风阻

设分支点 A 至汇合点 B 的总风阻为 R，总压差为 h，根据矿井通风阻力定律，存在如下关系：

$$Q=\sqrt{\frac{h}{R}},\ Q_1=\sqrt{\frac{h_1}{R_1}},\ Q_2=\sqrt{\frac{h_2}{R_2}},\ Q_3=\sqrt{\frac{h_3}{R_3}},\ \cdots,\ Q_n=\sqrt{\frac{h_n}{R_n}}$$

代入式（4-3）得：

$$\sqrt{\frac{h}{R}}=\sqrt{\frac{h_1}{R_1}}+\sqrt{\frac{h_2}{R_2}}+\sqrt{\frac{h_3}{R_3}}+\cdots+\sqrt{\frac{h_n}{R_n}}$$

由于 $h_1=h_2=h_3=\cdots=h_n$，则：

$$\frac{1}{\sqrt{R}}=\frac{1}{\sqrt{R_1}}+\frac{1}{\sqrt{R_2}}+\frac{1}{\sqrt{R_3}}+\cdots+\frac{1}{\sqrt{R_n}} \tag{4-4}$$

所以并联通风网路的风阻关系，为总风阻平方根倒数等于各风阻平方根倒数之和。为了求出总风阻，对式（4-4）两边都乘以 $\sqrt{R_1}$，得：

$$\frac{\sqrt{R_1}}{\sqrt{R}}=\frac{\sqrt{R_1}}{\sqrt{R_1}}+\frac{\sqrt{R_1}}{\sqrt{R_2}}+\frac{\sqrt{R_1}}{\sqrt{R_3}}+\cdots+\frac{\sqrt{R_1}}{\sqrt{R_n}}$$

所以

$$R=\frac{R_1}{\left(1+\sqrt{\frac{R_1}{R_2}}+\sqrt{\frac{R_1}{R_3}}+\cdots+\sqrt{\frac{R_1}{R_n}}\right)^2} \tag{4-5}$$

或

$$R=\frac{1}{\left(\frac{1}{\sqrt{R_1}}+\frac{1}{\sqrt{R_2}}+\frac{1}{\sqrt{R_3}}+\cdots+\frac{1}{\sqrt{R_n}}\right)^2} \tag{4-6}$$

假若相并联的各巷道风阻都相等，即 $R_1=R_2=\cdots=R_n$，则 $R=\frac{R_1}{n^2}$，说明风流并联以后，总风阻会降低很多。

4.1.2.4　并联通风网路的总等积孔

因等积孔与风阻的关系为 $A=\frac{1.192}{\sqrt{R}}$，则 $\frac{1}{\sqrt{R}}=\frac{A}{1.192}$，代入式（4-4），可得：

$$\frac{A}{1.192}=\frac{A_1}{1.192}+\frac{A_2}{1.192}+\frac{A_3}{1.192}+\cdots+\frac{A_n}{1.192}$$

则

$$A=A_1+A_2+A_3+\cdots+A_n \tag{4-7}$$

所以并联通风网路的总等积孔，等于各并联巷道等积孔之和，说明并联的巷道越多，等积孔越大。这从另一个侧面反映出风流并联后，总风阻减小。

4.1.2.5　并联通风网路的风量自然分配

在并联通风网路中，相并联各分支的风量受各分支风阻的影响。如图 4-2 所示，有两条相并联的风流，且已知总风量为 Q，左翼风阻为 R_1，右翼风阻为 R_2，即可求出其自然分配的风量 Q_1、Q_2。

设这两条分支风流相应的压差为 h_1 及 h_2，由于 $h_1=h_2$，所以 $R_1Q_1^2=R_2Q_2^2$，则：

$$\sqrt{\frac{R_1}{R_2}}=\frac{Q_2}{Q_1}$$

等式两边加1，得

$$1+\sqrt{\frac{R_1}{R_2}}=\frac{Q_2}{Q_1}+1$$

整理得

$$1+\sqrt{\frac{R_1}{R_2}}=\frac{Q_1+Q_2}{Q_1}$$

在没有漏风的情况下，$Q=Q_1+Q_2$，故

$$1+\sqrt{\frac{R_1}{R_2}}=\frac{Q}{Q_1}$$

则

$$Q_1=\frac{Q}{1+\sqrt{\frac{R_1}{R_2}}} \tag{4-8}$$

$$Q_2=\frac{Q}{1+\sqrt{\frac{R_2}{R_1}}} \tag{4-9}$$

当 n 条巷道并联时，由于各条巷道的压差相等，故

$$RQ^2=R_1Q_1^2 \tag{4-10}$$

由于

$$\sqrt{\frac{R}{R_1}}=\sqrt{\frac{\frac{1}{\left(\frac{1}{\sqrt{R_1}}+\frac{1}{\sqrt{R_2}}+\frac{1}{\sqrt{R_3}}+\cdots+\frac{1}{\sqrt{R_n}}\right)^2}}{R_1}}$$

$$=\frac{1}{1+\sqrt{\frac{R_1}{R_2}}+\sqrt{\frac{R_1}{R_3}}+\cdots+\sqrt{\frac{R_1}{R_n}}}$$

代入式（4-10）得

$$Q_1=\frac{Q}{1+\sqrt{\frac{R_1}{R_2}}+\sqrt{\frac{R_1}{R_3}}+\cdots+\sqrt{\frac{R_1}{R_n}}} \tag{4-11}$$

同理可求得 Q_2，Q_3，…，Q_n。由于等积孔与风量成一次正比例函数关系，故可用等积孔计算并联网路的总风阻及风量分配。

若已知所并联的各条风流的等积孔，可按式（4-7）求出总等积孔 A，进而可求得总风阻 R。

因 $A=1.192\frac{Q}{\sqrt{h}}$，则 $h=\left(1.192\frac{Q}{A}\right)^2$，故

$$\frac{Q}{A}=\frac{Q_1}{A_1}=\frac{Q_2}{A_2}=\frac{Q_3}{A_3}=\cdots=\frac{Q_n}{A_n} \tag{4-12}$$

同时，由于相并联各风流压差相等，故各支流的风量为：

$$Q_1=\frac{A_1}{A}Q,\ Q_2=\frac{A_2}{A}Q,\ Q_3=\frac{A_3}{A}Q,\ \cdots,\ Q_n=\frac{A_n}{A}Q \tag{4-13}$$

综合上述可以看出，和风流串联相比，风流并联有两个明显的好处：一个是总风阻小，另一个是风流质量好。所以工作面之间应尽量采用并联风流。当然增加并联井巷，会增加掘进费用，所以应综合考虑各方面因素。

4.1.2.6　漏风所形成的并联

前述推论都是在没有考虑漏风的前提下提出的。出现漏风后就增加风流分支，使风量的分配及风阻都会受到不同程度影响。

图 4-4 所示本来是串联风流。在采空区有漏风时，这些漏风流可以看成是与工作面风流并联的风流。这种漏风有两方面的影响：一方面，采空区的漏风流为层流，当压差增加后，漏风更为增加；另一方面，漏风与主风流之间的并联关系虽然使总风阻减小，但漏风使工作面所得到的风量减少。这种漏风是没有好处的。

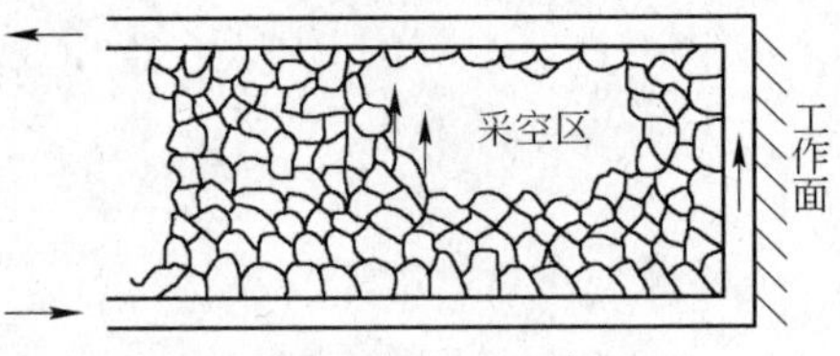

图 4-4　采空区漏风

又如图 4-2 所示，若进风井与出风井之间有漏风，这时漏风流与矿内风流也形成并联。同样的道理，虽然矿井总风阻减小，总风量会增加，但工作面所得到的风量显然减少。这种漏风也是极为有害的，所以克服矿井漏风，也是矿井通风管理工作的主要内容之一。但是漏风能降低风阻，使总进风量增加，也应该是可以利用的一面。例如一个抽出式通风的矿井，漏风方向由地表向矿内，则地表向进风部分的漏风，可能会增加工作面的风量；而地表向出风部分的漏风，必然减少工作面得到的风量。又如压入式通风矿井，由于漏风方向由矿内向矿外，则进风部分向地表漏风，必然减少工作面风量；出风部分向地表漏风，可能增加工作面风量。

4.1.3　角联通风网路

如图 4-5 所示的通风系统，当风流从 *A* 进入后，必然从 *F*、*G* 两处排出。*CD* 及 *CE* 巷道的风流方向比较明显，但 *DE* 巷道的风流方向如何？

把这个通风系统作成图 4-6 所示的通风示意图。从图中可以看出，*DE* 风流方向有三种可能，即或无风流，或流向 *E*，或流向 *D*。这种风流连接形式不能看成并联。它是在一个并联网路中，存在一条或几条巷道，从并联网路的一支风流跨接到另一支风流，这种通风网路称为角联通风网路。跨接的这几条巷道，称为对角巷道。角联通风网路具有它的一些特点，其中一个主要特点是对角巷道中的风流方向不稳定。

为了搞清角联通风网路的基本特点，现用图 4-7 所示的一个典型的角联通风网路示意图来说明这个问题。当风流从 *A* 流向 *D* 时，除了对角巷道 *BC* 外，其他几条巷道的风流方向都比较明显。那么影响 BC 的风流方向的因素有哪些？

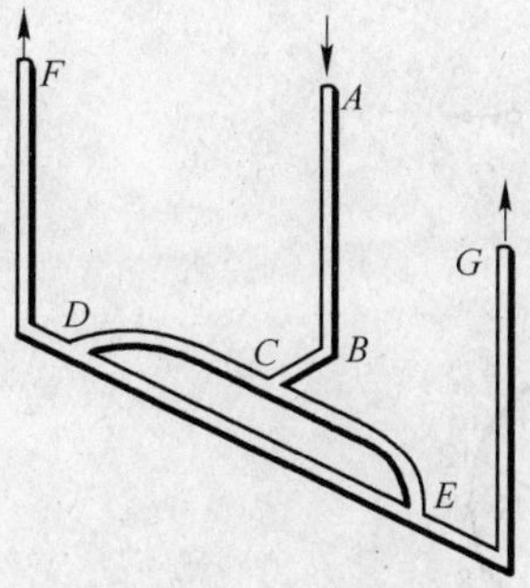

图 4-5 通风系统

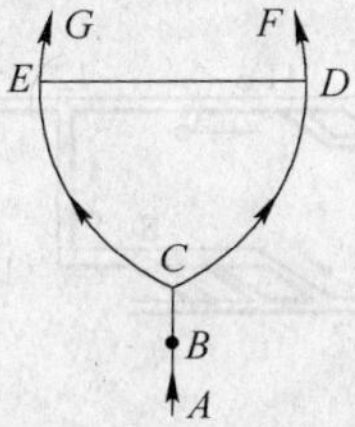

图 4-6 通风示意图

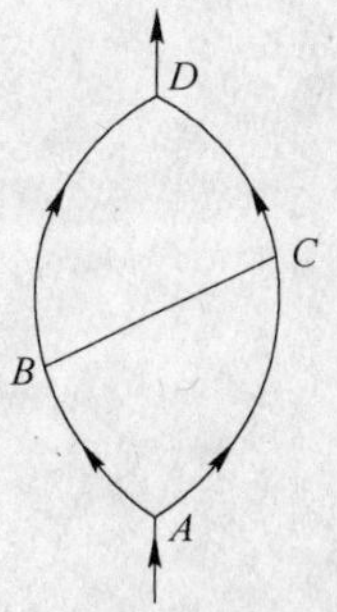

图 4-7 角联通风示意图

因为两点间的空气能量差是空气流动的根本原因，所以 BC 的风流方向完全决定于 B、C 两点的空气能量差。若 B 点空气能量大于 C 点，风流方向为 BC；反之，当 B 点空气能量小于 C 点，风流方向为 CB；若 B 点空气能量等于 C 点，则 BC 巷道内无风流。

先假设 BC 巷道内无风流，则各支风流压差具有如下关系：$h_{AB}=h_{AC}$，$h_{BD}=h_{CD}$。两式相除，得：

$$\frac{h_{AB}}{h_{BD}}=\frac{h_{AC}}{h_{CD}}$$

根据矿井通风阻力定律：

$$\frac{R_{AB}Q_{AB}^2}{R_{BD}Q_{BD}^2}=\frac{R_{AC}Q_{AC}^2}{R_{CD}Q_{CD}^2}$$

因为 BC 无风流，各支风量具有如下关系：$Q_{AB}=Q_{BD}$，$Q_{AC}=Q_{CD}$。

则

$$\frac{R_{AB}}{R_{BD}}=\frac{R_{AC}}{R_{CD}} \tag{4-14}$$

所以式（4-14）的平衡关系，就是造成 BC 无风流的必备条件。在这四段巷道中，只要有一段的风阻改变，就会使上述条件也改变，破坏了式（4-14）的平衡关系，BC 即出现风流。

若由于某一段巷道的风阻改变而出现了式（4-15）所示的关系：

$$\frac{R_{AB}}{R_{BD}}>\frac{R_{AC}}{R_{CD}} \tag{4-15}$$

就会使压差 h_{AB} 大于 h_{AC}，这时 B 点空气能量小于 C 点空气能量，则风流从 C 流向 B。反之，出现如下的关系：

$$\frac{R_{AB}}{R_{BD}}<\frac{R_{AC}}{R_{CD}}$$

则压差 h_{AB} 小于 h_{AC}，风流从 B 向 C。所以对角巷道中风流方向变化的条件，并不决定于对角巷道本身的风阻，而受到其他相邻四段巷道风阻变化的影响。

图 4-8 是矿井中的某一个区段，它的三个工作面为卷扬机房 4 及两个采场 10—11、7—8。为使每个工作面都能得到新鲜风流，图 4-8(a) 中实线所示的风流方向比较合理。从图 4-8(b) 可以看出，它是一个角联通风网路，风路 3—12（包括采场 10—11）处于对角巷道的位置。但是只要如下关系存在：

$$\frac{R_{1-3}}{R_{3-6}} < \frac{R_{1-12}}{R_{12-6}} \tag{4-16}$$

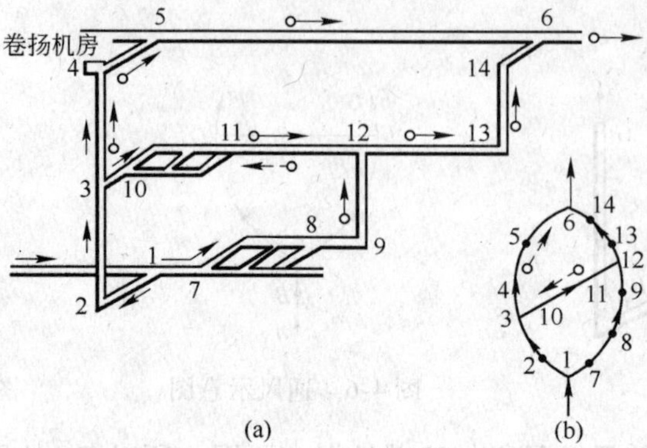

图 4-8　区段通风网路

（a）通风系统图；（b）通风示意图

则它的风流方向是符合要求的，是稳定的。由于某个原因，一旦改变了式（4-16），就会导致 3—12 的风流反转，如虚线箭头所示。此时经过每一个工作面的都是串联风流，即采场 7—8 的炮烟及废风必将经过采场 11—10 及卷扬机房 4。所以角联网路中，克服风流反转也是矿井通风管理工作中的主要内容之一。

这里又提出一个问题：在并联网路中，增加对角巷道后，总风阻是增加还是减少。从图 4-7 看，当 *BC* 没有风流时，只有 *ABD* 及 *ACD* 两条风路构成并联网路。若转动 *BC* 巷道，逐渐使 *B* 与 *A* 重合，*C* 与 *D* 重合，则 *BC* 的风量逐渐增加（风流方向 *BC*），直至最后形成三条巷道并联，从而使总风阻减小。所以增加对角巷道后，通风网路的总风阻是介于两条巷道并联的总风阻与三条巷道并联的总风阻之间的。这说明在一个通风网路中增加了对角巷道反而使网路的总风阻减小。

这样看来，角联仍然存在着“利”和“害”的两个方面。矿井中角联是比较普遍的，所以在通风管理时，应注意利用其“有利”一面，克服“有害”一面。一般来说，工作面之间的对角巷道，风流反转会形成废风串联；而进风与进风之间的对角巷道，或出风与出风之间的对角巷道，能降低风阻，不致形成工作面的串联风流，这一点可以充分利用。因此必须根据具体情况做具体分析。

图 4-9 所示为向山硫铁矿五中段通风系统，巷道 1—2 及 2—3 是对角巷道，但它们是联结于大井、副井及南山斜井三个出风井之间，即使发生风流反转，也不会在工作面造成废风串联。由于能降低矿井总风阻，使总风量增加，这种角联是无害的。在很多情况下，漏风往往构成角联。同样的道理，进风间的漏风或出风间的漏风，会使总风阻减小，可能增加矿井总进风量，在一定条件下，可以认为是无害的。

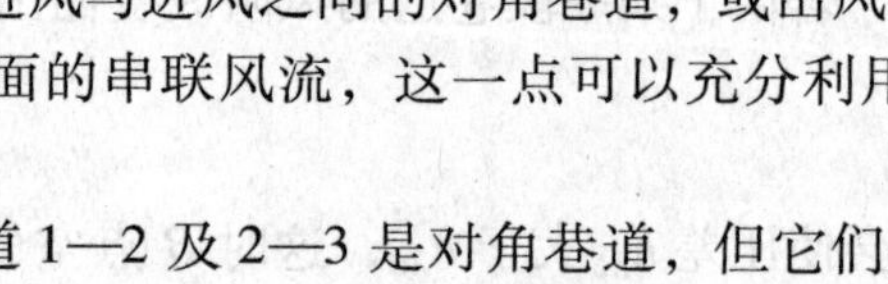

图 4-9　向山硫铁矿五中段通风系统图

在一个通风网路中判断是否有对角巷道存在，可按下述方法进行。在一个通风网路中总可以找到两条风路是最初分支，最后汇合。这两条风路称为边缘风路。某支风路从某一边缘风路分支后，又与本边缘风路汇合，这支风路不属于对角巷道；反之，分支后跨到了另一支边缘风路，则属于对角巷道，即构成了角联。图 4-8 中的风路 1—2—3—4—5—6 与 1—7—8—9—12—13—14—6 即为该网路的边缘风路。

4.2 矿井风量分配

矿井通风系统是由纵横交错的井巷构成的一个复杂系统。由若干风道和交汇点构成的通风系统，是由线、点及其属性组成的，称为通风网路。通风系统中各井巷分配的风量大小及其方向遵循一定规律。在全矿井的风网中风量分配有两种，一是按需分配，二是自然分配。前一种是根据井下各个用风地点的实际需要进行分配的方法，为了保证这种分配，必须采取一系列的控制措施，井下大部分网路中的风量是用这种方法进行分配的。后一种是取决于通风网路中各网路的风阻比例关系，不加控制任风量自然地进行分配的方法，这种分配方法多半用于矿井的进风和回风通风网路中，但必须在保证井下各个用风地点实现按需分配风量的前提下进行。

4.2.1 矿井通风网路的基本术语和网路图

4.2.1.1 基本术语

对通风网路进行分析时，常用到以下一些术语：

（1）节点。节点是指两条或两条以上分支的交点。每个节点有唯一的编号，断面或支护方式不同的两条风道，其分界点有时也可称为节点。在通风网路图中用圆圈加节点号表示节点，图 4-10(a)中的①~⑥均为节点。

（2）分支（边、弧）。分支是两节点间的连线，在通风网路图上，每条分支可有一个

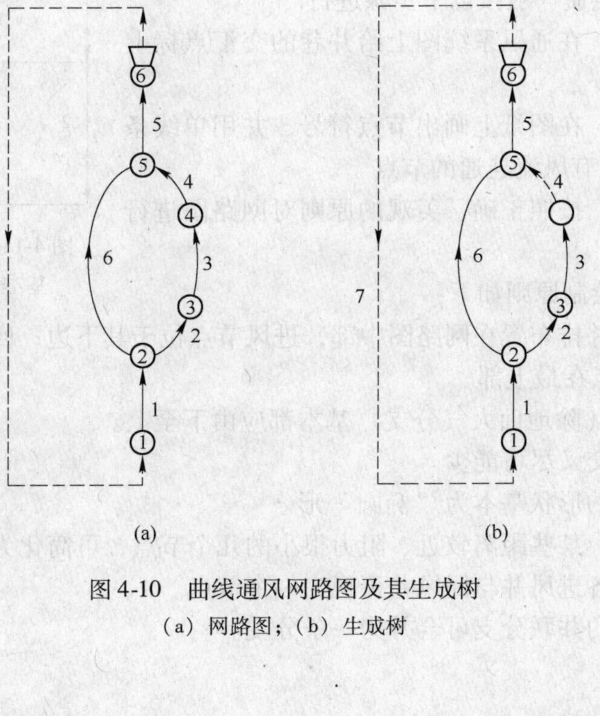

图 4-10 曲线通风网路图及其生成树
(a) 网路图；(b) 生成树

编号，称为分支号。图 4-10(a)中的每一条线段就代表一条分支。其方向即为风流的方向，用箭头表示，箭头自始节点指向末节点。若分支并不表示实际井巷，如连接进、回风井口的地面大气分支，则称为伪分支，常用虚线表示，由扇风机出口到进风井口的一段。

(3) 路（通路）。路是由若干方向相同的分支首尾相接而成的线路，即某一分支的末节点是下一分支的始节点。如图 4-10(a)中，1→2→3、3→4→5 和 1→2→3→4 等均是通路。

(4) 回路和网孔。回路和网孔是由若干方向并不都相同的分支所构成的闭合线路，其中有分支者叫基本回路，简称回路，无分支者叫网孔。图 4-10(a)中，1→2→3→4→5→7 是一个回路（因为其中含有分支 6），2→3→4→6 是一个网孔（因为其中无分支）。

(5) 生成树。生成树任意两节点间至少存在一条通路但不含有回路的一类特殊图，由于这类图的几何形状与树相似，故得名。树中的分支称为树枝。包含通风网路全部节点的树称其为生成树，简称树。每一个通风网路都可选出若干个生成树。图 4-10(b)中的实线图就是通风网路图 4-10(a)的若干个生成树中的一棵树。从图 4-10(b)可以看出，每棵树的节点数 J 减 1 就是树枝数，即每棵树的树枝数为 $J-1$。如图 4-10(b)中的树枝数为 $6-1=5$。

4.2.1.2　*矿井通风网路图*

矿井通风网路图的特点有：(1) 通风网路图只反映风流方向及节点与分支间的相互关系，节点位置与分支线的形状可以任意改变；(2) 能清楚地反映风流的方向和分合关系，并且是进行各种通风计算的基础，因此是矿井通风管理的一种重要图件。

通风网路图有两种类型。一种是与通风系统图形状基本一致的通风网路图，如图 4-11 所示；另一种是曲线形状的通风网路图，如图 4-10(a)所示。图 4-10(a)与图 4-11 所示的是同一个通风网路，一般常用曲线通风网路图。

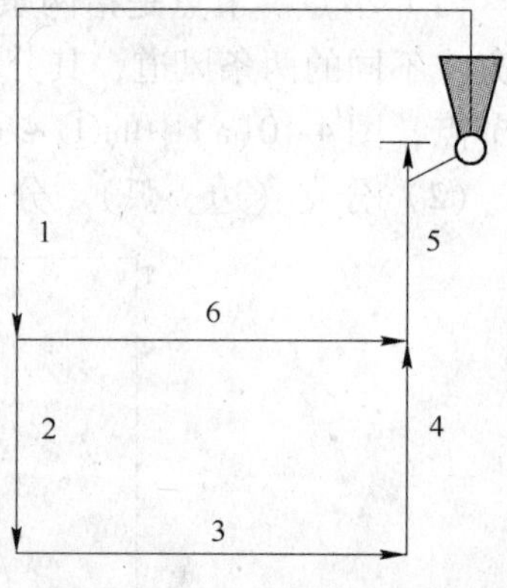

图 4-11　与通风系统图形状基本一致的通风网路图

通风网路图的绘制一般按以下步骤进行。

(1) 节点编号。在通风系统图上给井巷的交汇点标上特定的节点号。

(2) 绘制草图。在图纸上画出节点符号，并用单线条（直线或弧线）连接有风流连通的节点。

(3) 图形整理。按照正确、美观的原则对网路图进行修改。

通风网路图的绘制原则如下：

(1) 用风地点并排布置在网路图中部，进风节点位于其下边；回风节点在网路图的上部，扇风机出口节点在最上部。

(2) 分支方向（除地面大气分支）基本都应由下至上。

(3) 分支间的交叉尽可能少。

(4) 网路图总的形状基本为“椭圆”形。

(5) 合并节点，某些距离较近、阻力很小的几个节点，可简化为一个节点。

(6) 同标高的各进风井与回风井可视为一个节点。

(7) 阻力相同的并联分支可合并为一条分支。

4.2.2 矿井风流分配规律

下面从风量、压差两方面来分析矿井风流分配规律。

(1) 风量规律。串联时，两条互相联结风流的风量相等；联结点（简称节点）流进的风量等于流出的风量。并联或角联时，虽然风流分支，但对于节点来说，仍然是流进的风量等于流出的风量。这是一个普遍的规律。对任何节点来说，包括漏风在内，流进节点的风量与从节点流出的风量都是相等的，如图4-12(a)所示。

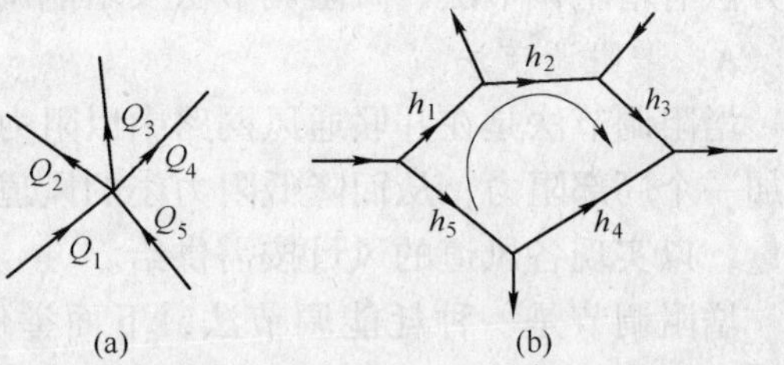

图4-12 通风网路节点及闭合回路

(a) 风量规律；(b) 压差规律

$$Q_1 + Q_5 = Q_2 + Q_3 + Q_4$$

$$Q_1 + Q_5 - Q_2 - Q_3 - Q_4 = 0$$

若流进的风量为正，流出的风量为负，则其共同规律为：风流的任何一个节点，其风量之代数和为零，称为风量平衡定律，表示为：

$$\Sigma Q = 0 \tag{4-17}$$

(2) 压差规律。串联时，任何一条风路的总压差为分压差之和。并联时，它的闭合回路中各风流总压差相等。角联的闭合回路的各风流的总压差也是相等的。这是一个普遍规律，如图4-12(b)所示。

$$h_1 + h_2 + h_3 = h_4 + h_5$$

$$h_1 + h_2 + h_3 - h_4 - h_5 = 0$$

在闭合回路中，若顺时针方向的风流压差为正，逆时针方向为负，则其共同规律为：在任何一个闭合回路风流中，其压差的代数和为零，称为压差平衡定律，表示为：

$$\Sigma h = 0 \tag{4-18}$$

矿井通风系统中有很多风流节点及闭合回路，它们都遵循着上述规律。风流运动过程，包括漏风在内。这两个平衡规律就是风量自然分配的根本规律。

综上所述，矿井风流的运动，包括压差、风量分配以及能量的关系等，受到下列四个规律的支配：

$$\left.\begin{aligned} &\Sigma Q = 0 \\ &\Sigma h = 0 \\ &h = RQ^2 \\ &h_C \pm h_Z = RQ^2 + \frac{1}{2}\rho v^2 \end{aligned}\right\} \tag{4-19}$$

4.2.3 矿井风量调节

在矿井生产中，随着巷道的延伸和工作面的推进，矿井的风阻、网路结构及所需要的风量等均在不断地发生变化，因此要求及时地进行风量调节。

从调节设施来看，有扇风机、引射器、风窗、风幕、增加并联井巷和扩大通风断面等。按其调节的范围，可分为局部风量调节与矿井总风量调节。从通风能量的角度看，可分为增能调节、耗能调节和节能调节。

4.2.3.1　局部风量调节

局部风量调节是指在采区内部各工作面间、采区之间或生产水平之间的风量调节。调节方法有增阻调节法、减阻调节法及增能调节法。

A　增阻调节法

增阻调节法是在并联通风网路中以阻力最大风道的阻力值为依据，在阻力小的风道中增加一个局部阻力，从而降低阻力小的风道中的风量，相应增大与其并联的其他风道上的风量，以实现各风道的风量按需供给。

增阻调节是一种耗能调节法，下面举例说明增阻调节法的基本原理。

a　通风网路基本情况

在如图 4-13 所示的并联通风网路中，分支 1、2 的风阻分别为 R_1 和 R_2，风量分别为 Q_1 和 Q_2，总风量为 $Q = Q_1 + Q_2$。两分支的阻力分别为 $h_1 = R_1 Q_1^2$，$h_2 = R_2 Q_2^2$，根据能量平衡定律可知 $h_1 = h_2$。

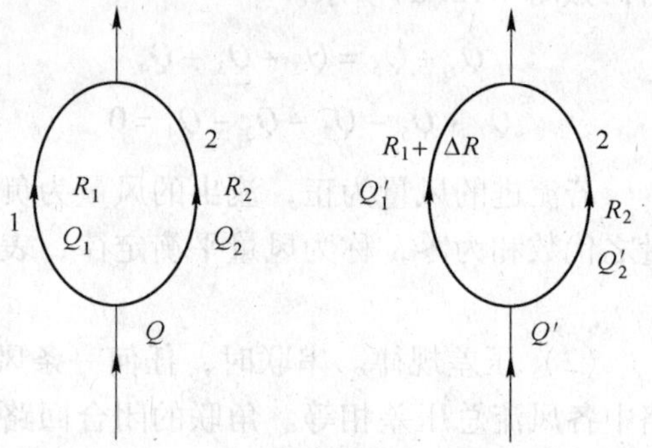

图 4-13　增阻调节

b　风量要按需分配

若由于生产等情况发生变化，风量 Q_2 要求增大到 Q_2'，而分支 1 的风量 Q_1 又有富余，即 Q_2 增大到 Q_2'时，Q_1 可以减小到 Q_1'，此时总风量为：

$$Q' = Q_1' + Q_2'$$

此时 $h_2' = R_2 Q_2'^2 > h_1' = R_1 Q_1'^2$，显然这不符合并联通风网路两并联分支通风阻力相等的能量平衡定律，因此必须进行调节，以使调整风量后两并联分支的通风阻力相等。

c　增阻调节

采用增阻调节法，就是以调整风量后阻力大的分支 2 的阻力 h_2'为依据，在阻力小的分支 1 上增加一项局部阻力 h_W，从而使得两并联分支的通风阻力相等（即 $h_W + h_1' = h_2'$），这时进入两分支的风量即为需要的风量。显然：

$$h_W = h_2' - h_1' \tag{4-20}$$

$$\Delta R = \frac{h_W}{Q'^2_1} \tag{4-21}$$

式中　ΔR——阻力小的分支 1 上增加的调节风阻，$N \cdot s^2/m^8$。

增加局部阻力的主要措施是设置调节风窗、临时风帘或空气幕调节装置等。使用最多的是设置调节风窗。

(1) 设置调节风窗。如图 4-14 所示，调节风窗就是在风门或挡风墙上开一个面积可调的小窗口，风流流过窗口时，由于突然收缩和突然扩大而产生一个局部阻力 h_W。

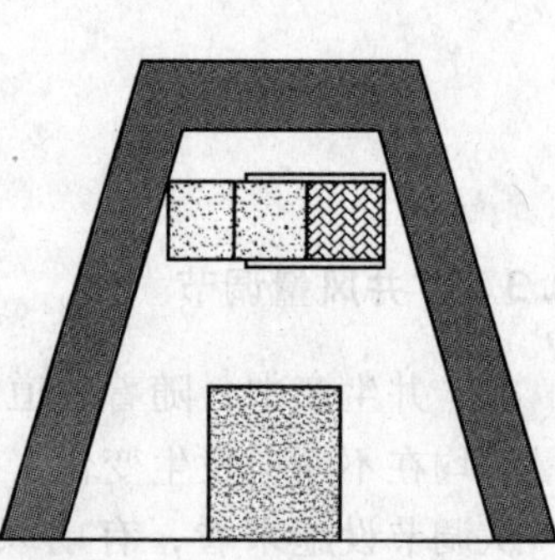
图 4-14　调节风窗

调节窗口的面积，可使此项局部阻力 h_W 和该分支所需增加的局部阻力值相等。要求增加的局部阻力值越大，风窗面积越小；反之越大。

调节风窗的开口面积 S_W。计算如下：

当 $S_W/S_1 \leqslant 0.5$ 时，

$$S_W = \frac{Q'_1 S_1}{0.65Q'_1 + 0.84S_1\sqrt{h_W}} \tag{4-22}$$

或

$$S_W = \frac{S_1}{0.65 + 0.84S_1\sqrt{\Delta R}} \tag{4-23}$$

当 $S_W/S_1 > 0.5$ 时，

$$S_W = \frac{Q'_1 S_1}{Q'_1 + 0.759S_1\sqrt{h_W}} \tag{4-24}$$

或

$$S_W = \frac{S_1}{1 + 0.759S_1\sqrt{\Delta R}} \tag{4-25}$$

式中 S_1——设置风窗分支的断面积，m^2。

（2）设置临时风帘。这种调节装置是一个由机翼形叶片组成的百叶帘，悬挂于需要增加局部阻力的分支。利用改变叶片的角度（0°~80°）增加或减少其产生的局部阻力，从而实现风量的调节。其特点是可连续平滑调节，调节范围较宽，调节比较均匀；当含尘空气通过叶片时，粉尘粒子的撞击以及随后的减速，非常有利于降尘。但这种调节装置不利于人和设备的通行，故一般只能设在回风道中。

（3）空气幕调节。空气幕（亦称气幕）是由扇风机通过供风器以较高的风速按一定方向喷射出来的一股扁平射流，可用于隔断巷道中的风流或调节巷道中的风量。

空气幕由供风器、整流器和风机组成，如图 4-15 所示。供风器内可设分流片，以提高出口风速分布的均匀性，但会增加内部阻力；也可不设分流片。

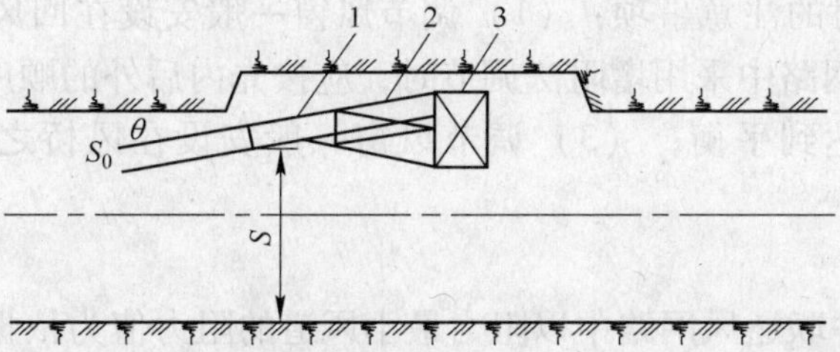

图 4-15 矿用空气幕

1—供风器；2—整流器；3—扇风机

当采用宽口大风量循环型矿内空气幕时，其有效压力 ΔH 可按下式计算：

$$\Delta H = \frac{2\cos\theta}{K_S + 0.5\cos\theta}H_{fc} \tag{4-26}$$

$$K_S = S/S_0$$

式中 ΔH——空气幕的有效压力，等于要求调节的通风阻力差值，Pa；

H_{fc}——空气幕出口动压，Pa；

K_S——断面比例系数；

S——设置空气幕分支的断面积，m^2；

S_0——空气幕出口断面积，m^2；

θ——空气幕射流轴线与巷道轴线夹角，(°)。

由于地下巷道凹凸不平，θ 角取 30°为好。空气幕的供风量受巷道允许风速的限制，设计时可取空气幕的风量在巷道中形成的风速不大于 4m/s。在此条件下，空气幕的断面比例系数 K_S 按下式计算：

$$K_S \geqslant 0.03(\Delta H + \sqrt{\Delta H^2 + 28.8\Delta H}) \tag{4-27}$$

空气幕在需要增加风量的巷道中，顺巷道风流方向工作，可起增压调节作用；在需要减少风量的巷道中，逆风流方向工作，可起增阻调节作用。空气幕在运输巷道中可代替风门起隔断风流的作用。空气幕还可以用来防止漏风、控制风向、防止平硐口结冻和保护工作地点防止有毒气体侵入。空气幕在运输频繁的巷道中工作不妨碍运输，工作可靠。

d　增阻调节法的使用条件

增阻调节法不是在什么情况下都能使用的，它的使用前提是增阻分支风量有富余，此时才可使用该方法。

e　增阻调节法的特点

增阻调节法具有简单、方便、易行、见效快等优点，是采区内巷道间的主要调节措施。但增阻调节法会增加矿井总风阻，若主要扇风机风压特性曲线不变，会导致矿井总风量减少；矿井总风量的减少值与主要扇风机风压特性曲线的陡缓有关。若想保持矿井总风量不减少，就得改变主要扇风机风压特性曲线来提高风压，这就增加了通风电力费。此外，增阻调节法是通过减少一个风道的风量来增加另一个风道的风量，其调节的风量有一个最大限制范围，如果调节的风量超出了这个最大限制范围，增阻调节法就不能达到调节的目的。

增阻调节法使用时的注意事项：(1) 调节风窗一般安设在回风巷道中，以免影响运输；(2) 在复杂通风网路中采用增阻法调节时，应按先内后外的顺序逐渐调节，最终使每个回路或网孔的阻力达到平衡；(3) 调节风窗一般安设在风桥之后，以减少风桥的漏风量。

B　减阻调节法

减阻调节法是在并联通风网路中以阻力最小风道的阻力值为依据，设法降低阻力大的风道的阻力值，从而增加阻力大的风道中的风量，相应减少与其并联的其他风道上的风量，以实现各风道的风量按需供给。

减阻调节是一种节能调节法，下面以图 4-13 所示的例子说明减阻调节法的基本原理。

a　通风网路基本情况

同增阻调节法。

b　风量要按需分配

同增阻调节法。

c　减阻调节

采用减阻调节法，就是以调整风量后阻力最小的分支 1 的阻力 h_1' 为依据，在阻力大的分支 2 上通过采取降阻措施使其通风阻力由 h_2'降低到 h_1'(即 $h_2' = h_1'$)，从而达到两并联分支的通风阻力相等，这时进入两并联分支的风量即为需要的风量。显然

$$h_2' = R_2'Q_2'^2 = h_1' \tag{4-28}$$

$$R_2' = h_1'/Q_2'^2 \tag{4-29}$$

式中 R_2'——分支 2 采取降阻措施后的风阻，$N \cdot s^2/m^8$。

减少阻力的主要措施有：

(1) 扩大巷道断面。因摩擦阻力与风道断面积的三次方成反比，因而扩大巷道断面可有效的降低风道的通风阻力。当所降通风阻力值较大时，可考虑采用这种措施。

(2) 降低风道的摩擦阻力系数。由于摩擦阻力与摩擦阻力系数成正比，因而可通过改变支架类型（即改变摩擦阻力系数）或风道壁面平滑程度来降低风道的通风阻力，如用混凝土支护代替木支架，或在木支架的棚架间铺以木板等。

(3) 清除巷道中的局部阻力物。这种措施减少通风阻力的效果一般很小，但应首先使用，然后在考虑采用其他减少通风阻力的措施。

(4) 开掘并联风道。在阻力大的风道旁侧开掘并联风道（可利用废旧巷道），也可以起到减少通风阻力的作用。

(5) 缩短风流路线的总长度，因为摩擦阻力与风流路线长度成正比，所以在条件允许时，可采用这种措施来减少风道的通风阻力。通常，减少阻力采取的主要措施是扩大巷道断面和降低风道的摩擦阻力系数。

减阻调节法的优点是使矿井总风阻减少，若扇风机性能不变，将增加矿井总风量。它的缺点是工程量大、工期长、投资多，有时需要停产施工，所以一般在对矿井通风系统进行较大的改造时才采用。因此，在采取减阻调节措施之前，应根据具体情况，结合扇风机特性曲线进行分析和计算，在确认有效及经济合理时，才能确定和采用降阻调节措施。

C 增能调节法

增能调节法是在并联通风网路中以阻力最小风道的阻力值为依据，在阻力大的风道里通过采取增能措施来提高克服该风道通风阻力的通风压力，从而增加该风道中的风量，以实现各风道的风量按需供给。

增能的主要措施有：辅助扇风机调节（又称增压调节）；利用自然风压调节。

a 辅助扇风机调节法（简称辅扇调节法）

当并联通风网路中两并联分支的阻力相差悬殊，用增阻或减阻调节都不合理或都不经济时，可在风量不足的分支中安设辅扇，以提高克服该分支通风阻力的通风压力，从而达到调节风量的目的。用辅扇调节时，应将辅扇安设在阻力大（风量不足）的分支中。下面以图 4-13 所示的例子说明辅助扇风机调节法的基本原理。

通风网路基本情况同增阻调节法。

风量要按需分配同增阻调节法。

辅扇调节：采用辅扇调节法，就是以调整风量后阻力最小的分支 1 的阻力 h_1'为依据，在阻力大的分支 2 上安装辅助扇风机，并使辅助扇风机的风压 H_b 等于调整风量后两并联分支的通风阻力差（$h_2' - h_1'$），即：

$$H_b = h_2' - h_1' \tag{4-30}$$

这样达到两并联分支的通风阻力相等，而且进入两并联分支的风量即为需要的风量。显然，辅助扇风机风量 Q_b 为：

$$Q_b = Q'_2 \tag{4-31}$$

在生产实际中，辅扇调节的方法有两种，即带风墙的辅扇调节法和无风墙的辅扇调节法。

（1）带风墙的辅扇调节法。带风墙的辅扇是在安设辅扇的巷道断面上，除辅扇外其余断面均用风墙密闭，巷道内的风流全部通过辅扇，如图 4-16 所示。为了检查方便，在风墙上开一个小门，小门一定要严密。

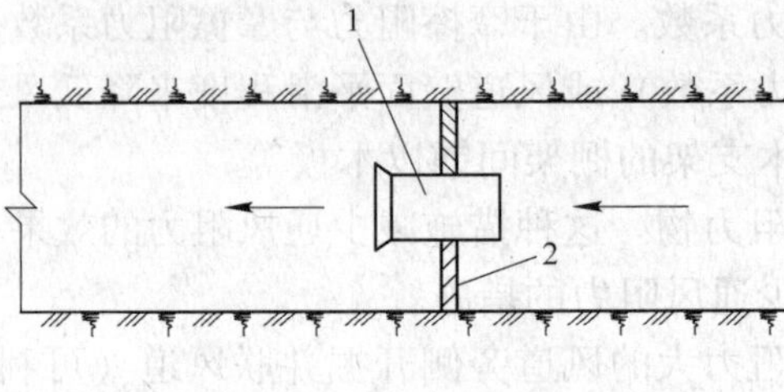

图 4-16　有风墙辅扇布置图

1—辅扇；2—风墙

在运输巷道里安设辅扇时，为了不影响运输，必须在调节风道中掘一绕道，将辅扇安装在绕道中，并在运输巷道的绕道进风口与出风口段中至少要安装两道自动风门，自动风门的间距要大于一列矿车的长度。

带风墙辅扇调节风量时，辅扇的能力必须选择适当才能达到预期效果。如果辅扇能力不足，则不能调节到所需要的风量值；若辅扇能力过大，可能造成与其并联风道风量的大量减少，甚至无风或风流大循环；若安设辅扇的风墙不严密，在辅扇周围出现局部风流循环，将降低辅扇的通风效果。

辅扇可根据式（4-30）和式（4-31）计算出的辅扇风压 H_b 和风量 Q_b 进行选择。

带风墙辅扇是靠扇风机的全压做功，能克服较大的通风阻力，可用于需要调节的并联分支通风阻力差较大的区域性风量调节中。

（2）无风墙辅扇调节法。如图 4-17 所示，无风墙辅扇不带风墙，辅扇安装时无需绕道，也不装风门，它只在辅扇出风侧加装一段截头圆锥形的引射器，由于引射器出风口的面积比较小（只为辅扇出风口面积的 0.2～0.5），则通过辅扇的风量从引射器出风口射出时速度较大，形成较大的引射器出口动压。引射器出口动压再引射出风侧的风流，同时带动一小部分风量从辅扇以外的风道中流过来，从而使该风道的风量有所提高。

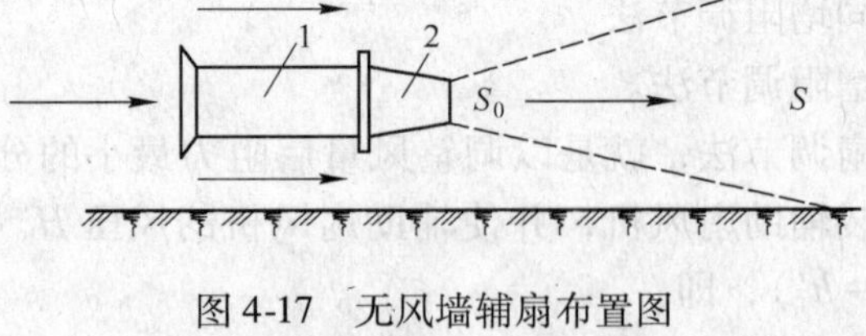

图 4-17　无风墙辅扇布置图

1—扇风机；2—引射器

无风墙辅扇在风道中工作时，其出口动压除去由辅扇出口到风道全断面突然扩大的能量损失和风流绕过扇风机的能量损失外，所剩余的能量均用于克服风道阻力。单位体积流体的这部分能量称为无风墙辅扇的有效压力，以 ΔH 表示。无风墙辅扇在巷道中所造成的有效压力可按下式计算：

$$\Delta H = K_b h_b \frac{S_0}{S} \tag{4-32}$$

$$h_b = \frac{\rho_b v_b^2}{2} \tag{4-33}$$

式中 h_b——辅扇出口动压，Pa；

ρ_b——辅扇出口处的空气密度，kg/m^3；

v_b——辅扇出口的风速，m/s；

S_0，S——分别为辅扇出口和安设辅扇巷道的断面积，m^2；

K_b——与辅扇在巷道中安装条件有关的试验系数，$K_b = 1.5 \sim 1.8$，安装条件好时取大值。

无风墙辅扇的风量，在无其他通风动力的风道中单独工作时，辅扇风量 Q_b 与安设辅扇风道的风量 Q_2' 及风道风阻 R_2 的关系为：

$$Q_2' = \frac{0.102 Q_b}{\sqrt{R_2 S_0 S}} \tag{4-34}$$

无风墙辅扇安装方便，对运输影响小。但安装时应注意以下几个问题：

1）无风墙辅扇的有效风压与辅扇出口动压成正比，故采用大风量中低压扇风机，可提高出风口的总动压，也可提高通风效果。

2）辅扇有效风压与安设辅扇巷道的断面成反比，故辅扇应安设在巷道平直、断面较小的地方，且为减少辅扇出口动压损失尽量安在巷道中央。

3）无风墙辅扇只靠动压做功，能力较小，若巷道风阻较大时，风机附近可能出现循环风。

因此，无风墙辅扇在两并联风道需要调节的阻力差值较小时使用较为适宜。

b 利用自然风压的调节法

由于通风网路的进风道和回风道不可能全部都分布在同一水平上，因而自然风压的作用在矿井中是普遍存在的。当需要增大一个风道中的风量时，在条件允许时可在进风道中设置水幕或利用井巷淋水冷却空气，以增大进风风流的空气密度。在回风道最低处可利用地面锅炉余热来提高回风流气温，以减小回风井风流的空气密度。这样一来，该风道中的自然风压就增大了，在自然风压帮助下，该风道的风量相应就会增大一些。

当然，自然风压调节风量的作用是很小的。但能在风道实施喷淋和设置水幕净化风流的同时提高该风道中的自然风压，从而提高通过该风道的风量，是值得优先考虑的。

c 增能调节法特点

增能调节法的优点是使用简便、易行，并能降低矿井总阻力，从而增大了矿井总风量。但管理复杂，安全性差，尤其是使用不当时容易造成循环风流，此时在有爆炸性气体的矿山使用更加不安全。此外，该法还增加了辅助扇风机的购置费、安装费和电费，带风墙的辅扇调节法还有绕道的开掘费等。因此，增能调节法只有在需要调节的并联风道阻力相差悬殊、矿井主要通风机能力不能满足较大阻力风道用风量要求时才使用。

D　几种风量调节法调节效果的比较

图4-18所示为三种主要风量调节方法的风量变化情况。横坐标表示一条风路风量增加的百分数，纵坐标表示另一风路风量减少的百分数。图中曲线 b 为减阻调节，曲线 c 为辅扇调节，两曲线效果基本相同，其风量增加的百分数大于风量减少的百分数，总风量有所增加，但减阻调节有一定限度。曲线 a 为增阻（风窗）调节的效果，它表明一条风路风量增加不多，而另一条风路风量减少得多，所以风窗调节的效果不如其他两种方法。

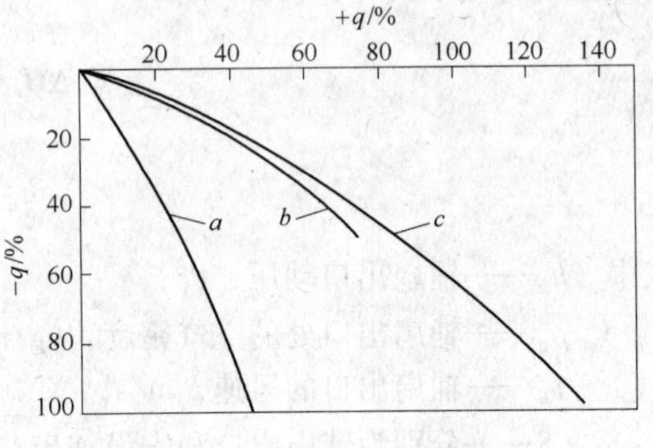

图4-18　三种风量调节的风量变化

a—增阻；b—减阻；c—辅扇

4.2.3.2　矿井总风量的调节

当矿井（或一翼）总风量不足或过剩时，需调节总风量，也就是调整主扇风机的工况点。

采取的措施是：改变主扇风机的工作特性，或改变矿井通风系统的总风阻。

A　改变主扇风机的工作特性

通过改变主扇风机的叶轮转速、轴流式扇风机叶片安装角度和离心式风机前导器叶片角度等，可以改变扇风机的风压特性，从而达到调节扇风机所在系统总风量的目的，如图4-19所示。

B　改变矿井总风阻

改变矿井总风阻的方法有：

（1）风硐闸门调节法。如果在扇风机风硐内安设调节闸门，通过改变闸门的开口大小可以改变扇风机的总工作风阻（如图4-20所示），从而可调节扇风机的工作风量。

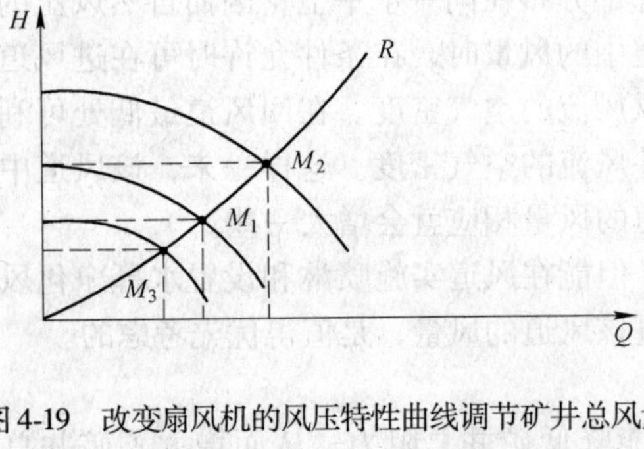

图4-19　改变扇风机的风压特性曲线调节矿井总风量

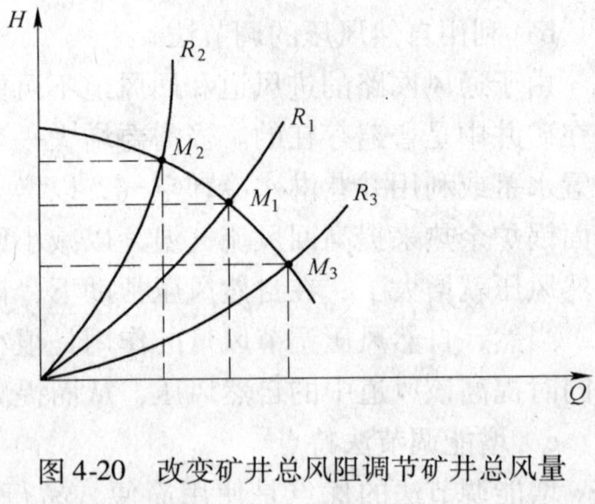

图4-20　改变矿井总风阻调节矿井总风量

（2）降低矿井总风阻。当矿井总风量不足时，如果能降低矿井总风阻，则不仅可增大矿井总风量，而且可以降低矿井总阻力。

复习思考题

4-1 填写表4-1。

表 4-1 串联、并联通风网路特性

通风网路	风量关系	压差关系	风阻关系	等积孔关系
串　联				
并　联				

4-2 图4-21所示为某一通风区域，要求：

(1) 作出通风示意图；

(2) 求风量 Q_1、Q_2、Q_3；

(3) 求风阻 R_{1-9}；

(4) 求等积孔 A_{1-9}；

(5) 求压差 h_{1-9}；

(6) 作风阻特性曲线。

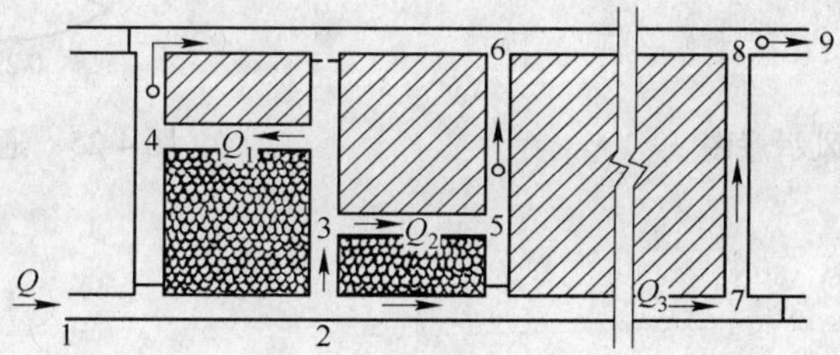

图4-21 某通风区域

$$Q=10\text{m}^3/\text{s};\ R_{1-2}=0.3\text{N}\cdot\text{s}^2/\text{m}^8;\ R_{2-3}=0.1\text{N}\cdot\text{s}^2/\text{m}^8;$$

$$R_{3-4-6}=0.3\text{N}\cdot\text{s}^2/\text{m}^8;\ R_{3-5-6}=0.25\text{N}\cdot\text{s}^2/\text{m}^8;\ R_{6-8}=0.5\text{N}\cdot\text{s}^2/\text{m}^8;$$

$$R_{2-7-8}=0.6\text{N}\cdot\text{s}^2/\text{m}^8;\ R_{8-9}=0.54\text{N}\cdot\text{s}^2/\text{m}^8$$

4-3 并联与角联有什么区别？

4-4 为什么漏风会减小风阻？

4-5 如何判断角联中对角巷道的风流方向？以图4-22所示为例，所列风阻单位为 $\text{N}\cdot\text{s}^2/\text{m}^8$。问对角巷道的风流向哪一方向流动？

4-6 角联通风网路有哪些特性？

4-7 为什么增加对角巷道后风阻反而减小？

4-8 如图4-23所示，已知 $R_{1-2}=0.8\text{N}\cdot\text{s}^2/\text{m}^8$，$R_{1-3}=0.2\text{N}\cdot\text{s}^2/\text{m}^8$，$R_{1-4}=1\text{N}\cdot\text{s}^2/\text{m}^8$，$R_{2-3}=0.4\text{N}\cdot\text{s}^2/\text{m}^8$，$R_{3-4}=0.2\text{N}\cdot\text{s}^2/\text{m}^8$，$R_{2-5}=0.4\text{N}\cdot\text{s}^2/\text{m}^8$，$R_{4-5}=0.5\text{N}\cdot\text{s}^2/\text{m}^8$，$Q=50\text{m}^3/\text{s}$。求各条巷道的风量、总风阻、总压差，并作出风阻特性曲线。

4-9 说明 $\Sigma h=0$、$\Sigma Q=0$ 代表什么含义？

4-10 如图4-24所示，已知 $h_{AE}=100\text{Pa}$、$h_{AB}=80\text{Pa}$、$h_{BC}=60\text{Pa}$、$h_{DC}=40\text{Pa}$、$h_{CF}=50\text{Pa}$，求 BD、ED、EF 的压差及风流方向。

4-11 如图4-25所示，其中数据是以 $\text{N}\cdot\text{s}^2/\text{m}^8$ 为单位的风阻值，求其总风阻，并作出风阻特性曲线。

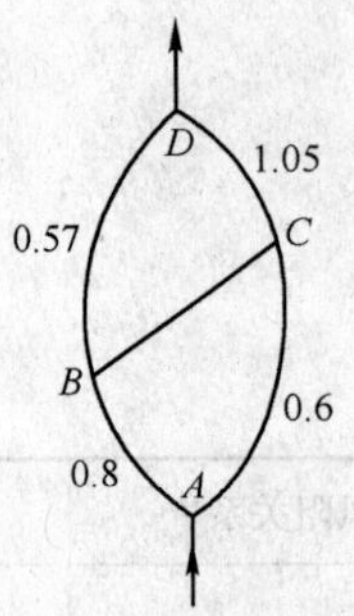

图 4-22　角联通风网路

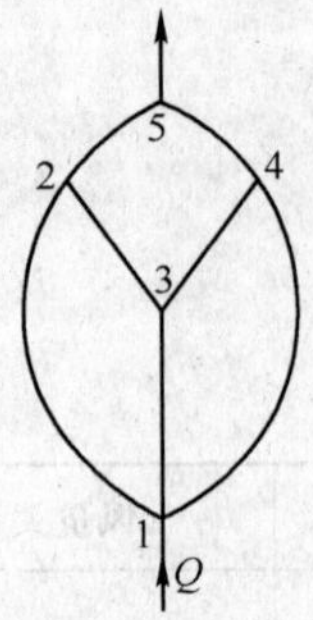

图 4-23　通风示意图

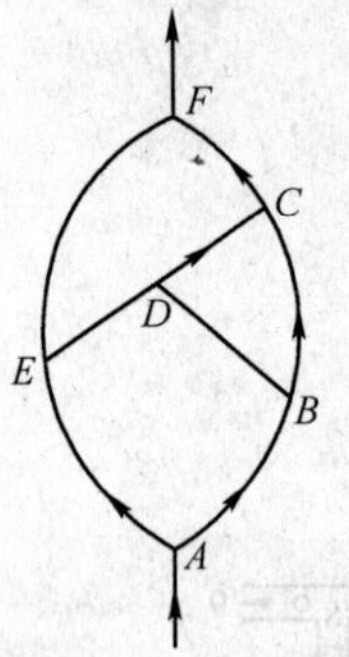

图 4-24　通风示意图

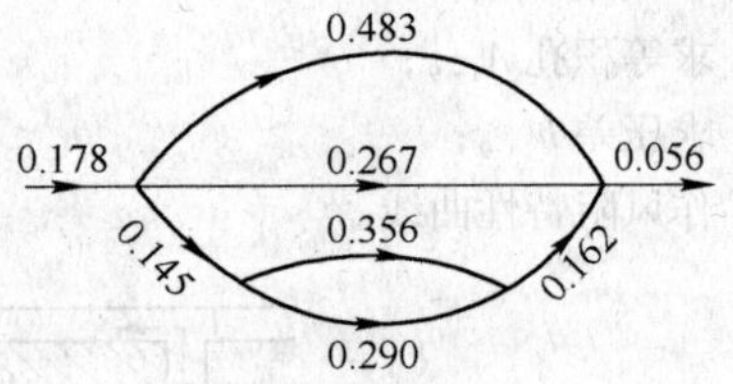

图 4-25　通风示意图

5 矿井机械通风

5.1 矿用扇风机

5.1.1 扇风机构造

矿用通风机（一般矿山称作扇风机）按其构造原理分为离心式和轴流式两大类。离心通风机按进气方式可分为单吸入和双吸入两种。

矿用通风机按其用途分为三种：

（1）主扇。用于全矿井或矿井某一翼的通风机，又称主要通风机。

（2）辅扇。用于矿井通风网路内某些分支风路中借以调节其风量，协助主扇工作的通风机，又称辅助扇风机。

（3）局扇。用于矿井无贯穿风流的局部地点通风的通风机，又称局部扇风机。

主扇和辅扇的机型和功率一般均较大，多为固定式。局扇的机型和功率一般较小，多为移动式，而且以轴流式为主。

5.1.1.1 离心式扇风机

离心式扇风机（如图 5-1 所示）一般由叶轮、机壳、进气箱、前导器、扩散器组成。

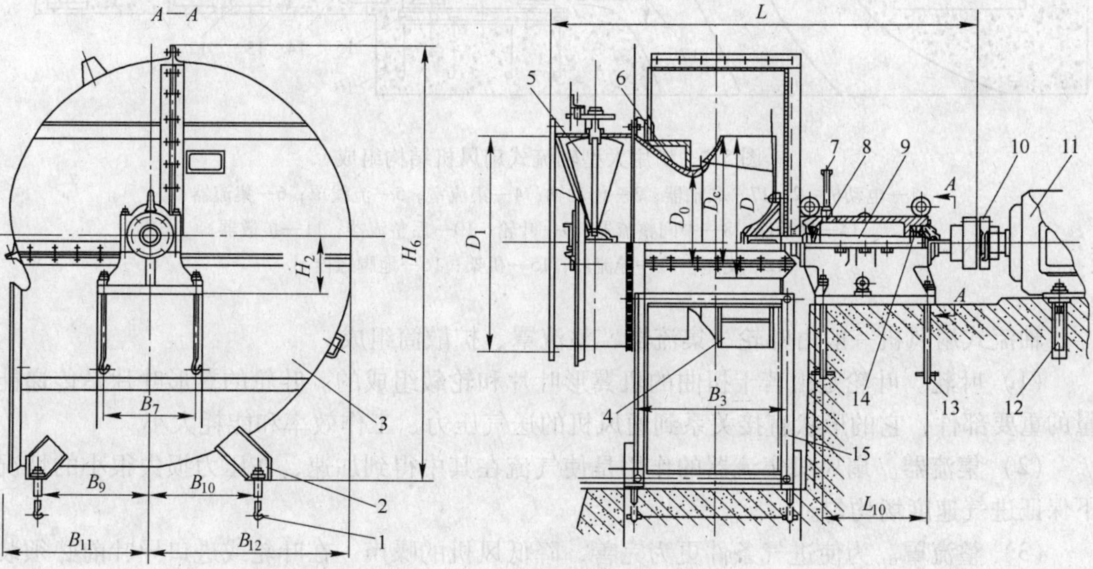

图 5-1 离心式扇风机的结构组成

1，12，13—地脚螺栓；2—支架；3—机壳；4—叶轮；5—调节风门；6—集流器；7—温度计；8—轴承箱；9—传动轴；10—联轴器；11—电动机；14—轴承；15—法兰

（1）叶轮。叶轮是扇风机的心脏部分，它的几何形状和尺寸对扇风机的特性有重大的影响。离心式扇风机的叶轮一般由前盘、后（中）盘、叶片和轴盘等组成，有焊接和铆接两种形式。

（2）机壳。离心式扇风机的机壳由蜗壳、进风口和风舌等零部件组成。

（3）进气箱。进气箱一般只使用在大型的或双吸的离心通风机上。其主要作用可使轴承装于通风机的机壳外边，便于安装与检修。

（4）前导器。一般在大型离心式扇风机或要求特性能调节的扇风机的进风口或进风口的流道内装置前导器。

（5）扩散器。扩散器装于通风机机壳出口处，其作用是降低出口气流速度，使部分动压转变为静压。

5.1.1.2　轴流式扇风机

矿用大型轴流式扇风机结构如图 5-2 所示。中小型轴流式扇风机结构如图 5-3 所示。

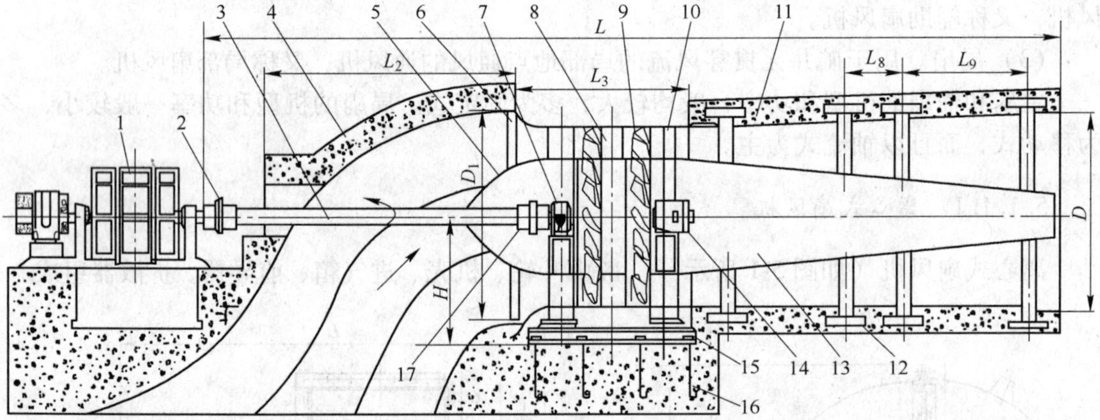

图 5-2　矿用大型轴流式扇风机结构组成

1—电动机；2，17—联轴器；3—传动轴；4—集流室；5—流线罩；6—集流器；7，14—轴承座；8—中间整流器；9—叶轮；10—后整流器；11—扩散器；12—支座；13—导流器；15—机架；16—地脚螺栓

轴流式扇风机一般由叶轮、集流器、整流罩、扩散筒组成。

（1）叶轮。叶轮是由若干扭曲的机翼形叶片和轮毂组成的。叶轮的翼形叶片是传递能量的重要部件，它的形状直接关系到通风机的送气压力、工作效率和能耗大小。

（2）集流器。扇风机集流器的作用是使气流在其中得到加速，在压力损失很小的情况下保证进气速度场均匀。

（3）整流罩。为使进气条件更为完善，降低风机的噪声，在叶轮或进口导叶前必须装置与集流器相适应的整流罩，以构成通风机进口气流通道。

（4）扩散筒。轴流式扇风机在设置后导叶片以后，其出口动压仍然很大，约占全压的30%以上。因此必须在其后面安装扩散筒，以进一步提高风机的静压效率。

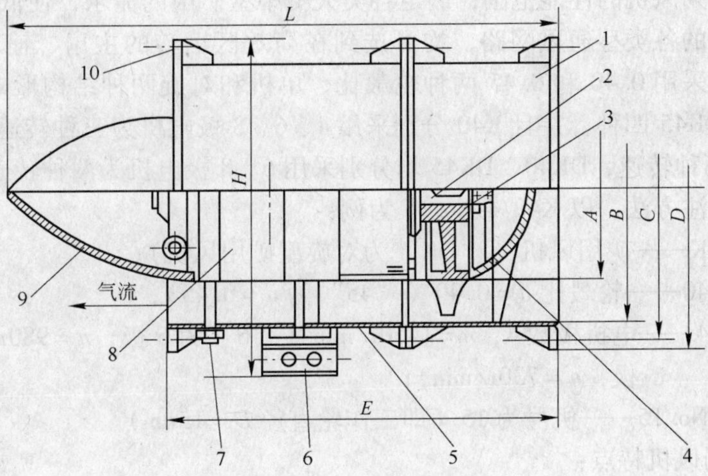

图 5-3 中小型轴流式扇风机结构

1—前壳体；2—电动机轴；3—叶轮；4—流线罩；5—后壳体；6—支架；
7—连接螺栓；8—电动机；9—导流器；10—法兰

5.1.2 矿山常用扇风机

5.1.2.1 JK 系列矿用局部扇风机型号

JK 系列局部扇风机（简称局扇）主要用于井巷掘进、采场、进路及其他作业面的辅助通风。其特点有：

(1) 运转效率高。单级和双级工作轮最高全压效率分别为 92% 和 83%，对旋型最高全压效率为 85%，比原 JF 系列局扇提高 20% ~30%，具有明显的节电效果。

(2) 规格齐全，适应性强。局扇的风量和全压的值有各种不同的组合，送风距离从 80m 到 600m 不等（串联运用送风距离可达 1200m 以上），可满足用户各种不同的需求。

(3) 体积较小，重量较轻，移动灵活方便。在其性能与 JF 系列局扇基本相同时，体积减小 20% ~30%，重量减轻 20% ~30%。

(4) 噪声较低。实测 JKNo. 4 局扇的噪声不超过 86dB(A)。

关于 JK 系列局扇的系列和机号（型号）标识方法，以 JK1-2No. 3 为例：

符号含义 JK——矿用局部扇风机（“DJK”为对旋局扇）；

1——轮毂比 d，d 分别为 0. 58，0. 56，0. 67，0. 55，0. 40；

2——工作轮的单双吸，若为 1 则表示单级工作轮，2 则表示双级工作轮；

3——机号，表示的是工作轮直径（若机号为 4，表示工作轮直径 D = 400mm；机号为 3，D = 300mm）。

5.1.2.2 K、DK 系列主辅扇

新一代 K、DK 系列矿用节能风机，是在原矿用节能风机的基础上，通过技术改进、完善结构、提高性能和扩大机号而设计的。

为扩大该系列风机的性能范围，满足各类大中小型矿山的需求，使低、中、高阻力和大、中、小风量的各类型通风网路，均可选到在高效区运转的主扇、辅扇和多级机站风机，该系列风机采用 0.40 和 0.45 两种轮毂比、单机和对旋两种结构形式，即分为 K40、K45 和 DK40、DK45 四种。并且 K40 分别采用 4、6、8 极电机为三种转速，K45 分别采用 4、6 极电机为两种转速，DK40、DK45 均分别采用 6、8 极电机为两种转速。

关于型号标注方法，以 K40-4-No. 15 为例：

符号含义　K——矿用风机（“DK”为对旋型矿用风机）；

40——轮毂比 $d=0.40$（“45”为 $d=0.45$）；

4——电机极数 4，$n=1450\text{r/min}$（“6”为 6 极，$n=980\text{r/min}$；“8”为 8 极，$n=730\text{r/min}$）；

No. 15——机号为 15（即工作轮直径 $D=15\text{dm}$）。

K、DK 系列风机特点：

（1）采用扭曲机翼形叶片，气动效率高，节能效果极为显著。

（2）性能多样，规格齐全，能够与各种阻力和风量类型的通风网路很好地匹配，可保持长期高效运转。

（3）设有稳流环装置，特性曲线无驼峰。没有喘振危险，在任何阻力状态下均可安全稳定运转，并适于多风机联合运转。

（4）采用电动机与叶轮直连的结构，整体稳定性好，安装方便，维修容易，装置局阻低。比皮带和长轴的传动效率高，没有传动故障，没有断轴危险，轻度地基下沉和滑移不影响正常运转。

（5）结构紧凑，防潮性能好。风机主体采用钢构、型钢组焊结构，叶片为钢板材料，中空，叶片及整体强度高，抗井下爆破冲击波的能力强，可安装在地表，也适合安装于井下，特别适于作为多级机站通风系统的机站风机。

（6）可反转反风，反风率大于 60%，不需修筑反风道。

（7）叶片安装角可调，可根据矿井生产的变化，随时调节风机工况。

（8）土建工程量很小，可节省大量投资。

（9）噪声较低。

新一代 K 系列矿用节能通风机，主要用于金属矿山地面或井下作主扇、辅扇（如图 5-4 所示）通风，也可用于其他通风换气场合。该系列节能风机的主要性能、技术指标如下：

（1）系列机号：No. 7 ~ No. 26。

（2）系列转速：1450r/min、980r/min、730r/min。

（3）风量范围：$2.0 \sim 164.2\text{m}^3/\text{s}$。

（4）全压范围：38 ~ 3819Pa。

（5）功率范围：1.1 ~ 500kW。

（6）风机效率：K 型单级全压效率 $\eta=94\%$，DK 型对旋静压效率 $\eta=86\%$。

（7）运行噪声：$LA \leqslant 85\text{dB(A)}$。

图 5-4　常用辅扇

该产品由 DK40、DK45、K40、K45 等矿用节能风机组成，K40、K45 系列辅扇采用电机与叶轮直联的最简传动结构，由集流器、主机体和扩散器等部件组成。采用新型高效机翼型扭曲叶片，安装角度可调，敷设稳流环装置使气动性能曲线无驼峰，底座上可配带轴向移动的车轮。因此，具有高效低噪、高效区宽、性能稳定、结构简单、安装容易、使用方便等优点。DK40、DK45 系列主扇采用同型号、同功率的 2 台 K40、K45 型风机对接在一起，两级叶轮互为反向旋转，构成对旋式结构。它们与长轴传动型主扇相比具有运行效率高、运行局阻低、节省土建投资等优点，具有显著的节能效果。

常用辅扇性能见表 5-1。

表 5-1 常用辅扇性能

机 号	转速/r · min^{-1}	风量/m^3 · s^{-1}	全压/Pa	功率/kW
7	980	2.0 ~ 4.3	38 ~ 174	1.1
8	1450	4.4 ~ 9.5	108 ~ 497	5.5
	980	3.0 ~ 6.4	49 ~ 227	2.2
9	1450	6.2 ~ 13.5	136 ~ 629	11
	980	4.2 ~ 9.1	62 ~ 287	3
10	1450	8.5 ~ 18.6	168 ~ 776	15
	980	5.8 ~ 12.5	77 ~ 355	5.5
11	1450	11.3 ~ 24.7	203 ~ 9390	30
	980	7.7 ~ 16.7	93 ~ 429	7.5
	730	5.7 ~ 12.4	52 ~ 238	4
12	1450	14.7 ~ 32.1	242 ~ 1118	37
	980	9.9 ~ 21.7	111 ~ 510	15
	730	7.4 ~ 16.1	61 ~ 283	5.5
13	1450	18.7 ~ 40.8	284 ~ 1312	55
	980	12.6 ~ 27.5	130 ~ 599	18.5
	730	9.4 ~ 20.5	72 ~ 332	7.5
14	1450	23.4 ~ 50.9	329 ~ 1521	90
	980	15.8 ~ 34.4	150 ~ 695	30
	730	11.8 ~ 25.6	84 ~ 386	11
15	1450	28.7 ~ 62.6	378 ~ 1746	110
	980	19.4 ~ 42.3	173 ~ 798	37
	730	14.5 ~ 31.5	96 ~ 443	15
16	980	23.6 ~ 51.4	197 ~ 908	55
	730	17.6 ~ 38.3	109 ~ 504	22
17	980	28.3 ~ 61.6	222 ~ 908	75
	730	21.1 ~ 45.9	123 ~ 568	30
18	980	33.6 ~ 73.1	249 ~ 1149	90
	730	25.0 ~ 54.5	138 ~ 637	37

续表 5-1

机　号	转速/r · min^{-1}	风量/m^3 · s^{-1}	全压/Pa	功率/kW
19	980	39.5 ~ 86.0	277 ~ 1280	110
	730	29.4 ~ 64.1	154 ~ 710	55
20	980	46.0 ~ 100.3	307 ~ 1418	160
	730	34.3 ~ 74.7	170 ~ 787	75
21	980	53.3 ~ 116.1	339 ~ 1563	200
	730	39.7 ~ 86.5	188 ~ 867	90
22	980	61.3 ~ 113.4	372 ~ 1716	250
	730	45.7 ~ 99.4	206 ~ 952	110
23	730	52.2 ~ 113.6	225 ~ 1041	132
24	730	59.3 ~ 129.1	245 ~ 1133	160
25	730	67.0 ~ 146	266 ~ 1229	200
26	730	75.4 ~ 164.2	288 ~ 1330	250

5.1.3　扇风机的特性

5.1.3.1　扇风机的基本特性

从扇风机的动作原理可以知道，不论哪一类扇风机，在工作时都是入风侧的风压小于出风侧的风压。两者之差值就称为扇风机的风压。

自然压差为定值，是指自然压差的大小，对网路工作时，它不会随网路的风阻而变化。但是扇风机又如何呢？下面进行这样一个试验。如图 5-5 所示，在扇风机的进风侧及出风侧，分别安装两支皮托管，其“+”管脚都连接在一支 U 形管上。当扇风机启动后，U 形管中必然出现液面差 h_c 值，它就是扇风机的全压。此时还可以测出扇风机的工作风量 Q。在以 h 为纵坐标、Q 为横坐标的图纸上，可以根据同时出现的压差 h_c 及风量 Q 作出一点，这个点就是此时扇风机的工作点，又称工况点。

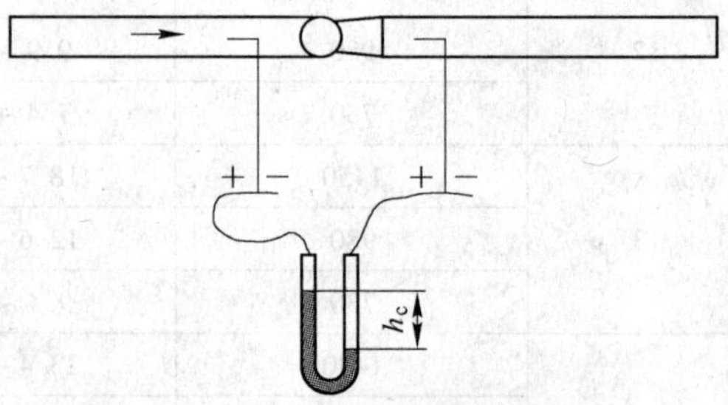

图 5-5　实测扇风机全压

试问，在扇风机的电动机转速没有改变的情况下，又在两支皮托管的外侧（不能在两支皮托管之间），不论哪一侧采取措施阻挡风流，实际是增加风阻，使扇风机的工作风量 Q 逐渐减小，那么随着风量的减小，扇风机的风压是否会改变，是增加还是减少？这个问题不能简单地作出回答，只能用试验方法解决。但是不论它怎么改变，每变动一次风阻，就必然相应地存在一组压差 h_c 值及风量 Q 值。在图纸上又可以作出相应的一个工作点。不断地改变风阻，便不断得到新的工作点。这些工作点的连线也就是它的轨迹，称为扇风机的风压曲线，即 h-Q 曲线。

由于风流在扇风机内的涡流、阻力等损失，扇风机的风压特性曲线不像自然通风那样是一条直线。根据实测得知，扇风机的特性曲线如图5-6所示。从图中可看出，由于风阻的变化，扇风机的风压及风量也会随之变化。各种类型的扇风机的风压特性曲线都有一个“驼峰”。而轴流式扇风机的特性曲线，在图中的第一象限还存在“凹陷”部分。

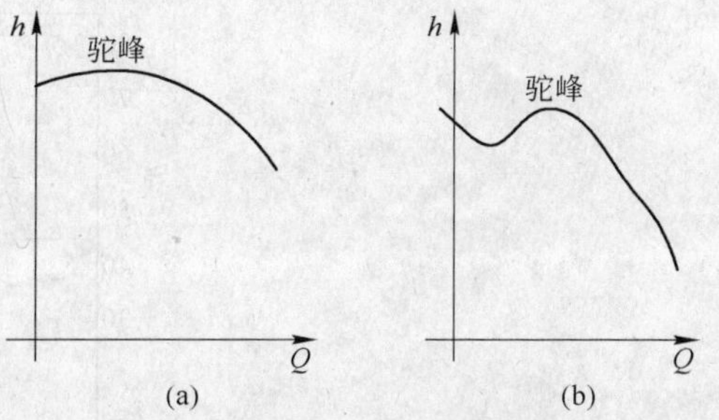

图5-6 扇风机 h-Q 曲线

（a）离心式扇风机特性曲线；

（b）轴流式扇风机特性曲线

扇风机工作于某一网路中时，可以在扇风机特性曲线上作出该网路的风阻特性曲线，两者的交点称为扇风机的工作点或工况点。扇风机工作时，工作点必须在扇风机曲线驼峰的右侧。并要求不超过最大风压的90%，这样才能使扇风机的工作稳定可靠。每一工作点都相应地有一个风压 h 和风量 Q 值。根据风压及风量值可求出扇风机理论上所需要的功率，称为理论功率或输出功率（kW）。

$$N_{\mathrm{L}} = \frac{hQ}{1000} \tag{5-1}$$

式中 h——扇风机实际风压，Pa；

Q——扇风机实际风量，m^3/s。

根据实测可以求出扇风机实际消耗的功率，称为实际功率或输入功率。扇风机的理论功率与实际功率之比值称为扇风机效率，以 η 表示：

$$\eta = \frac{N_{\mathrm{L}}}{N} = \frac{hQ}{1000N} \tag{5-2}$$

式中 N——实际功率，kW。

实际上，功率及效率都会随着工作点而变化。也就是说，功率及效率都会随着风量而变化。所以一个完整的扇风机特性曲线图，应包括风压曲线 h-Q、功率曲线 N-Q 和效率曲线 η-Q。按照国家法定计量单位制，风压 h 应以 Pa 为单位，但当前扇风机特性曲线中多以 mmH_2O 为单位，所以在应用时必须注意。

图5-7所示是离心式扇风机性能曲线。当风阻为 R 时，其工作点为 A，相应地可得知实际功率 N 及扇风机效率 η。

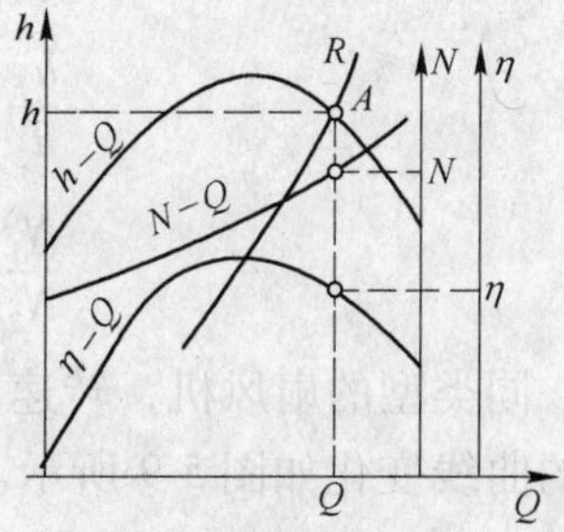

图5-7 离心式扇风机性能曲线

图5-8所示是轴流式扇风机性能曲线。因为轴流式扇风机的叶片安装角可以调节，所以可根据不同的安装角作出特性曲线。例如两级叶片数都为14的扇风机，若网路风阻为 R，叶片安装角为25°，则与工作点 A 相应的 h 为 328mmH_2O（3217Pa），Q 为 53m^3/s。通过 A 点作垂直于横轴的直线与效率曲线和功率曲线的交点分别为扇风机效率 $\eta = 0.82$，实际功率 $N = 205$kW。

在管网风阻不变的条件下，改变叶片安装角，扇风机的特性曲线就随之变化，即风

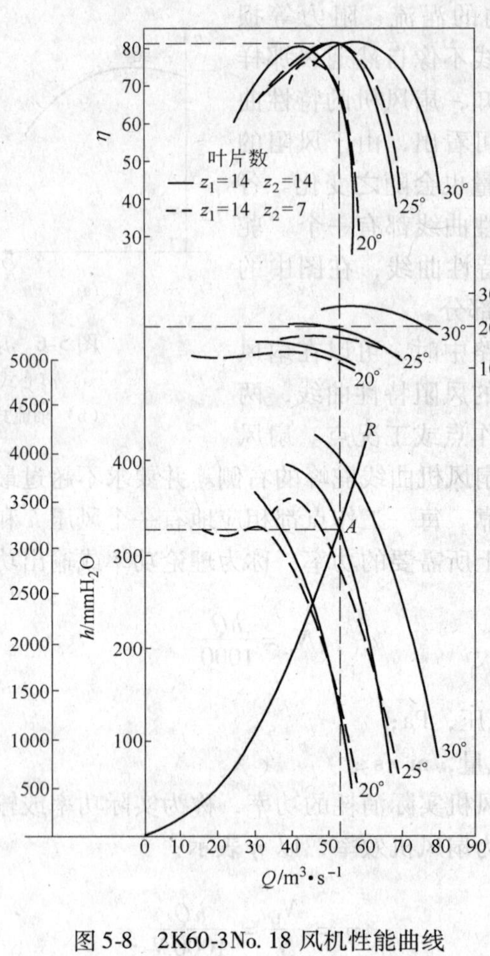

图 5-8　2K60-3No. 18 风机性能曲线

压、风量、功率、效率等值随之变化。在叶片安装角一定时，改变扇风机转速 n，则风压、风量、功率、效率也会随之变化，其变化关系为：

$$\left.\begin{aligned}\frac{Q_1}{Q_2}&=\frac{n_1}{n_2}\\\frac{h_1}{h_2}&=\left(\frac{n_1}{n_2}\right)^2\\\frac{N_1}{N_2}&=\left(\frac{n_1}{n_2}\right)^3\end{aligned}\right\}\qquad(5\text{-}3)$$

同类型的扇风机，转速变化时，其风量、压差、功率、效率的曲线变化如图 5-9 所示。

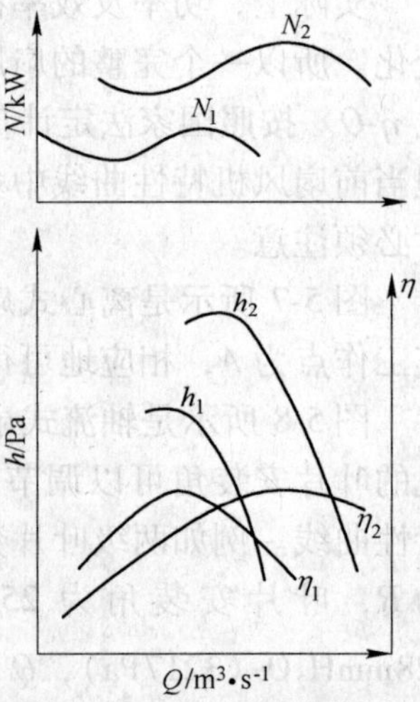

图 5-9　转速变化后扇风机特性曲线的变化

5.1.3.2　主要扇风机的特性

把两类扇风机的性能曲线作一些分析后可以看出：离心式扇风机的曲线较缓，风阻变化时风量变化较大；轴流式扇风机的曲线较陡，风阻变化时风量变化较小。以功率曲线来说，离心式随风量增加功率增加，轴流式随风量增加功率减少。所以离心式扇风机在启动时要实行闭闸启动。由于轴流式布置较紧凑，所占面积较小，所以矿井风阻变化较大时采用轴流式较好。但是轴流式噪声较大。

两种类型扇风机在风压曲线上都有“驼峰”存在，要求扇风机运转稳定。又由于扇风机效率随工作点而变化，所以工作点应选择在效率为 0.6 以上。因此有一个合理使用扇风机的问题。

5.1.3.3　局部扇风机的特性

局部扇风机的工作对象只有一个工作面，所以风量不大，局扇必须配合风筒才能将新鲜空气送到工作面。一般风筒断面小、风阻大。局扇为了克服风筒风阻，要求适应压差大、风量小的特点。局扇的特性曲线较陡，所以风筒增长后不会过多减少风量。轴流式占地面积小，目前金属矿井使用的局扇基本上都是轴流式。常用的轴流式局扇如图 5-10、图 5-11 所示。

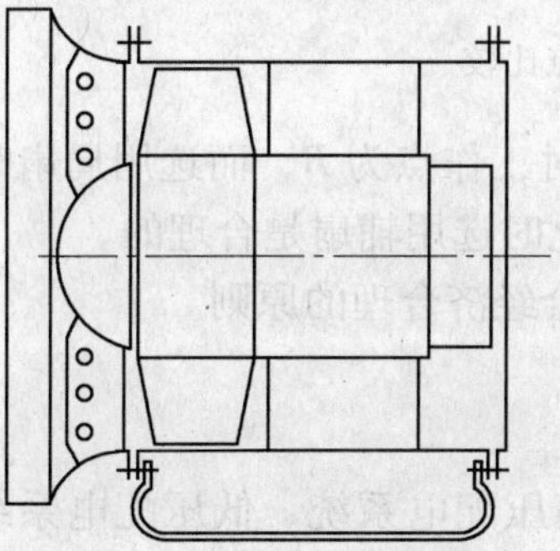

图 5-10　JK55-1No. 局扇示意图

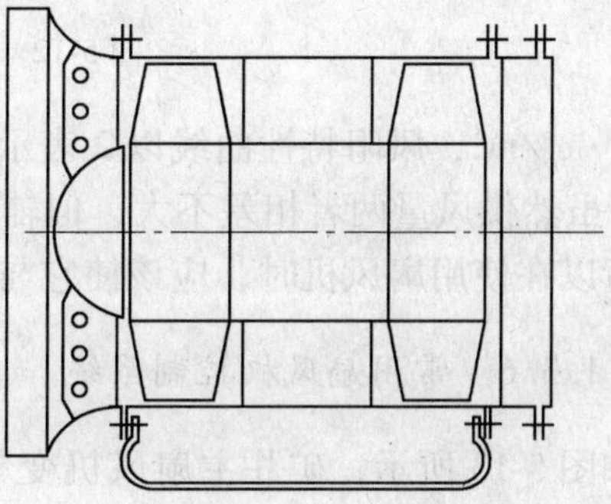

图 5-11　JK55-2No. 局扇示意图

5.1.3.4　辅助扇风机的特性

辅助扇风机（简称辅扇）用于加强某一区域的通风，不需要安装风筒，只克服巷道风阻。和局部通风相比，巷道的风阻比风筒小得多，所以要求辅扇压差小、风量大。常用辅扇有 K 系列轴流式扇风机。

5.1.3.5　根据特性对扇风机的合理使用

各种类型的扇风机是根据使用的需要而设计的。如图 5-12 所示，有两台扇风机，一台为局扇，型号为 JK66-1No. 4.5，电耗 8kW，其特性曲线以 Ⅰ 表示。另一台为辅扇，型号为 K40No. 8，电耗 2.2kW，其特性曲线以 Ⅱ 表示。

设一条长 130m 的独头巷道需要通风，且选用直径为 0.5m 的铁皮风筒送风，风筒摩擦阻力系数为 0.0029N · s^2/m^8，则风筒风阻为 77.89N · s^2/m^8，风阻特性曲线以 1 表示。此时选用辅扇显然是不合理的。若选用局扇其工作点为 A，供风量为 4.2m^3/s。

当需要对一条长 1100m 已贯通的巷道送风时，这种情况没有必要使用风筒送风，而由巷道送风即可。巷道断面为 4m，其摩擦阻力系数为 0.0167N · s^2/m^4，则巷道风阻为

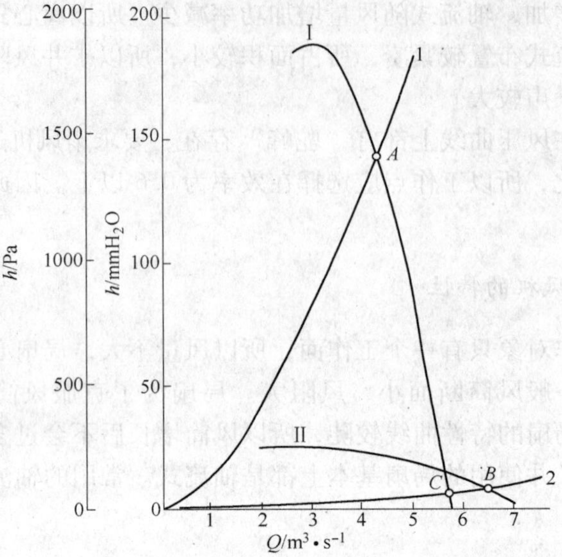

图 5-12　局扇与辅扇工作点比较

2.39N · s^2/m^8，风阻特性曲线以 2 表示，当选用辅扇时工作点为 B，而选用局扇时工作点为 C，虽然供风量两者相差不大，但辅扇耗电很小。此时选用辅扇是合理的。

所以在使用扇风机时，应该使它与网路匹配，符合经济合理的原则。

5.1.3.6　常用扇风机控制系统

如图 5-13 所示，矿井主扇风机变频控制系统由高压配电系统、低压配电系统、集控

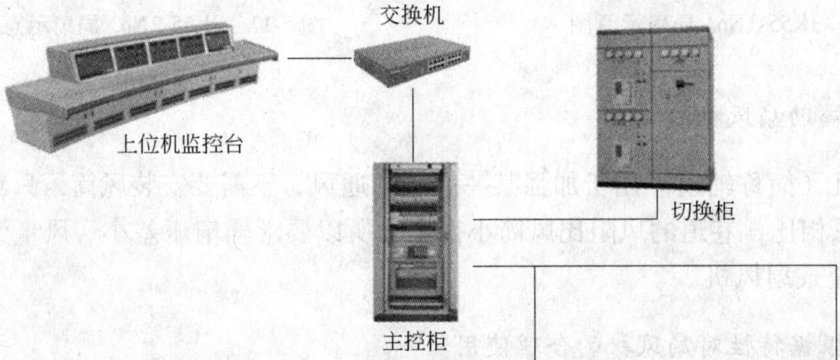

图 5-13　矿井主扇风机变频控制系统

系统、变频调速系统、风机监控台、风机在线检测系统、变频切换装置组成。

该控制系统的优点有：具有无需调节扇叶角度及封门的开度，始终保证风机运行在最佳的工作点上，使风机的效率达到最理想的状态；实现风机平滑启停，降低启动电流，减小机械冲击给设备带来的影响；冗余 PLC 热备，自动切换；多种切换模式，系统同时具备自动倒风和反风功能；提供多种现场总线支持，控制系统通过以太网与上位机监控系统连接，方便扩展；完善的防雷、防干扰措施。

5.2 扇风机的应用

5.2.1 扇风机的联合工作

如果一台扇风机满足不了工作的需要，可采用多台扇风机联合工作。联合工作的基本形式有并联及串联两种。由于联合工作方式不同，扇风机工作特性也会发生不同的变化。

5.2.1.1 扇风机并联工作

如图 5-14 所示，两台扇风机并联在一起工作，就会形成一条联合工作特性曲线。在并联时，其联合工作特性曲线是在同一坐标图上将各并联扇风机的特性曲线在压差（纵坐标表示）相等的条件下，将风量（横坐标表示）相加而成。图 5-15 所示为两台相同的离心式扇风机并联工作特性曲线图，其个体特性曲线均为Ⅰ。并联后，它的联合工作特性曲线为在压差相等的条件下，风量加倍（因为两台扇风机相同），作出曲线Ⅱ。对风阻为 R 的矿井工作，若扇风机单独工作时，其单独工作点为 A，风量为 Q'。当并联工作时，联合工作点为 B，总风量增为 Q。这时每台扇风机的实际工作点是 C，工作风量为 Q_1，即 $Q = 2Q_1$。C 点是由 B 作直线平行于横坐标与个体曲线Ⅰ的交点。从图 5-15 中看出，扇风机并联后，供风量增大。

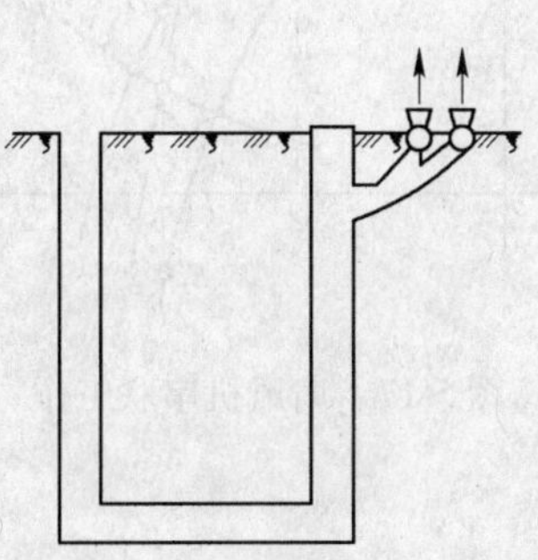

图 5-14 扇风机并联工作

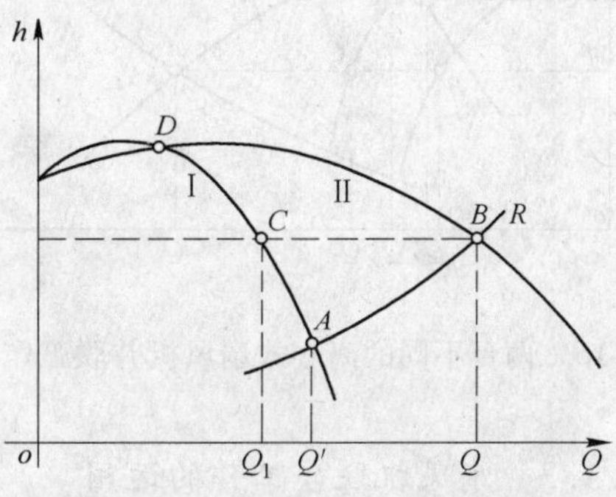

图 5-15 两台相同的离心式扇风机并联工作曲线

但是并联工作增加的风量不会增加到单独工作的两倍。而且网路的风阻越大，并联工作增风量越小，联合工作点越向左移动。当风阻增大到其工作点和联合工作特性曲线与单独工作特性曲线的交点 D 重合时，则增风量为零。这说明并联工作在井巷风阻较小时效果较好；若井巷风阻较大，并联工作效果较差，以致出现风量减少的现象。

当两台不同型号的离心式扇风机在一起并联工作时，其特性曲线如图5-16所示。每台扇风机的特性曲线分别为Ⅰ、Ⅱ，并联工作后，其联合工作特性曲线为Ⅲ。当矿井风阻为R时，联合工作点为A，风量为Q。而两台扇风机在并联时的实际工作点是由A点向纵坐标作垂线，分别与曲线Ⅰ、Ⅱ相交的B、C两点，即为每台扇风机的实际工作点。所得风量为Q_1、Q_2，$Q=Q_1+Q_2$。若矿井风阻增至R'，则联合工作点为A'，风量为Q'。两台扇风机的实际工作点分别为B'、C'，风量为$-Q_1'$、Q_2'，$-Q_1'+Q_2'=Q'$。此时并联工作的风量Q'小于扇风机Ⅱ的工作风量Q_2'，迫使扇风机Ⅰ的风流反向。这说明当联合工作点在联合工作曲线与个体曲线交点D的左侧，必然出现反转风流。所以扇风机并联工作用于风阻较大的矿井是不适合的，尤其是轴流式扇风机特性曲线的"凹陷"部分在第一象限，更应注意这一问题。

5.2.1.2　扇风机串联工作

当两台扇风机串联工作时，其联合工作特性曲线为在风量相等的情况下，压差相加。图5-17所示的扇风机个体特性曲线分别为Ⅰ、Ⅱ，串联工作的特性曲线为Ⅲ。当矿井风阻为R时，联合工作点为A，风量为Q，和单独工作点B、C相比，风量有所增加。在串联工作时，通过A点作垂直于横坐标的直线，分别与两条个体曲线的交点，即为两台扇风机的实际工作点D、E，风量都为Q。但是当风阻减小到R'时，联合工作点为A'，风量Q'小于单独工作点B'的风量，同时扇风机Ⅰ的压差出现负值，即扇风机Ⅰ实际成为风阻。这说明当联合工作点在联合工作曲线与个体曲线交点G的右侧时，风量必然减小。

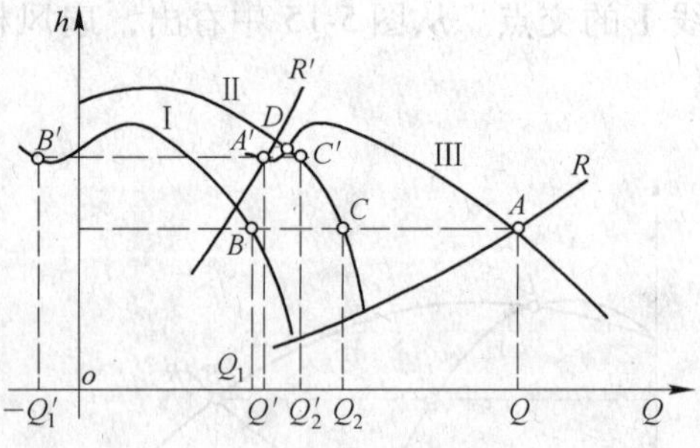

图5-16　两台不同的离心式扇风机并联工作

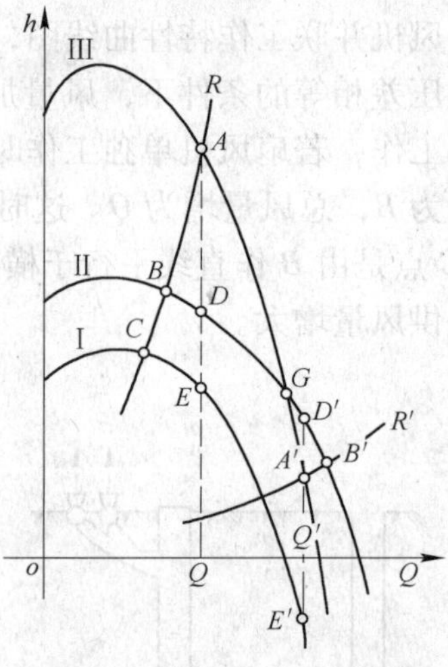

图5-17　扇风机串联工作

5.2.1.3　扇风机联合工作的运用

由前述可以看出：从图像上的变化来说，扇风机并联工作时压差相等，风量相加；串联工作时风量相等，压差相加。联合工作的目的都是为了保证足够的风量。联合工作特性曲线与单独工作特性曲线在图像上必然会有一个交点。当并联时工作点应在该交点的右侧，串联时工作点则应在该交点的左侧，才能合理使用扇风机。所以为了增加风量，当一台扇风机满足不了要求时，网路的风阻小，应采用扇风机并联，网路风阻大，应改用扇风机串联，才能收到良好效果。

5.2.2 扇风机的风量调整

矿井主要扇风机服务年限都比较长，在整个服务期间矿井风阻又不断变化，必然导致扇风机工作风量的不断变化。为了保证矿井的足够风量，可以调整扇风机工作点。如图 5-18 所示，扇风机原工作曲线为Ⅰ，对风阻为 R 的矿井通风，其工作点为 A，风量为 Q。开采一定时期后，当矿井风阻增加到 R'，工作点变为 C，使风量降至 Q'，满足不了生产的需要。为了保证原有的风量，应使扇风机特性曲线上升为Ⅱ，当工作点移至 B，即可获得所需风量 Q。

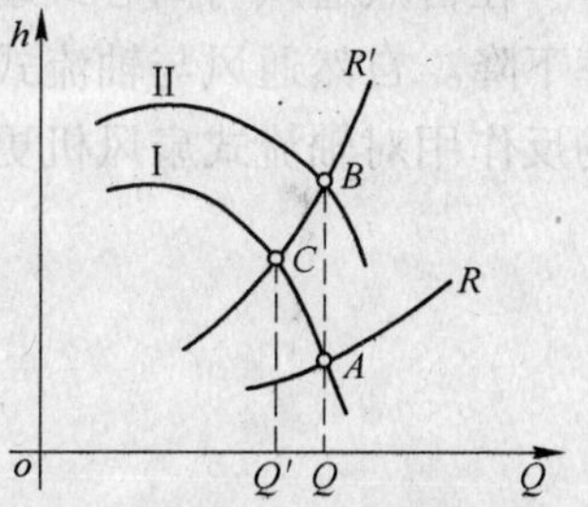

图 5-18 扇风机风量调整

为此，一般可调整扇风机的转速，也可调整轴流式扇风机的叶片安装角，改变扇风机的特性曲线，从而调整风量。否则，应换用适合的扇风机。

5.2.3 自然通风及漏风对扇风机工作的影响

矿井自然风流随地表气温而变化，所以气温的变化，会影响到扇风机进风量的大小。图 5-19 中Ⅰ为扇风机特性曲线，对风阻为 R 的矿井工作，Q 为工作风量。当矿井存在自然压差时，h_z 为自然压差特性曲线。若自然风流方向与扇风机风流方向一致，自然压差特性曲线 h_z 在第一象限，与扇风机特性曲线在纵坐标相加得联合工作特性曲线Ⅱ，使工作点由 A 移到 B'，工作风量由 Q 增至 Q'，其增风量为 ΔQ，扇风机的实际工作点是 B。若自然风流方向与扇风机风流方向相反，自然压差特性曲线为 $-h_z$，纵坐标相减得联合工作特性曲线Ⅲ，使工作点由 A 移到 C'，工作风量由 Q 减为 Q''，减风量为 ΔQ，扇风机实际工作点为 C，而只有自然通风工作时，其风量为 Q_z。所以自然通风与机械通风联合作用时，由于自然通风引起的增风量或减风量，都小于自然通风单独工作的风量，不能看成简单的相加。

漏风会减小矿井风阻，从而改变矿井的风阻特性曲线。图 5-20 中矿井风阻为 R，扇风机工作风量为 Q；由于漏风影响，矿井风阻减为 R'，扇风机工作风量增为 Q'。

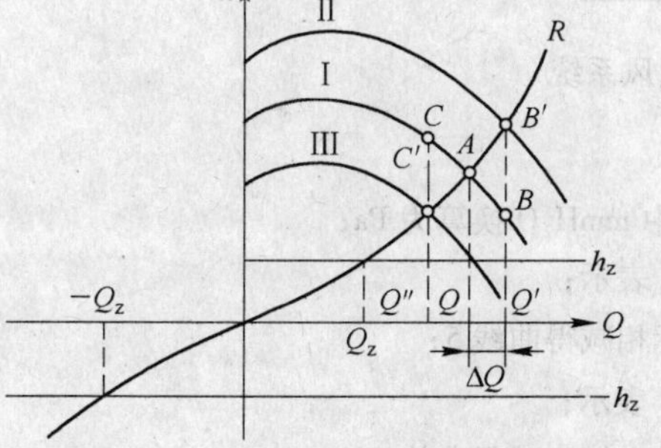

图 5-19 自然通风对扇风机工作的影响

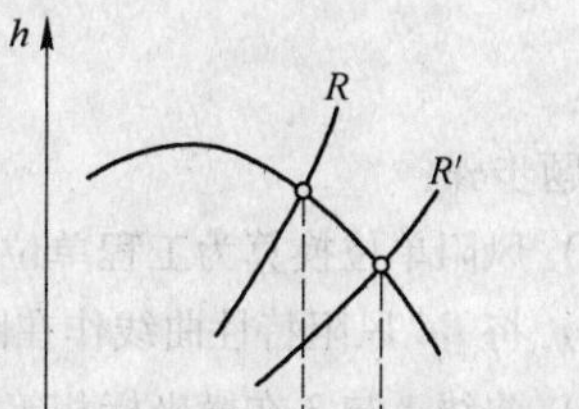

图 5-20 漏风对扇风机工作的影响

漏风使扇风机工作风量增加可能产生不同的结果。若是矿井进出风之间的漏风，必然减少工作面的风量。有的漏风也可能会增加工作面的风量。但是从扇风机的功率来看，离心式扇风机的功率曲线向上倾斜，漏风使扇风机工作点向右移动，扇风机工作风量虽然增加，但离心式的功率随之增加，效率随之降低；对轴流式来说，漏风使功率减小，效率随之降低。所以漏风的存在，相比之下对离心式扇风机更为有害。

在自然通风与离心式扇风机风流方向一致时，虽然风量增加，但功率也随之增加，效率下降。自然通风与轴流式扇风机风流方向相反时，风量减少，功率增加。所以自然通风的反作用对轴流式扇风机更为有害。

复习思考题

5-1　主扇、辅扇、局扇有什么区别？

5-2　扇风机特性曲线包括哪些？

5-3　试说明轴流式及离心式扇风机的工作原理。

5-4　扇风机并联工作，特性曲线有何变化，在哪种情况下使用？

5-5　扇风机串联工作，特性曲线有何变化，在哪种情况下使用？

5-6　如何调节扇风机的风量？

5-7　自然通风对矿井通风有什么影响？

5-8　漏风对扇风机有什么影响？

5-9　已知某矿井最小压差为981Pa，最大压差为2256Pa，矿井所需风量为30m^3/s，应选用哪种扇风机？

5-10　图5-21为某矿通风系统，由扇风机1、2并联工作，扇风机特性曲线如图5-22所示。已知$R_{AB}=0.1667$、$R_{BC}=0.6573$、$R_{BD}=2.374$（单位：N · s^2/m^8）。求进入矿井的总风量及各台扇风机的实际工作风量，并分析工作点是否合理。

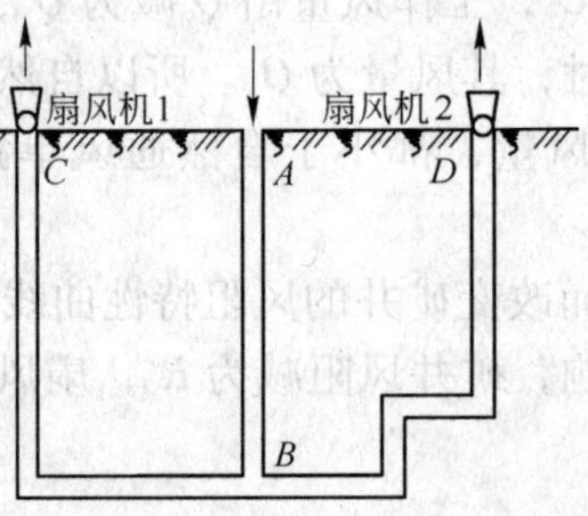

图5-21　通风系统

解题步骤：

（1）风阻单位换算为工程单位制，或将图5-22中mmH$_2$O换算为Pa；

（2）将*BC*风阻特性曲线作在图5-22上以曲线3表示；

（3）曲线1与3在横坐标相等的各点上，纵坐标相减得曲线5；

（4）将*BD*风阻特性曲线作在图5-22上以曲线4表示；

（5）曲线2与曲线4在横坐标相等的各点上，纵坐标相减得曲线6；

（6）曲线5与曲线6在压差相等的各点，风量相加得曲线7；

（7）作出*AB*的风阻特性曲线8，与曲线7的交点，即为转化后的扇风机联合工作点*M*，其风量即为总风量；

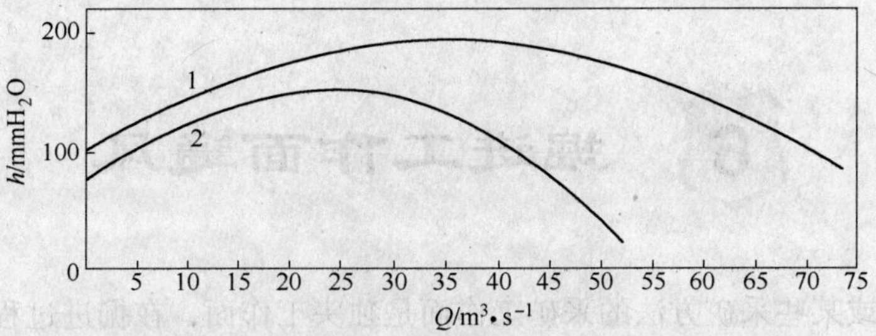

图 5-22 扇风机 1、扇风机 2 的特性曲线

（8）通过 M 点作直线平行于横坐标轴分别与曲线 5；曲线 6 交于 M_1、M_2；

（9）通过 M_1、M_2 分别作直线平行于纵坐标，与曲线 1、2 分别交于 M_1'、M_2'，即为扇风机 1、2 的实际工作点。

6 掘进工作面通风

掘进工作面或某些采矿方法的采矿工作面是独头工作面，在掘进过程会产生粉尘及炮烟，不进行有效的通风，很难达到安全规程的要求。通风的主要特点是独头，只有一条通路，既要作进风，又要作出风之用。因此必须采取专门措施才能达到通风目的，这种措施通常称为局部通风。

6.1 局部通风方法

6.1.1 局部扇风机通风

6.1.1.1 通风方式

在掘进工作面，局部扇风机必须配合专用风筒才能把新鲜空气送入工作面，并排出废空气。根据局扇及风筒的布置形式，可以分为压入式、抽出式及混合式。

如图 6-1 所示，把局扇安装在有新鲜风流的巷道中，风筒引入工作面，使新鲜空气沿风筒压入工作面。这种方式称为压入式通风。

又如图 6-2 所示，扇风机安装在有新鲜风流的巷道中，利用风筒把工作面的废空气抽出。这种方式称为抽出式通风。

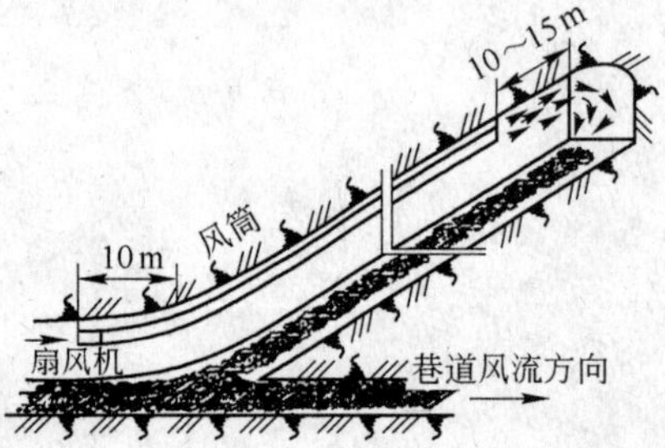

图 6-1　压入式通风

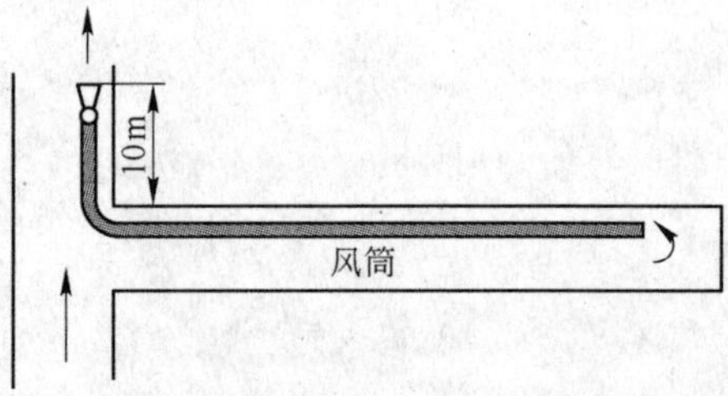

图 6-2　抽出式通风

这两种通风方式有不同的特点，压入式通风从风筒口射出的风流作用距离较远，可达12m左右，风筒末端距爆破工作面可保持一定距离，可避免爆破时打坏风筒。由于风流强力射出，容易把工作面的炮烟排尽。但是使用压入式通风，在爆破后，有毒气体是与新鲜风流混合后从巷道中排出的，排出时间较长。随着掘进巷道增长，爆破循环加快，巷道中炮烟不易排出。故这种通风一般使用于掘进巷道长度在 200m 以内效果较好。

在采用抽出式通风时，若风筒入风口能伸入到爆破后的纯炮烟区域中，纯炮烟的排出较快。由于炮烟及矿尘在风筒内流动，则掘进巷道内为新鲜风流，可改善作业条件，尤其当工作面使用柴油设备时，效果更佳。但风筒入风口的吸风距离很小，约 2m，要求入风口距离工作面很近，这在爆破时是难以实现的。风筒吸风口附近的风速随着距吸风口距离增长而风速下降，在工作面附近就会出现炮烟停滞区域。风筒吸风口距工作面距离越长，炮烟停滞区域越大，排出炮烟越困难。在巷道掘进时，一般很少使用单一的抽出式通风。随着巷道掘进长度增加，当使用压入式通风不能把巷道中的炮烟排尽时，应使用混合式通风。

混合式通风布置如图6-3所示。它充分利用了压入式及抽出式的优点，只要使用得当，通风效果较好。为了防止循环风流产生，在选择扇风机时，应使抽出式扇风机的风量比压入式的风量大20%～25%，否则废风不能有效排出。

所以在巷道掘进时，先使用压入式通风，随着爆破工作面向前移动，风筒也随之增长，使风筒出风口距工作面保持10～15m。掘进距离达到200m以后，改用混合式通风。若使用柔性风筒，按图6-4所示布置。在混合式通风中，压入式的风筒最初只有50m长，并保持出风口距工作面10～15m的距离。随着工作面向前移动，增加压入式风筒，当风筒加至200m左右时，搬动一次压入式扇风机，并把压入式的风筒改为50m长，同时增加抽出式风筒，使两者的风筒在巷道中相重20～30m。随着工作面向前移动，继续增加压入式风筒。所以只需每掘进150m才移动一次扇风机。

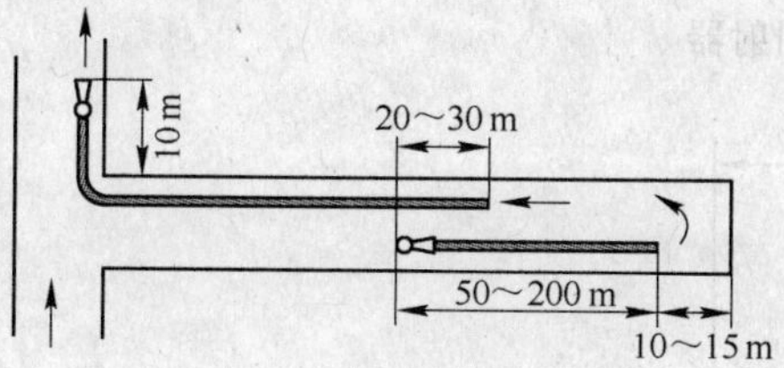

图6-3　混合式通风

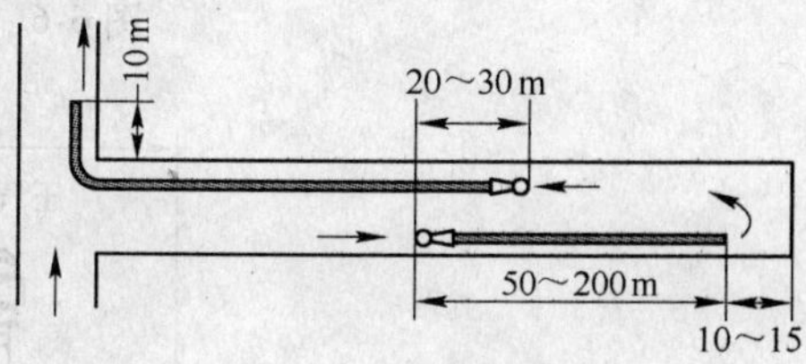

图6-4　用柔性风筒的混合式通风

6.1.1.2　*安装局扇必须注意的问题*

安装局扇必须注意如下问题：

（1）克服工作面的串联风流。在布置通风方式时，应避免工作面间串联风流，各工作面的废风应直接排往回风道。

（2）克服漏风。漏风是影响局扇通风的一个很重要的因素，在现场往往被人们忽视。从而使通风效果很差。在掘进过程中，由于炮崩、矿车碰撞等原因，经常引起风筒破损漏风。遇到这种情况必须及时补漏。所以，在井下应将破漏的胶皮风筒擦干，涂上胶水及时就地补漏。

（3）克服循环风流。除按图6-1～图6-4的要求布置局扇外，当通风距离较长需要局扇串联工作时，若两台扇风机串联在一处，往往因压差增加而增加漏风，但两台局扇相距太远也不恰当。图6-5所示为压入式通风，图6-5(a)中，当空气由第一台局扇作用而提高空气压力时，风流在风筒中向前流动，压力逐渐降低；

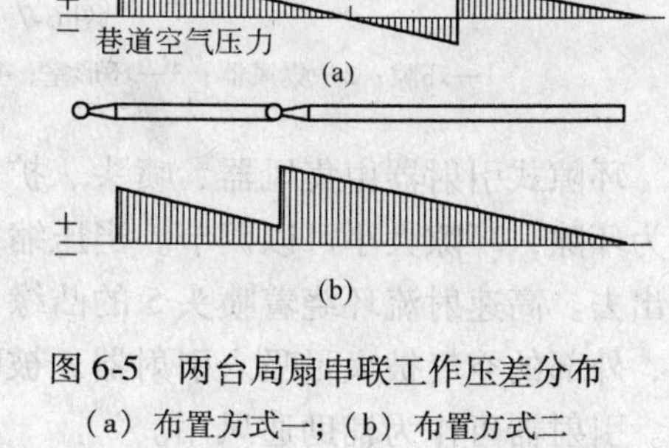

图6-5　两台局扇串联工作压差分布

（a）布置方式一；（b）布置方式二

如果启动第二台局扇，使 mn 段风筒内空气压力小于风筒外的空气压力，则 mn 段风筒的漏风由外向内，使工作面排出的废风重新进入工作面反转循环。如果是柔性风筒，还会在 mn 段内吸扁风筒，增加风阻。若按图 6-5(b) 布置，风筒全长内的空气压力都大于管外，则能避免循环风流的产生。一般来说，两台局扇的距离最好为风筒全长的 1/3。局扇的工作风量必须小于安装局扇巷道风量的 70%，循环风流才不会产生。

(4) 压入式出风口的风筒要平直，以克服工作面的废风涡流循环。

(5) 局扇应连续开动，以使工作面的炮烟、矿尘及其他有害气体浓度符合卫生标准。

6.1.2 引射器通风

引射器的工作原理是利用高速喷出的压缩空气或高压水带动周围空气流动。它具有结构简单、体积小、重量轻及噪声小等优点。引射器有喷嘴式及环隙式两种，如图 6-6、图 6-7 所示。

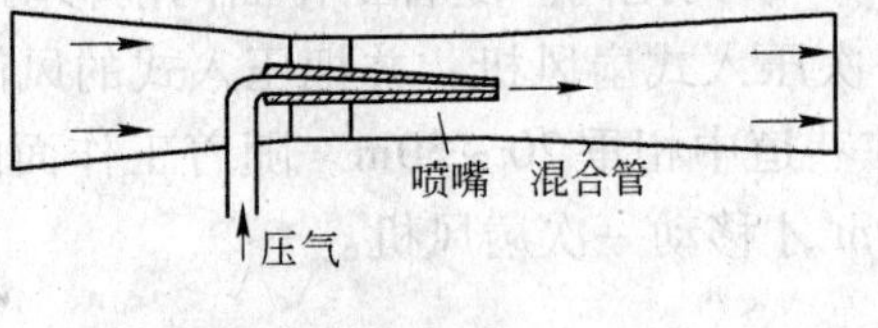

图 6-6 喷嘴式引射器

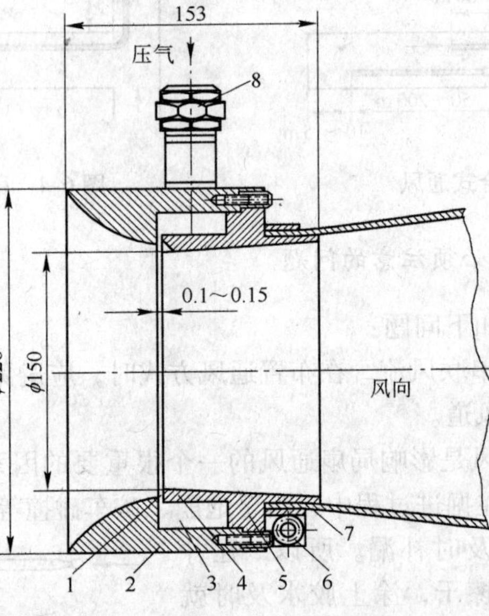

图 6-7 环隙式压气引射器

1—环隙；2—集风器；3—环形室；4—凸缘；5—喷头；6—卡箍；7—扩散器；8—接头

环隙式引射器由集风器、喷头、扩散器等组成。集风器和喷头结合处有一窄小缝隙，称为环隙，环隙大小可以调节。当压缩空气通过接头 8 和环形室 3 送入环隙时以超声速喷射出去。高速射流环绕着喷头 5 的凸缘 4 表面流动，并在该处造成负压区。在此负压作用下，外部的空气被大量吸入引射器。被吸入的风流通过扩散器 7 从配接的软风筒送到工作面。引射器可作为辅助通风用。

引射器的引射系数 K 是评定引射器性能的一个重要指标，它表示消耗 $1m^3$ 压缩空气所引进的风量。

$$K = \frac{Q - q}{q} \tag{6-1}$$

式中 K——引射系数；

Q——引射器排出的风量；

q——压缩空气消耗量。

根据实测，国内引射器的引射系数为 20 左右。引射系数受到缝隙宽度、压气压力、风筒风阻等的影响。

引射器实测的 h-Q 性能曲线如图 6-8 所示。

引射器通风送风距离较短，所以使用条件受到一定限制。

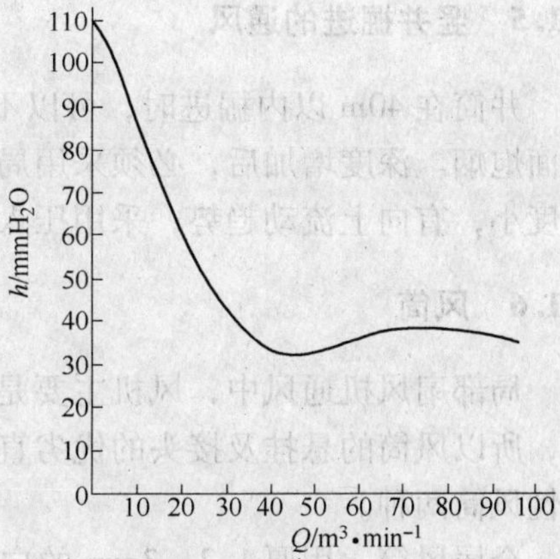

图 6-8 引射器特性曲线

($1mmH_2O = 9.8Pa$)

6.1.3 利用总压差通风

在条件允许时，可以利用矿井的总压差把新鲜空气引入工作面，按图 6-9 所示安装风筒及按图 6-10 所示安装风幛。利用风幛把掘进巷道沿走向分隔开，一侧进入新鲜风流，经工作面使用后由另一侧排出。

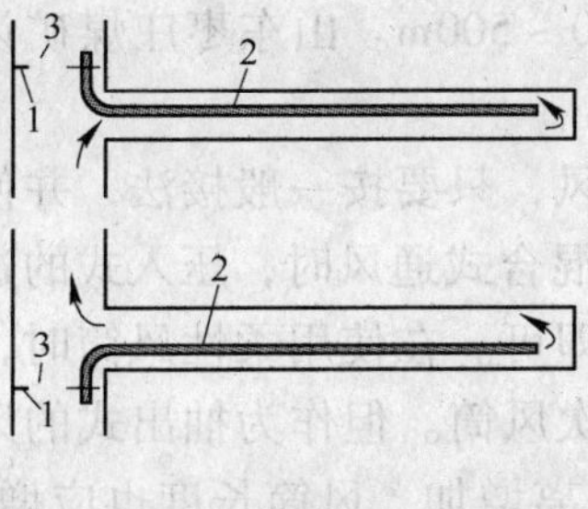

图 6-9 安装风筒利用总压差通风

1—挡风墙；2—风筒；3—调节风窗

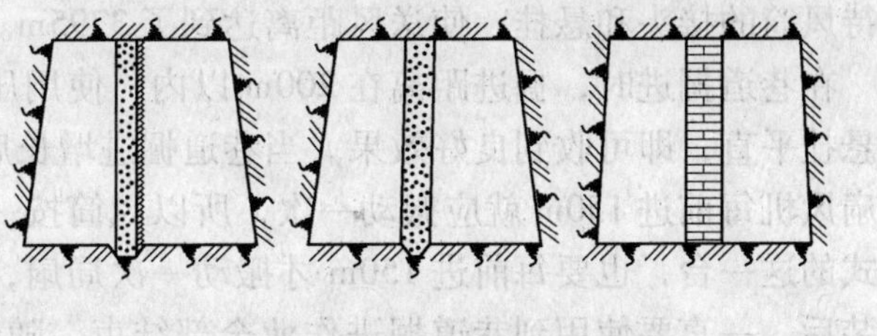

图 6-10 安装风幛利用总压差通风

但是利用总压差通风会直接增加主扇负荷而相应地减少矿井的总进风量，一般只利用于几十米长的通风距离。

6.1.4 天井掘进的通风

掘进天井时，由于爆破后炮烟温度高，密度小，容易聚集在工作面；天井断面窄小，又分为梯子间及管道间，还架设安全棚等，可见天井通风不仅敷设风筒困难，而且风筒的风流也难以直接射向工作面，故天井比平巷通风困难得多。天井掘进中一般采用压入式通风或引射器通风、风水混合式通风，如图 6-11 所示。如果在掘进天井之前，在上下中段用钻孔贯通，利用全矿总压差或在上中段安装局扇抽风，则能有效地改善通风条件。

图 6-11 天井掘进通风

6.1.5 竖井掘进的通风

井筒在40m以内掘进时，可以不必安装局部扇风机，依靠空气的自然运动即可排出工作面炮烟。深度增加后，必须采用局扇通风。局扇安在地表，风筒接到工作面。由于炮烟密度小，有向上流动趋势，采用压入式通风效果较好。

6.1.6 风筒

局部扇风机通风中，风机主要是克服风筒风阻，而风筒风阻及漏风直接影响通风效果，所以风筒的悬挂及接头的优劣直接影响局部通风效果。目前常用的风筒有金属风筒及柔性风筒两种。

金属风筒，用厚1.2～3mm的白铁皮制成，一般做成3m一节，用法兰盘联结，内夹橡皮垫圈。它的好处是可以用于负压状态下的通风。但接头处容易漏风，移动搬运不方便。

柔性风筒，以玻璃布作衬布，外表压上塑料称为“塑料人造革风筒”，压上橡胶称为“胶皮风筒”。柔性风筒耐酸耐湿、重量较轻，可以折叠，每节长10m，安装搬运方便，漏风小。当压差增大时，金属风筒接头处漏风增大，而柔性风筒则相反，其接头处的金属圈顶得更紧，反而使漏风减少。所以柔性风筒在矿井得到普遍使用。

实践说明，一台局扇，风筒如果使用不当，送风距离只有几十米；一般情况下，送风距离为200m；风筒悬挂及接头稍加注意，送风距离可达400～500m。山东枣庄煤矿认真对待风筒的接头和悬挂，使送风距离达到了3795m。

在巷道掘进时，掘进距离在200m以内，使用压入式通风，只要按一般接法，并使风筒悬挂平直，即可收到良好效果。当巷道掘进增长后，改用混合式通风时，压入式的这一台扇风机每前进150m就应搬动一次，所以风筒按一般接法即可。在使用柔性风筒时，抽出式的这一台，也要每前进150m才搬动一次局扇，增长一次风筒。但作为抽出式的风筒安装后，一直要使用到巷道掘进作业全部结束。随着巷道距离增加，风筒长度也应增加。所以风筒的接头及悬挂，从开始就必须引起足够重视，要尽量防止漏风并减小风阻。其有关措施如下：

（1）改进风筒接头。把一般胶皮风筒的插接法作如下改进：

1）双反边接头如图6-12所示。在每节风筒的端部都留有0.2～0.3m的筒边，如Ⅰ；然后将右侧风筒插入左侧风筒中，如Ⅱ；最后用右侧的筒边和左侧筒边反包在一起。

2）活三环多反边接头如图6-13所示。在两节风筒的端部各套上活环B、C，并留出

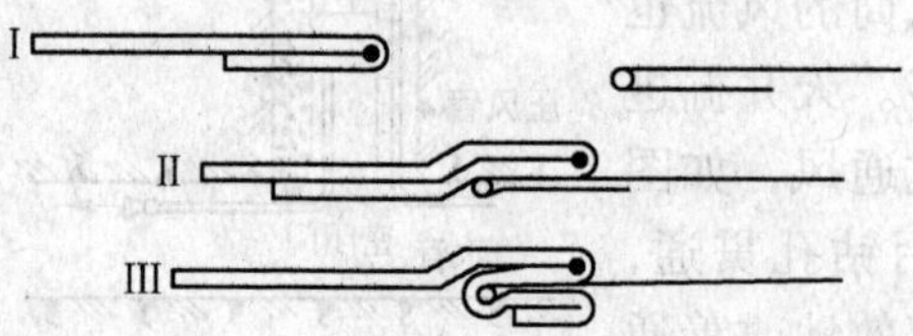

图6-12 双反边接头

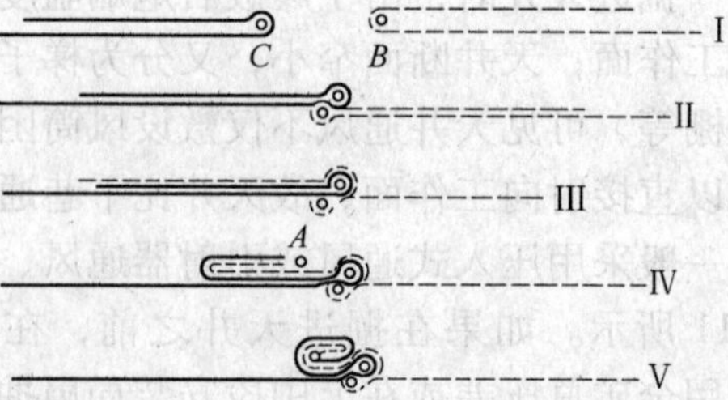

图6-13 活三环多反边接头

0.25 ~0.3m 反转的筒边，如Ⅰ；将环 B 风筒插入环 C 风筒内，再将环 B 的反边翻包在环 C 的风筒上，把环 A 压在 B、C 风筒的反边卷在一起，并把 B、C 环的风筒边翻包回来，又一起翻包在 B、C 风筒的连接处上面。

3）罗圈接头如图 6-14 所示。用一个直径稍小于风筒的铁圈（宽 60 ~100mm，厚 0.75 ~1.5mm），把罗圈放在风筒的一端并翻边包住，装入另一节风筒口，两风筒的边又反叠回来用铁丝绑扎。

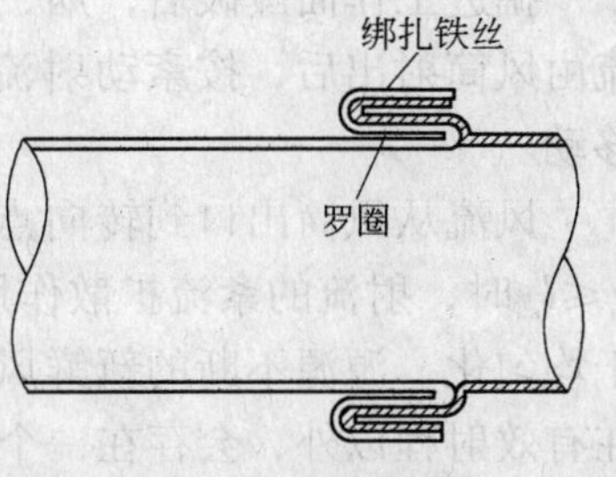

图 6-14 罗圈接头

（2）减少风筒接头。风筒接头处是漏风及风阻增大的主要地点。将每节 10m 的风筒用胶浆接成 100m 长，使用于混合式通风的抽出式部分，能收到良好效果。

（3）防止漏风。在局扇及胶皮风筒的连接处，用外压圈将胶皮风筒紧压在局扇出口铁皮风筒外。胶皮风筒的针眼应全部用胶水粘盖。

（4）降低风阻。风筒的悬挂必须做到：吊挂平直，拉紧吊稳，逢环必吊，缺环必补，拐弯缓慢，放出积水。应垫高局扇，使之与风筒在同一高度。若在风筒出口换上一段铁皮风筒，则能明显地减小风阻。

6.2 局扇通风设计

根据掘进巷道的最终长度，决定合理的通风方式；按排出炮烟及矿尘的要求决定工作面所需风量，选择风筒及其接头形式，最后选择局扇，这就是局扇通风设计的内容。

6.2.1 局扇通风方式选择

局扇通风是矿井广泛采用的掘进通风方法，按其工作方式分为压入式、抽出式和混合式通风。

6.2.1.1 压入式通风

如图 6-15 所示，为避免局扇吸入巷道排出的污风，产生循环风现象，压入式通风的局扇和启动装置均安装在距离掘进巷道 10m 以外的进风侧。局扇把新鲜风流经风筒压送到掘进工作面，污风沿巷道排出。

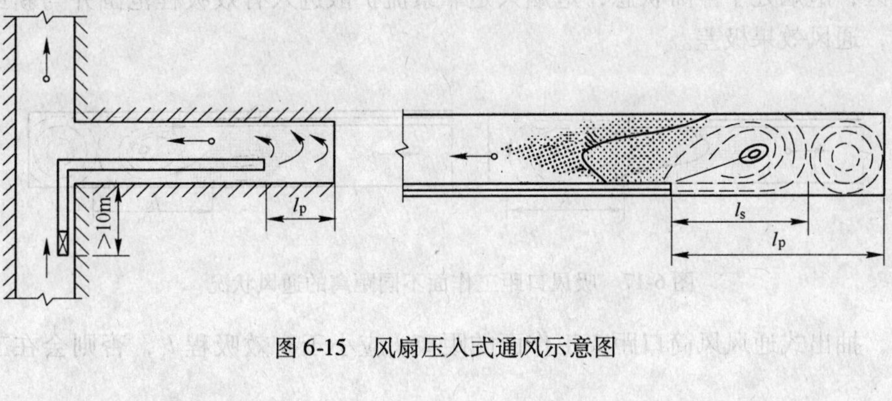

图 6-15 风扇压入式通风示意图

掘进工作面爆破后，烟、尘及有毒有害气体等充斥工作面，形成一个炮烟抛掷区。风流由风筒射出后，按紊动射流的特性使炮烟被卷吸到射出的风流中，两者掺混共同向前移动。

风流从风筒出口到转向点的距离 l_s 为有效射程，风筒出口到工作面的距离为 l_p。当 $l_p \leqslant l_s$ 时，射流的紊流扩散作用，使迎头区炮烟与新鲜风发生强烈掺混，炮烟浓度逐渐趋于均匀化，源源不断的新鲜风又逐渐将炮烟置换，因此能迅速将炮烟排走；当 $l_p \geqslant l_s$ 时，在有效射程以外，会存在一个由射流反向流动引起的循环涡流区，如果风筒口距离工作面更远，还可出现第二个循环涡流区。由于射流与第一循环涡流区的交换作用还比较强烈，因此，第一循环涡流区中的炮烟仍能较快地排出。在第二涡流区，因其涡流扩散强度很小，炮烟排出将十分缓慢。所以，为了能有效地排出炮烟，风筒出口与工作面的距离不能超过有效射程，否则会在工作点附近出现烟流停滞区。

根据理论分析和实践经验，压入式通风应满足以下关系：

$$l_p \leqslant l_s = (4 \sim 5)\sqrt{S} \tag{6-2}$$

式中　S——掘进巷道净断面面积，m^2。

压入式通风扇风机把新鲜风流经风筒压送到工作面，而污浊空气沿巷道排出，采用这种通风方式，工作面的通风时间短，但全巷道的通风时间长。

6.2.1.2　抽出式通风

如图 6-16 所示，为避免污风与新鲜风流掺混，抽出式通风的局扇安装在距离掘进巷道口 10m 以外的回风侧。新鲜风流沿巷道流入，污风通过刚性风筒由局扇排出。

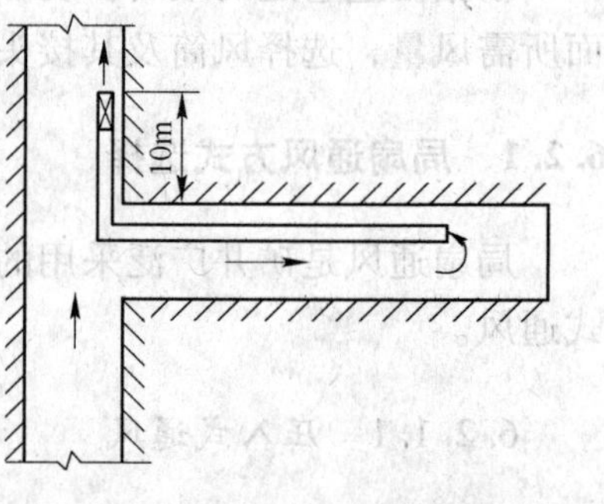

图 6-16　局扇风机安设位置图

刚性风筒吸气口外某一点的空气流速与该点至吸气口距离的平方成反比，所以，吸风速度由风筒口往外衰减很快，也就是有效吸程较小。

如图 6-17 所示，设风筒直接吸出炮烟的有效作用范围即有效吸程为 l_x，风筒吸口到工作面的距离为 l。当 $l \leqslant l_x$ 时，使迎头区炮烟与新风流发生强烈掺混，并逐渐靠近吸风口，因此能迅速将炮烟等污浊空气排除；当 $l \geqslant l_x$ 时，在有效吸程以外，会形成循环涡流区，炮烟处于停滞状态，炮烟只是靠紊流扩散进入有效吸程范围并与新鲜风混合至吸风口，通风效果极差。

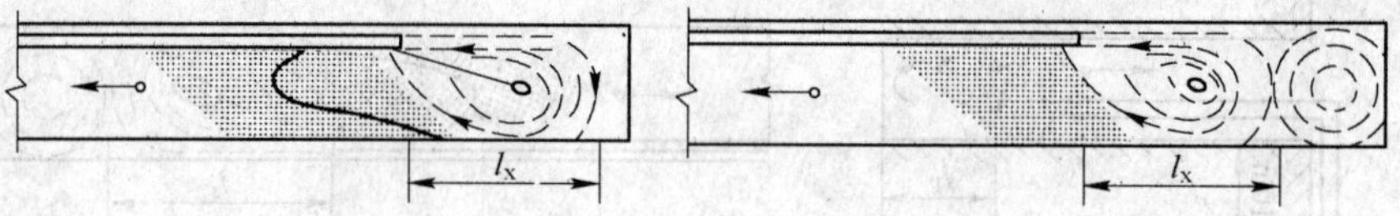

图 6-17　吸风口距工作面不同距离的通风状况

因此，抽出式通风风筒口距离工作面的距离 l 应小于有效吸程 l_x，否则会在工作地点附近出现烟流停滞区。在巷道条件下，其间满足以下关系：

$$l \leqslant l_x \leqslant 1.5\sqrt{S} \tag{6-3}$$

式中　S——掘进巷道净断面面积，m^2。

抽出式通风的优点体现在新鲜风流沿巷道进入工作面，整个井巷空气清新，劳动环境好，只要保证风筒吸入口到工作面的距离在有效吸程内，抽出式风量比压入式风量要小得多。其缺点是污风通过风机，影响风机使用，有效吸程小、排烟效果不好，只能使用刚性风筒，成本增加，不便于安装、拆运及管理。

6.2.1.3　混合式通风

井巷通风使用两套局扇风机及风筒装置，一套向工作面供新鲜风，一套为工作面排污风，这种通风方法称为混合式通风。它兼有压入和抽出式的优点，同时可避免各自缺点，通风效果较好。

混合式通风布置方式有多种形式，长压短抽方式、长抽短压方式（前压后抽、前抽后压）。如图 6-18 所示。

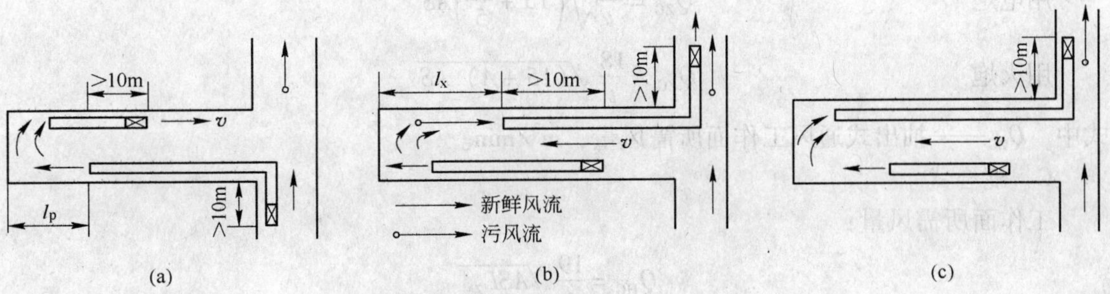

图 6-18　混合式通风布置方式

（a）长压短抽方式；（b）长抽短压方式（前压后抽）；（c）长抽短压方式（前抽后压）

采用混合式通风时，为了提高通风效果，避免循环风现象发生，应遵守下述要求：

（1）向掘进头供风的风筒出口距工作面的距离应小于有效射程 l_s。

（2）抽出式风筒的吸风口或压出式局扇的吸风口应超前压入式局扇 10m 以上，它与工作面的距离应大于或等于炮烟抛掷距离。

（3）要确保抽出式风机吸风量大于等于压入式扇风机排出风量，并使压入风机至抽出风筒口这段巷道内有稳定的新鲜风流，防止压入风机出现污风循环。

6.2.2　工作面所需风量计算

6.2.2.1　按排出炮烟计算

A　压入式

通风有效作用长度：

$$L_x = (4 \sim 5)\sqrt{S}$$

式中　L_x——通风有效作用长度，m；

S——通风巷道断面面积，m^2。

当风筒末端到工作面距离 L_M 小于有效作用长度时，所需风量为：

$$Q_{YG}=\frac{19}{t}\sqrt{ASL} \tag{6-4}$$

式中　Q_{YG}——压入式通风工作面所需风量，m^3/min；

A——炸药量，kg；

L——巷道全长，m；

S——巷道断面面积，m^2；

t——将整条巷道内有毒气体折合为一氧化碳而稀释到最大浓度不超过 0.02%（体积分数）的时间，min，一般取 15～40min。

B　抽出式

通风有效作用长度：

$$L_x=1.5\sqrt{S}$$

当风筒入风口距工作面距离 L_M 小于通风有效长度 L_x 时，所需风量为：

用电炮　$$Q_{ZG}=\frac{18}{t}\sqrt{\left(15+\frac{A}{5}\right)AS}$$

用火炮　$$Q_{ZG}=\frac{18}{t}\sqrt{(15+A)\ AS}$$

式中　Q_{ZG}——抽出式通风工作面所需风量，m^3/min。

C　混合式

工作面所需风量：

$$Q_{HG}=\frac{19}{t}\sqrt{ASL_{ZM}}$$

式中　Q_{HG}——混合式通用时工作面所需风量，m^3/min；

L_{ZM}——抽出式吸风口距工作面的距离，m。

混合式通风时，抽出式吸风量比工作面所需正常风量应增加 20%～25%，即：

$$Q_{HZ}=(1.2\sim1.25)Q_{HG}$$

6.2.2.2　按排出矿尘计算

在采用综合防尘措施时，为了使工作面空气含尘量降到 $2mg/m^3$ 以下，所需的巷道排尘风速称为最低排尘风速。我国规定最低排尘风速不小于 0.15m/s。也可根据每台凿岩机所需排尘风量为 $1.0m^3/s$ 计算工作面排尘风量。

根据排出炮烟及排尘要求分别计算风量后，选取大值作为工作面所需风量。

6.2.3　风筒风阻计算

铁风筒的风阻：

$$R=6.5\frac{\alpha L}{d^5}$$

式中　R——风筒的风阻，$N\cdot s^2/m^8$；

α——风筒的摩擦阻力系数，N·s^2/m^4，见表6-1和表6-2；

L——按掘进最终长度所需风筒长度，m；

d——风筒直径，m。

表6-1 铁风筒的摩擦阻力系数及风阻

风筒直径 d/mm	200	250	300	350	400	500	600	700	800	1000
风筒摩擦阻力系数 α /N·s^2·m^{-4}	0.0049	0.0049	0.0044	0.0039	0.0039	0.0034	0.0029	0.0029	0.00245	0.00245
风筒每100m长风阻 /N·s^2·m^{-8}	9938	3483	1177	491	246	71.6	24.6	11.1	4.91	1.57

表6-2 柔性风筒的摩擦阻力系数 α N·s^2/m^4

风筒绷紧程度	雷诺数 Re									
	10^5	2×10^5	3×10^5	4×10^5	5×10^5	6×10^5	7×10^5	8×10^5	9×10^5	10^6
优 良	0.0035	0.0029	0.00265	0.00235	0.00196	0.00187	0.00167	0.00167	0.00167	0.00167
中 等	0.0094	0.00618	0.005	0.0041	0.0037	0.00343	0.00314	0.00314	0.00284	0.00284
不 良	0.004	0.0284	0.0205	0.01619	0.0134	0.01089	0.0093	0.00834	0.00706	0.00618

当风筒变形、生锈或悬挂不平时，表6-1之值增大25%～30%。

柔性风筒的风阻：

$$R=6.5\frac{\alpha l}{d^5}+n\xi 0.6\frac{1}{S_T^2}$$

式中 n——风筒接头数（以掘进最终长度计算）；

ξ——每节风筒接头的局部阻力系数，见表6-3；

S_T——风筒断面积，m^2。

选取摩擦阻力系数及局部阻力系数时，先按风筒内风流速度求出雷诺数 Re 后，分别在表6-2、表6-3中查取。

表6-3 柔性风筒接头的局部阻力系数 ξ

雷诺数 Re	10^5	2×10^5	3×10^5	4×10^5	5×10^5	6×10^5	7×10^5	8×10^5	9×10^5	10^6
每一节头局部阻力系数 ξ	0.21	0.17	0.14	0.12	0.11	0.1	0.09	0.08	0.08	0.08

6.2.4 风筒漏风计算

不论是抽出式或压入式通风，风筒漏风都使风筒末端的风量减少，因此工作面的实得风量小于扇风机工作风量，只是漏风方向不同而已。扇风机工作风量与工作面实得风量之比，称为风筒的漏风备用系数。

$$p_T=\frac{Q_S}{Q_G}$$

式中 p_T——风筒漏风备用系数；

Q_S——扇风机工作风量；

Q_G——工作面实得风量。

金属风筒的漏风备用系数可按表6-4查取。

表6-4　金属风筒的漏风备用系数

风筒长度/m	风筒直径/mm				
	200	300	400	500	600
50	1.09	1.05			
70	1.14	1.07			
100	1.18	1.10			
125	1.24	1.12			
150	1.27	1.14			
175	1.32	1.16			
200	1.38	1.19	1.10	1.06	1.04
250		1.24	1.12	1.08	1.05
300		1.29	1.14	1.09	1.06
400		1.38	1.18	1.12	1.08
500		1.50	1.22	1.14	1.10
600			1.27	1.17	1.12
700			1.32	1.20	1.14
800			1.36	1.23	1.16
900			1.40	1.26	1.18
1000			1.45	1.29	1.20
1100			1.50	1.32	1.22
1200			1.55	1.36	1.24
1300			1.60	1.39	1.26
1400			1.65	1.42	1.29
1500			1.70	1.45	1.31

柔性风筒的漏风常常采用百米漏风率的概念，即每100m风筒漏风的百分比，以p_{LB}（%）表示，当风筒全长为L（m）时，存在如下关系：

因为

$$p_{LB} = \frac{Q_S - Q_G}{Q_S} \times \frac{100}{L} \times 100\%$$

$$\frac{p_{LB}L}{10000} = 1 - \frac{Q_G}{Q_S}$$

所以

$$P_T = \frac{1}{1 - \frac{p_{LB}L}{10000}} = \frac{10000}{10000 - p_{LB}L}$$

柔性风筒的百米漏风率可按表6-5查取。

表 6-5 柔性风筒百米漏风率

风筒接头类型	百米漏风率 p_{LB}/%
胶　贴	0.1 ~ 0.4
双反边	0.6 ~ 4.4
插　接	12.8
多层反边	3.05

6.2.5 局扇选择

扇风机工作风量（m^3/s）为：

$$Q_S = p_T Q_G$$

扇风机工作压差（Pa）为：

$$h_S = R Q_P^2$$

式中 R——按照掘进最终长度的风筒风阻，$N \cdot s^2/m^8$；

Q_P——通过风筒的平均风量，m^3/s。

$$Q_P = \sqrt{Q_S Q_G}$$

则

$$h_S = R Q_S Q_G$$

或

$$h_S = P_T P Q_G^2$$

复习思考题

6-1 说明工作面通风的意义。

6-2 比较局扇通风的压入式及抽出式的优缺点及使用条件。

6-3 说明引射器通风的原理。

6-4 分析影响风筒漏风的因素。

6-5 有一条掘进巷道，断面为 $4m^2$，长 200m，炸药量 10kg。试作局部通风设计。

6-6 有一条掘进巷道，断面为 $8m^2$，长 1000m，炸药量 20kg。试作局部通风设计。

6-7 如图 6-19 所示，有三个掘进工作面。试设计一个合理的局部通风系统。

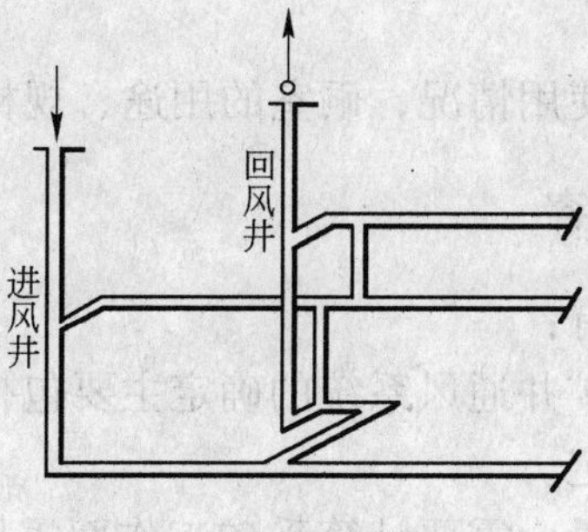

图 6-19 某矿掘进工作面

7 矿井通风设计

7.1 概述

矿井通风的目的是为井下提供新鲜的风流，创造良好的劳动条件，向作业地点提供所需的新鲜空气。因此，通风设计应根据矿床开拓和采矿方法等生产条件，建立一个安全、可靠、经济合理的通风系统，主要任务是确立合理的通风系统，选择恰当的扇风机，制定其工作方式。

通风设计是矿井设计的一部分，所以新建矿井在确定开拓方案及采矿方法时，必须对矿井通风系统作统一考虑。设计中既要考虑当前的需要，又要考虑到发展与扩建的可能性。对于改建或扩建的矿井进行通风设计时，首先应对生产及通风情况作周密调查，对复杂的矿井可作出原通风系统的模型，分析它存在的问题，在此基础上研究改进的途径。在改扩建中必须充分利用原有井巷及通风设备。无论新建、改建或扩建矿井的通风设计，都必须符合多、快、好、省的原则，做到经济上合理、技术上可行，有利于通风管理，有利于生产的发展。设计中必须遵照国家颁布的矿山安全规程和有关规定。

7.1.1 矿井通风设计的原始资料

矿井通风设计需要的原始资料有：

（1）采矿方面资料。矿山地形地质图、矿区有无废旧巷道及其所在位置，矿井年产量、服务年限、开拓系统、回采顺序、采矿方法、产量分配和作业面布置、同时作业的工作面数，工作面及各种井巷的规格、支护形式，同时工作的各种型号的凿岩机台数及其分布，同时爆破所用最多炸药量，井下同时工作最多人员数。

（2）气候方面资料。矿区气候条件，包括年最高、最低、平均气温，地温率、恒温带的温度及深度；常年主导风向。

（3）井下自然资料。矿岩游离二氧化硅、硫、放射性物质及有害气体的含量，矿岩的自燃发火倾向性。

（4）其他资料。柴油设备使用情况，硐室的用途、规格及分布等与通风有关的资料。

7.1.2 矿井通风设计的基本内容

矿井通风设计的基本内容有：

（1）确定矿井通风系统。矿井通风系统的确定主要包括通风方式的确定、主扇工作方式的确定、主扇安装地点的确定。

（2）计算各个工作面需风量。需要计算采矿工作面需风量，掘进工作面需风量，柴油设备需风量，各种硐室需风量，其他辅助生产需风量，一些特殊矿井开采需风量。

（3）计算全矿需风量和分配风量。根据前面采矿生产资料计算各个不同生产环节的需风量，并且汇总计算出全矿总需风量，并根据开拓系统、各中段平面图、采矿方法图将总风量按各生产环节、各作业地点、各需风井巷和硐室分配。

（4）计算全矿总压差。根据风量分配图，绘制出全矿通风网路图，找出最困难路线，计算出全矿总压差。

（5）选择主扇及其电动机。根据全矿总风量和全矿总压差选择主扇及其电动机。

（6）决定通风构筑物。根据主扇工作方式确定反风方式及反风装置，根据风量调节方法确定其他通风构筑物。

（7）绘制通风系统图。

7.1.3 矿井通风系统的基本原则

7.1.3.1 基建时期通风基本原则

矿井基建时期的通风是指基建井巷掘进时的通风，即开凿井筒（或平硐）、井底车场、井下硐室、第一水平的运输巷道和通风巷道时的通风。在这个时期，巷道还处于独头掘进阶段，应按局部通风的方法进行局部通风。在两个出口贯通后，且主扇已安装好，即可用主扇对已开凿的井巷进行总压差通风。此时通风计算与生产时期相似，所以应根据基建过程作出相应的通风设计。

7.1.3.2 生产时期通风基本原则

矿井生产时期的通风是指矿井投产后，包括全矿开拓、采准、切割、回采工作面及其他井巷的通风。这个时期的通风设计，一般来说，若矿井服务年限在20年以内时，选取开采规模最大、产量最高和通风线路最长的时期进行计算；若服务年限超过20年，则分两个时期进行设计。因为通风设备的折旧年限一般定为20年左右，所以，前20年作为第一期进行详细设计。至于以后的时期，由于生产情况和科学技术的发展很难确定，只作一般原则性规划。

7.1.3.3 通风设计应遵守的具体原则

（1）进风井巷及采掘工作面的风源含尘量不得大于0.5mg/m^3。

（2）主要回风井不得作为人行道，回风道排出的废风不得造成公害。

（3）矿井有效风量率应在60%以上。

（4）采场、二次破碎巷道应有贯穿风流，电耙司机应位于上风侧；避免废风串联，否则应采取空气净化措施。

（5）井下炸药库及充电变电硐室必须设有独立的回风线路。

（6）不用的井巷及采空区，必须及时封闭。密闭、风门、风桥、风硐等通风构筑物，必须严密完好。

（7）主扇应有反风装置，并保证在10min内改变风向。

（8）箕斗井或混合井，不采取净化措施，不能作为进风井。

在拟定通风系统时，应从矿山的具体情况出发，如考虑矿床的自然条件、开拓、开采的特点。通过调查研究，作综合分析，提出几个技术上可行的方案，根据安全、可靠和经济合理的原则。进行技术经济比较，最后确定合理的通风系统。但是，由于矿井生产的特点是工作面不断变化，在不同的生产阶段，随着矿床赋存条件的变化，生产规模、开拓和采矿方法的变化，矿井通风系统也将随着发生不同程度的变化。这就给通风系统的建立和管理带来很多困难，致使工作面废风串联、漏风、反转及循环风流等现象出现。因此选择的通风系统要有利于解决串、漏、反、循等问题。

7.2　矿井通风系统

7.2.1　通风系统的确定

7.2.1.1　统一通风系统及分区通风系统的拟定

在通风动力的作用和通风设施的控制下，新鲜空气由进风井巷进入矿井，经过各有关井巷供各需风地点使用后，污浊空气经回风道最后从回风井巷排至地表，这就是矿井通风系统。所以，矿井通风系统应包括通风动力、通风控制设施和通风网路等（如图 7-1 所示）。

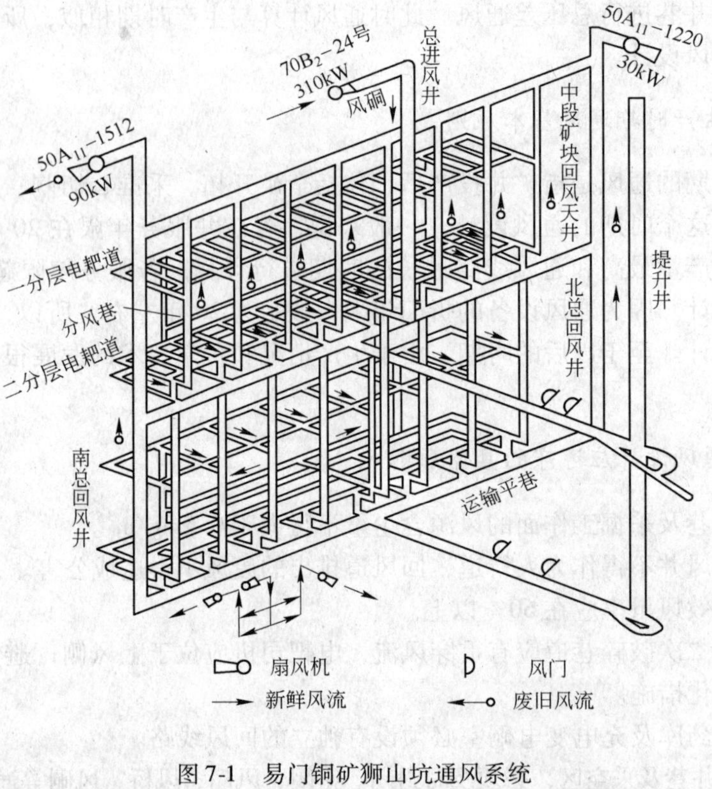

图 7-1　易门铜矿狮山坑通风系统

一个矿井构成一个整体的通风系统称为统一通风系统，如图 7-1 所示。一个矿井划分为若干个独立的、风流互相不连通的通风系统称为分区通风系统，亦即应该是这个分区的风流不跑到另一分区去，而且每个分区不仅具有各自的通风动力，还各自有一套完整的进风和回风井巷。

拟定通风系统时，首先要考虑采用统一通风系统还是分区通风系统，两者各有优劣，应根据各矿的具体情况进行比较确定。

统一通风系统进风井和回风井均较少，使用的通风设备也较少，便于集中管理。不能增加进、出风井的矿山，特别是矿井比较深的，采用全矿统一的通风系统比较合理。

我国金属矿井的实践表明，分区通风系统具有风路短、阻力小、漏风少、经营费用低、通风网路简单、风流易于控制、有利于进行风量的合理分配、易于克服井下火灾等优点。能否采用分区通风系统，主要取决于开凿通地表的通风井巷工程量的大小或有无现有井巷可供利用。

分区通风不同于在一个矿区内因划分成几个井田开拓而构成几个通风系统。分区通风各通风系统是处于同一开拓系统中，井巷之间存在一定的联系。分区通风也不同于多台扇风机在一个通风系统中作并联通风。

分区通风区域划分的原则是：一般应将矿量比较集中，生产上联系紧密的有关地段划分为一个分区。目前国内冶金矿山主要有下面几种分区方法：

(1) 按矿体分区。当一个矿井只有少数几个大矿体或有几个矿量比较集中的矿体群时，将靠近的矿体或矿体群，划为一个通风区，全矿划分为几个通风区。图 7-2 所示为柴河铅锌矿的分区通风系统，主提升井开凿在中间无矿带内，每个分区分别为开采两个大矿体服务，各自有独立的进风井、回风井。

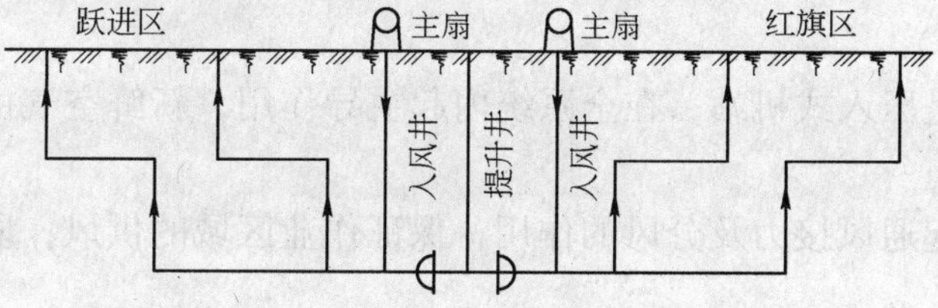

图 7-2　柴河铅锌矿分区通风系统

(2) 按中段分区。沿山坡分布的平行密集脉状矿床，一般距地表较近，开采时常有井巷或采空区与地表贯通。若上下中段之间联系较少，可按中段划分通风区域。西华山钨矿就是这种划分法的典型例子，如图 7-3 所示。这个矿将每个中段划分为一个或两个通风

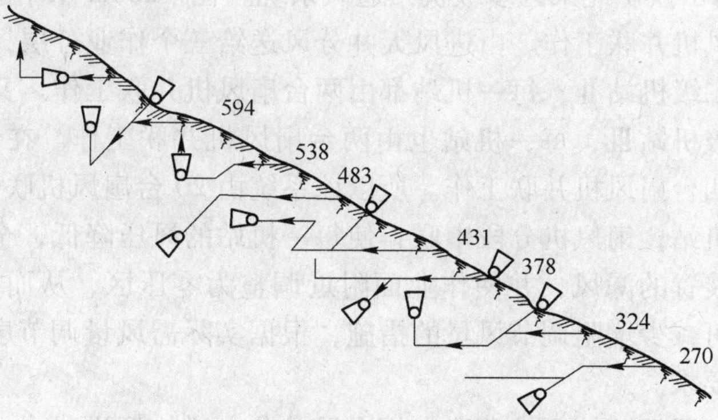

图 7-3　西华山钨矿分区通风系统

区，每个通风区都有独立的进、回风口，各个系统之间的风流互相不干扰。

(3) 按采区分区。矿体走向特长、开采范围很大的矿井，可沿走向每个采区建立一个独立的通风系统。如龙烟庞家堡矿，矿体走向长9000～12000m，分五个回采区，各区之间联系甚少，每一个采区构成一个独立的通风系统，如图7-4所示。

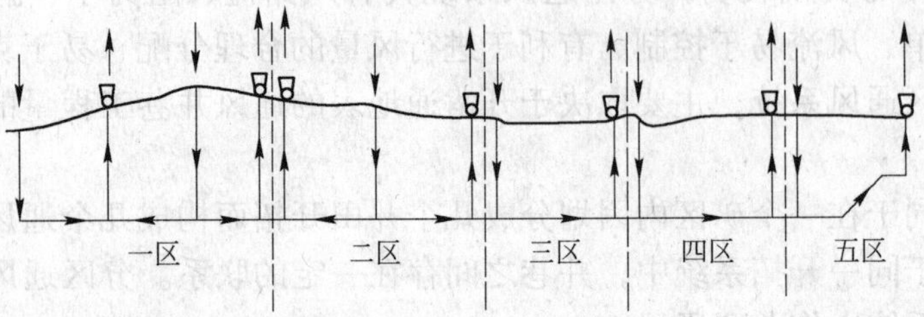

图7-4　庞家堡矿分区通风系统

7.2.1.2　多风机串并联多级机站通风系统

在一个通风系统中可使用一定数量的扇风机，根据需要把扇风机分为若干级。用扇风机串联减少漏风，用扇风机并联进行合理分风，称为多风机串并联多级机站。

多级机站可分为三级、四级，以至五级、六级。一般多采用四级机站，其布置原则是：

(1) 一级机站是压入式机站，在全系统内起主导作用，新鲜空气由它引入矿井，它的风量为全矿总风量。

(2) 二级机站起通风接力及分风的作用，保证作业区域的供风，所以风机应靠近用风段作压入式供风。

(3) 三级机站把作业区域的废风直接排至回风道，所以安装在用风部分靠近回风一侧作抽出式通风。

(4) 四级机站是全系统的总回风，它把三级机站排出的废风集中起来排至地表，作抽出式通风。

根据生产工作面布置，开动二级和三级机站的部分扇风机，可以节省能耗。

图7-5所示为梅山铁矿北采区多级机站通风系统。在－200m水平进风天井底部安装一级机站Ⅰ由四台扇风机并联工作。由进风天井分风送给三个作业分层，分别在三个分层作业面的进风侧安装二级机站Ⅱ，每一机站都由两台扇风机并联工作。又分别在各分层的作业面出风侧安装三级机站Ⅲ，每一机站也由两台扇风机并联工作。在－140m回风平巷安装四级机站Ⅳ，由四台扇风机并联工作。所以该系统由20台扇风机联合工作。

由于采用几级机站，扇风机分段串联，使每一机站的风压降低，全矿压力状态分布均衡，可减少扇风机装置的漏风，并使作业面附近调整为零压区，从而减少采空区，天井、溜井等的漏风，并可减少增阻调节风量的措施，根据实际需风量调节扇风机的供风量，从而达到节约电耗的要求。

但是多级机站的通风系统要求开凿专用进风井巷，增加掘进成本，若所节省的电费能补偿这一部分费用，仍是合理的。当然这种通风系统要求较高的通风管理水平。

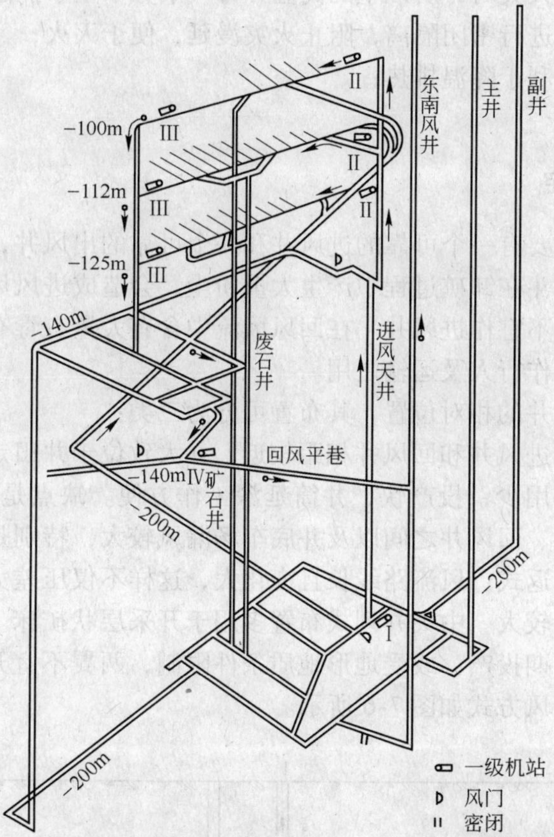

图 7-5 梅山铁矿多级风机站通风系统图

7.2.1.3 自燃矿井通风系统的确定

自燃发火矿井，一般是指矿石或围岩本身能自燃发火的矿井。矿石含硫量的高低是能否发生内因火灾的主要因素。一般认为含硫量在 15% ~20% 时，就具有自燃发火的可能性；含硫量为 40% ~50% 时，矿石的发火危险性最大。我国几个自燃发火的金属矿井，除湘潭锰矿外，其他均属含硫较高的矿井。

松散的硫化矿石在适宜的温度条件下，由于漏风的作用促进了氧化自燃而产生并聚集热量，这些热量若不能及时排走，又能进一步促使矿石的氧化自燃。所以对高硫矿床防火的有效方法，是建立完善的通风系统，避免高温区的形成，减少漏风，选择合理的采矿方法，加强管理等。

在拟定自燃发火矿井的通风系统时，除遵循一般矿井要求的原则外，还应考虑其特殊性氧化发热工作面的通风工作，除了排尘、排烟外，主要任务是降低温度、排出积热与稀释有毒气体，改善劳动条件，确保作业人员的安全。因此拟定通风系统时必须满足下列要求：

（1）尽量防止或减少从地表或其他地方向采空区及火灾地区补给新鲜空气；

（2）当某一处发生火灾时，所产生的高温和毒气烟雾不至于扩散到其他作业区；

（3）便于对发火区进行密闭隔离，阻止火灾漫延，便于灭火；

（4）网路结构要有利于降温排热；

（5）便于反风。

7.2.2　通风方式的确定

每个通风系统至少要有一个可靠的进风井和一个可靠的出风井，在一般情况下，罐笼提升井兼做进风井。箕斗在卸矿过程中产生大量粉尘，会造成进风风源污染，如无净化措施时，箕斗井和混合井不宜作进风井。在回风风流中含有大量有毒有害物质，所以回风井一般都是专用的，不能作行人及运输之用。

按照进风井与回风井的相对位置，其布置可分为三类：

（1）中央并列式。进风井和回风井相距较近，并大致位于井田走向中央。中央并列式布置的优点是：基建费用少，投产快，井筒延深工作方便。缺点是：进、回风井比较近，两者间压差较大，故进、回风井之间以及井底车场漏风较大，特别是前进式开采时漏风更为严重；风流线路为折返式，风流路线长且变化大，这样不仅压差大，而且在整个矿井服务期间，压差变化范围较大。中央并列式布置多用于开采层状矿床。对于冶金矿山，当矿体走向不太长，要求早期投产，或受地形地质条件限制，两翼不宜开掘风井时，可采用中央并列式布置。这种通风方式如图 7-6 所示。

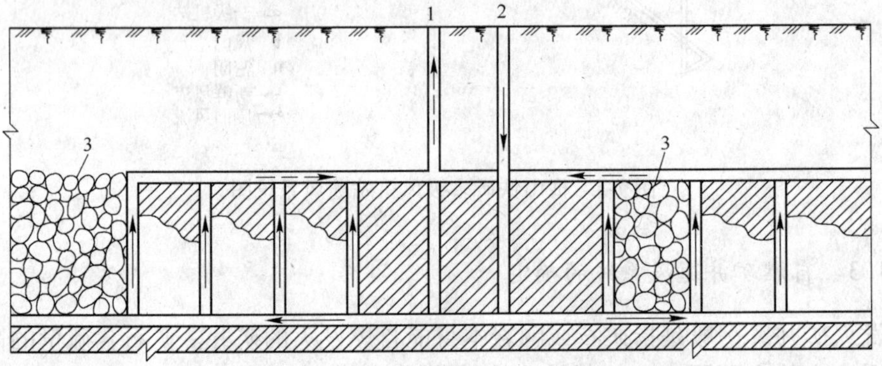

图 7-6　中央并列式通风方式

1—进风井；2—回风井；3—已采完矿块

（2）中央对角式。进风井和回风井分别布置在井田的中央和侧翼，一进风井位于井田中央，回风井位于井田两翼，如图 7-7 所示。中央对角式布置的优点是：风流路线比较短，长度变化不大，因此不仅压差小，而且在整个矿井服务期间压差变化范围较小，漏风少，污风出口距工业场地较远。缺点是：投产慢，地面建筑物不集中，不利于管理。冶金矿山多用中央对角式布置。

图 7-7　中央对角式通风方式

1—主井；2—进风井；3—回风井

(3) 侧翼对角式。进风井与回风井分别布置在井田的两侧翼，如图 7-8 所示。侧翼对角式布置的优点是：基建费用少，地面建筑物集中，便于管理，在整个生产期长度变化不大，因此在整个矿井服务期间压差变化范围较小，漏风少，污风出口距工业场地较远，有利于环保。侧翼对角式缺点是：投产慢，风流路线比较长，压差大。

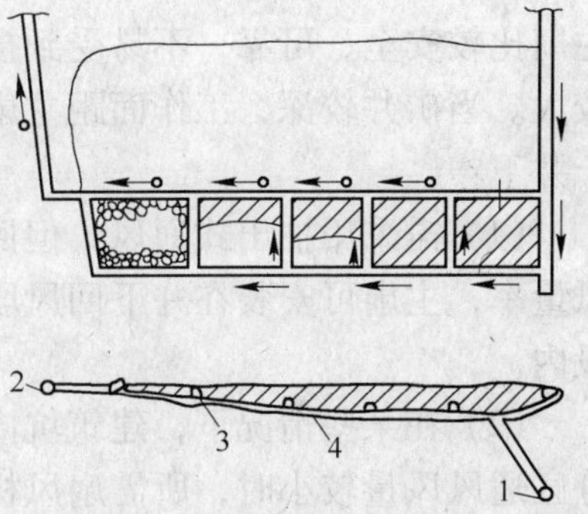

图 7-8 侧翼对角式通风方式

1—进风井；2—回风井；3—矿体；4—平巷

7.2.3 主扇工作方式

主扇工作方式有压入式、抽出式、压抽混合式三种。

(1) 抽出式。主扇安装于回风井，而将废风从井下抽出，使井下空气呈“负压状态”。在一般情况下，抽出式通风应用比较广泛，其优点主要是无须在主要进风道安设控制风流的通风构筑物，便于运输、行人和通风管理工作，采场炮烟也易于排出。

(2) 压入式。主扇安装于进风井，而将新鲜风流从地面压入矿井，使井下空气呈“正压状态”。下列情况适于采用压入式通风：

1）在回采过程中，回风系统易受破坏难以维护。

2）矿井有专用进风井巷，能将新鲜风流直接送往工作面。

3）当用崩落法采矿而覆盖岩层透气性很强，构成大量漏风，从而减少工作面实得风量时。

4）岩石裂隙及采空区中的氡，对进风部分造成污染。

(3) 压抽混合式。进风井安装压入式的主扇，回风井安装抽出式的主扇，联合对矿井通风，使井下空气压力，在整个通风线路上的不同地点形成不同的压力状态。采用压抽混合式通风时，进风段及回风段都安装主扇，用风部分的空气压力与它同标高的气压较靠近，漏风较少，风流流动方向稳定，排烟快、漏风少，也不易受自然风流干扰而造成风流反向；其缺点是管理不便。下列情况适用采用压抽混合式：

1）采场距地表近，漏风大，采用压抽混合可平衡坑内外压差，控制漏风量。

2）具有自燃危险的矿井，为了防止大量风流漏入采空区引起自燃。

3）开采具有放射性气体危害的矿井时，压入式主扇的正压控制进风和整个作业区段，以控制氯的渗流方向，减少氡的析出；抽出式主扇控制回风段，以使废风迅速排出地表。

主扇工作方式不同，具有不同的压力分布状态，从而在进回风量、漏风量、风质和受自然风流干扰的程度等方面也就出现不同的通风效果。所以在确定主扇工作方式时，应根据矿床赋存条件和开采特点而定。若进风井沟通地面的老硐和裂缝多时，则宜采用抽出式，这样既减少密闭工程量，又自然形成多井口进风，从而增加矿井的总进风量；反之，回风井位于通地面的老硐和裂缝多的区域时，则宜采用压入式。

7.2.4 主扇安装地点

矿井主要扇风机一般安装在地表，因为安装在地表安装、检修、管理都比较方便。井下发生火灾时，便于采取停风、反风或控制风量等通风措施；井下发生灾变事故时，地面主扇比较安全、可靠，不易受到损害。其缺点是井口密闭、反风装置和风硐的短路漏风比较大。当矿井较深，工作面距主扇较远，沿途漏风量较大时，在下列情况下，主扇可安装于井下：

（1）需采用抽出式通风，但回风井附近地表漏风较大，为了减少密闭工程和提高有效风量率，主扇可安装在井下回风段内；压入式通风井口密闭困难，主扇可安装在井下进风段内。

（2）在某些情况下，建筑坑内扇风机房可能比地表扇风机房经济，特别是小型矿井或分区通风风量较小时，所需扇风机较小。可以将扇风机放在巷道中，而不需开凿硐室。

（3）有山崩、滚石、雪崩危险的地区布置风井，地表无适当位置或地基不宜建筑扇风机房时。

（4）有自燃发火危险和进行大爆破的矿井在井下安装扇风机时，应有可靠的安全措施。

主要扇风机，无论安设在地面还是井下，都应考虑在安全的条件下扇风机的位置尽可能地靠近矿体，以提高有效风量率。此外在井下安设时，还应考虑到扇风机的噪声不致影响井底车场工作人员的工作。

7.3　通风网路的确定

7.3.1　中段通风网路的确定

中段通风网路是由各中段进风道和回风道所构成的通风网路，它是联结进风井和回风井的通风干线。建立中段通风网路主要是为了防止风流串联，同时也为了减小阻力，实现漏风少、风流稳定易于管理。

冶金矿山通常是多中段同时作业，如果对各中段入、回风流不适当安排，在一个中段内既有新鲜风流，又混进本中段和下部中段作业面排出的污风，势必造成风流污染，影响安全生产和工人健康。为使各中段作业面都能从入风井得到新鲜风流，必将所排出的污风送入回风井，各作业面风流互不串联，就必须对各风面的入排风巷道同时安排，构成一定形式的中段通风网路结构。

中段通风网路是由中段进风道、中段回风道、矿井总回风道和集中回风天井等巷道联结而成的。

（1）中段进风道。通常以中段运输道兼中段进风道。当运输道中装卸矿作业产生量大或井底漏风严重且难以控制时，也可开凿专业进风道。

（2）中段回风道。通常均利用上中段已结束作业的运输道作下中段的回风道。如果回采顺序不协调，没有一个已结束的运输道可供回风之用，则应设立专用中段回风道。专用中段回风道可一个中段设立一条，或两个中段共用一条。

（3）总回风道与集中回风天井。在开采中段最上部，维护或开凿一条专用回风道，用以汇集下部各中段作业面所排出的污风，并将其送到排风井，此回风道称为总回风道。建立总回风道可以省掉各中段回风道，但需补以集中回风天井。集中回风天井是沿走向分布的贯通各中段的回风天井，它可将各中段作业面排出的污风送入上部总回风道。

为解决多中段同时作业时风流串联，近年来，冶金矿山推广使用了下述几种中段通风网路结构。

7.3.1.1　棋盘式通风

这种网路是由各中段如风道、集中回风天井和总回风道所构成的。在上部已采中段维护或开凿一条总回风道，然后沿矿体走向每隔一段距离（60~120m），保留一条贯通上下各中段的回风天井，各天井与中段运输道交叉处用风桥或绕道跨过，另有一支巷道或通风眼与采场回风道沟通，各回风天井均与上部总回风道相连。新鲜风流由各中段运输平巷进入采场，污风通过采场回风巷引入回风天井，直接排到总回风道。其网路结构如图7-9所示。

棋盘式通风网路，能有效地消除多中段作业时回采工作面风流串联问题，但需开凿一定数量的回风天井，通风构筑物也较多，通风成本高。

锡矿山是一个缓倾斜、多中段、前进式开采的矿井，容易形成工作面间的串联风流。为此，在作业区域内，每隔一定水平距离，保留一条连通上下各中段并且通达总回风道的回风天井。回风天井用风桥跨过每个运输平巷。平巷进风，天井回风，其典型布置如图7-10所示。各作业地点的废风都设法引入回风天井里去，从而克服了工作面的废风串联，但是增加了通风工程量。

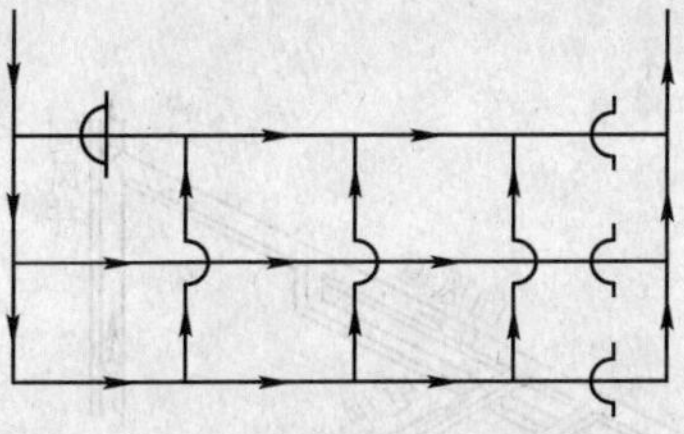

图7-9　棋盘式通风

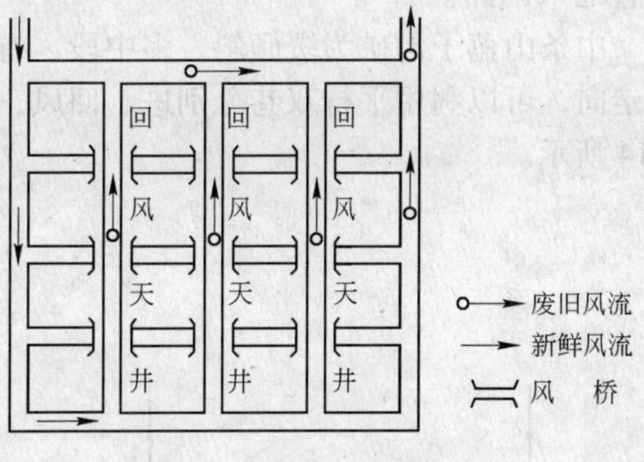

图7-10　锡矿山棋盘式通风

7.3.1.2　上下间隔式通风

上、下间隔式是指每隔一个中段建立一条脉外集中回风平巷，用来汇集上下两个中段的污风，然后排入回风井。在回风中段上部的作业面，由下中段运输道进风，风流上行，污风也汇集于回风道中排走。其网路结构如图7-11所示。

上下行间隔式通风网路，能够有效地解决风流串联问题，开凿工程量比平行双巷网路小。适于在开采强度较大的矿山使用。但应建立专用回风道，以防回风中段受到污染。并应加强主扇对回风系统的控制能力和回风调解，防止回流反向。

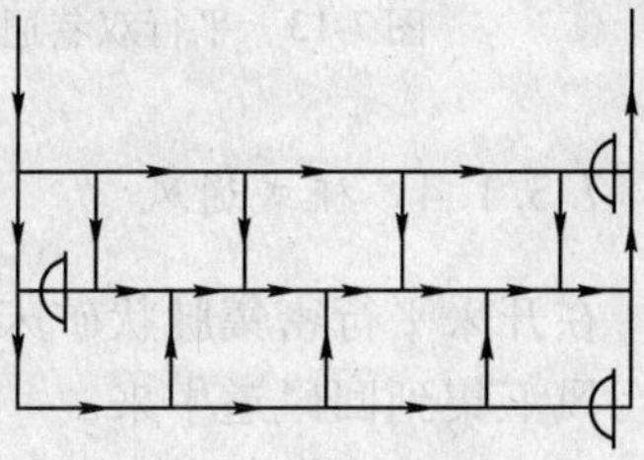

图7-11　上下间隔式通风

龙烟铁矿是一个缓倾斜中厚层状矿床。为了解决多中段同时开采的通风问题，用风门、风墙、风窗等通风构筑物使相邻的两个中段分别进、回风，其典型布置如图7-12所示。它不需要开凿其他的通风巷道。但在采区爆破频繁时，不利于下行风流采场炮烟的排出。

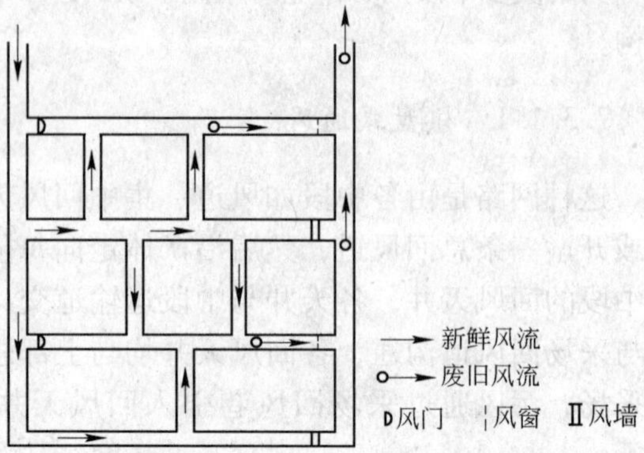

图 7-12 龙烟铁矿上下间隔式通风

7. 3. 1. 3 平行双巷通风

平行双巷通风网路在每个中段开凿两条沿走向互相平行的巷道，其中一条靠近矿井底盘或在底盘围岩中，另一条靠近顶盘或在顶盘围岩中；一条作进风道，另一条作回风道，构成平行双巷通风网。各中段采场均由本中段进风道得到新鲜风流，其污风可经上中段或本中段的回风道排走。其网路结构如图7-13所示。平行双巷通风网路结构简单，能有效地解决风流串联的问题，但是由于开凿工程量较大，适于在矿体较厚、较富、开采强度较大，对通风要求较高的矿山使用。有的矿山结合探矿工程，只需开凿少量专用巷道即可形成平行双巷，也可使用此种通风网路。

中条山蓖子沟矿为缓倾斜、多中段、有底部结构的崩落采矿法，其电耙巷道垂直于矿体走向，可以利用平行双巷分别进、回风，有效地克服了工作面的串联风流，其布置如图7-14所示。

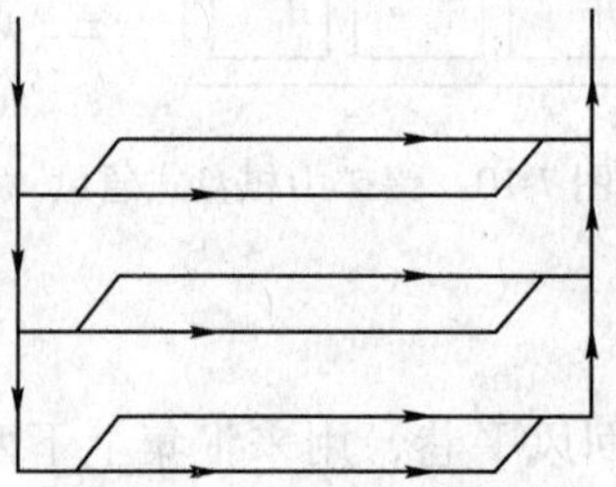
图 7-13 平行双巷通风

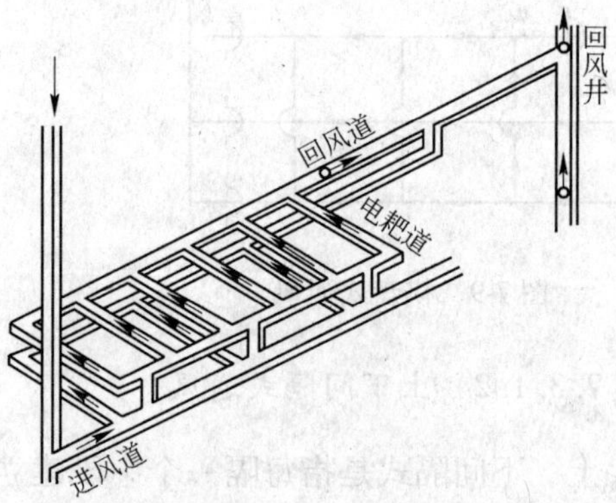

图 7-14 中条山蓖子沟矿平行双巷通风

7. 3. 1. 4 梳式通风

在开采平行密集脉状矿床时，每一中段建立一条脉外集中回风道，还不能将各层矿脉的污风汇集到回风道中来。

此通风网路能有效地解决风流串联问题。但扩大穿脉巷道断面和修建风幛的工程较大，入、回风格相距很近，容易产生漏风。这种网路适于开采多层密集脉状矿体和对通风要求较高的矿井。

盘古山矿为平行密集脉状矿床，每一中段坑道纵横交错，新风与废风难以分开。该矿建立了一种疏式通风网路结构，较好地解决了各层矿脉的回风问题。在每一中段建立一条专用沿脉回风道，并将穿脉巷道断面扩大，用风幛隔成两格，一格作运输及进风，另一格回风；或用假顶将穿脉分成上下两格，分别作进、回风通路，回风格与沿脉回风道相接，从而克服了工作面之间的串联风流，如图 7-15 所示。风幛及假顶可用砖、石、混凝土、木材等建成。回风格与沿脉回风平巷相连，构成了形如梳状的回风结构。疏式通风各采场均由本中段的穿脉运输格进风，其污风则由本中段或上中段的回风格排入沿脉集中回风平巷，如图 7-16 所示。故称梳式通风。

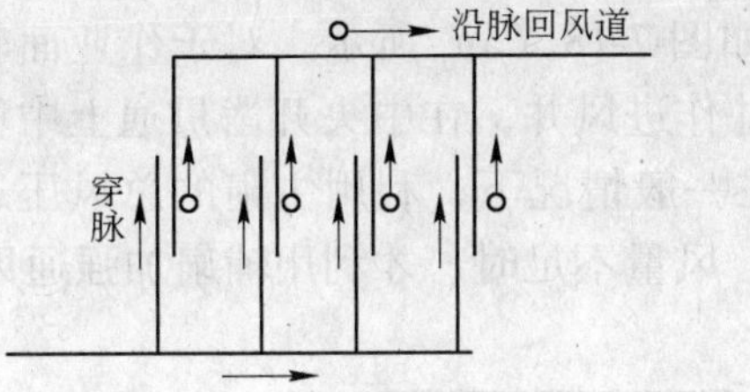

图 7-15 盘古山矿梳式通风

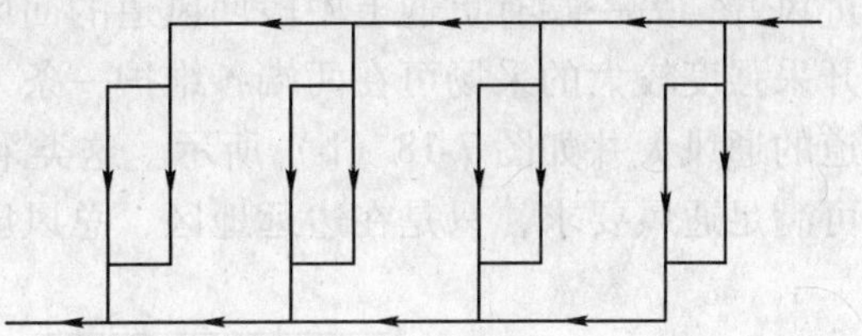

图 7-16 梳式通风

上述实例，是根据各自矿井的具体情况，采取相应措施，有效地克服了采场间的串联风流。这些例子中包含着一个共同的规律，即为了克服工作面的串联风流，必须根据矿井的具体情况，采取措施，使每个工作面的进风直接与新鲜风流相连，出风直接与废风相连。

7.3.1.5 阶梯式通风

当矿体由边界回风井巷中央入风井方向后退回采时，可利用上中段已结束作业的运输道作下中段的回风道，使各中段的风流呈阶梯式互相错开，新废风流互不串联，如图 7-17 所示。

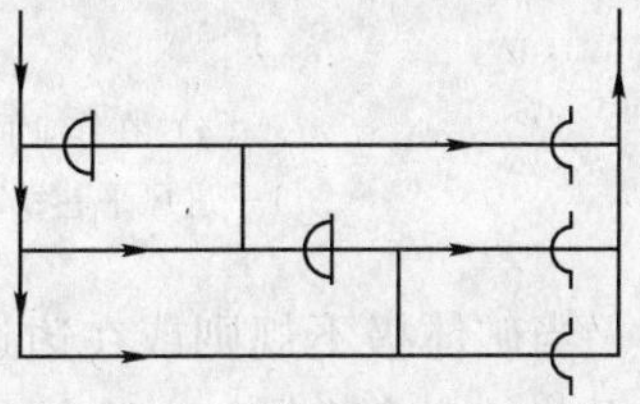

图 7-17 阶梯式通风

这种通风网路结构简单，工程量最小，风流稳定，适用于能严格遵守回采顺序、矿体规整的脉状矿体，对回采顺序限制较大。

7.3.2 采场通风网路的确定

金属矿井矿体情况复杂，采矿方法类型多，采场内工作点多。保证各工作面不产生废风串联，无烟尘停滞，是采场通风的主要任务。采场应有贯通风流，利用矿井总压差通风，这是最有效的采场通风方式，故各采场的进风应与矿井通风系统的新鲜风流连通；采场出风直接连通矿井通风系统的废风流；采场尽量形成上行风流以有利于炮烟排出；电耙巷道风流方向应与耙矿方向相反，以保证电耙司机在新鲜风流中操作。在采场设计时应充分考虑这些因素，可使采场通风得到有效的解决。在没有条件利用矿井总压差通风形成贯通风流的采场，必须进行有效的局部通风。

建立合理通风系统的最终目的是使采矿和掘进作业面通风良好，空气清新，符合安全要求。而采场通风网路和通风方法，是保证整个通风系统发挥有效通风作用的最终环节，它是整个通风系统的重要组成部分。在进行采矿方法设计时，一定要对采场通风网路和通风方法做合理的安排。按各种采矿方法的结构特点，回采工作面的通风可归纳为以下三类：无耙道水平的巷道型或硐室型采场的通风、有耙道底部结构采矿方法的通风、无底柱分段崩落采矿法的通风。下面分别加以说明。

7.3.2.1　无耙道水平的巷道型或硐室型采场的通风

浅孔留矿法、充填法、房柱法和壁式陷落法的采场，均属于无耙道水平的巷道型或硐室型采场。这类采场的特点是凿岩、充填、耙矿作业都在采场内进行，风路简单，通风较容易，通常均采用贯穿风流通风。对于作业面较短的采场，可在一端维护一条人道天井作进风井，另一端有贯通上中段回风道的回风天井如图 7-18（a）所示。对于作业面较长或开采强度较大的采场可在两端各维护一条人道天井作进风井，在中央开凿贯通上中段回风道的通风天井如图 7-18（b）所示。这类采场，在一般情况下，利用主扇的总风压通风即可满足通风要求，只是在边远地区，总风压微弱，风量不足时，才利用辅扇加强通风。

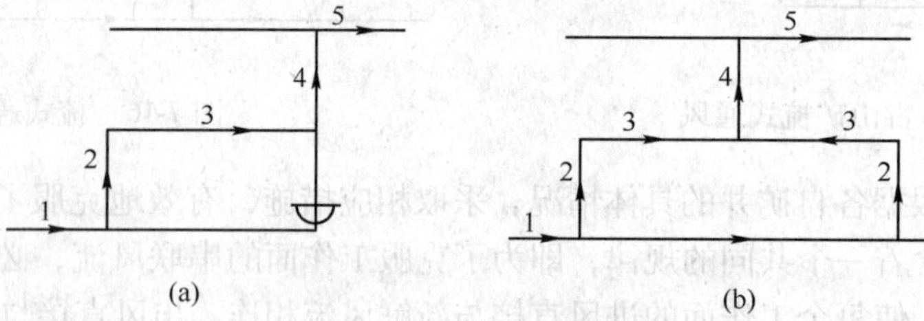

图 7-18　上中段回风的采场通风路线图

（a）在作业面较短的采场；（b）在作业面较长或开采强度较大的采场

1—进风平巷；2—进风天井；3—作业面；4—回风天井；5—上中段回风道

当矿体极不规则或在边远地区，难以开凿贯通上中段的回风天井时，可维护两条人行道天井，一个入风，一个回风。这类采场在设计时应尽量把两个天井分别跨接于本中段的进风道和排风道上，利用总风压进行通风如图 7-19 所示。如果由于条件所限，不能利用总风压时，则应利用辅扇或局扇加强通风。此时应注意，勿使所排出的污风对本中段其他作业面造成污染。

对于采场空间较大、同时作业机台较多的硐室型采场，除合理布置进风天井与回风天井的位置，使采场内风流畅通，不产生风流停滞区以外，还应采取喷雾洒水及其他除尘净化措施。

7.3.2.2　有耙道底部结构采矿方法的通风

在崩落法、分段法、阶段矿房法及留矿法等采矿方法中，广泛采用耙道底部结构。这类结构出矿能力大，效率高，生产安全。有耙道底部结构时，采场作业面被分为两部分：一是耙矿巷道作业面；二是凿岩作业面。

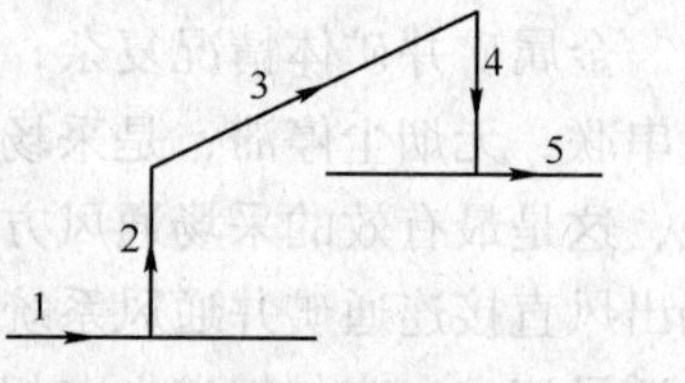

图 7-19　本中段回风的采场风流路线图

1—进风平巷；2—进风天井；3—作业面；4—回风天井；5—本中段的风道

这两部分均应利用贯通风流通风，并应各有独立的通风路线，风流互不串联。耙矿巷道中的风流方向，应与耙矿方向相反，使电耙司机处于风流的上风侧。各耙矿巷道之间应构成并联风路，保持风流方向稳定，风量分配均匀，避免出现风流串联现象。

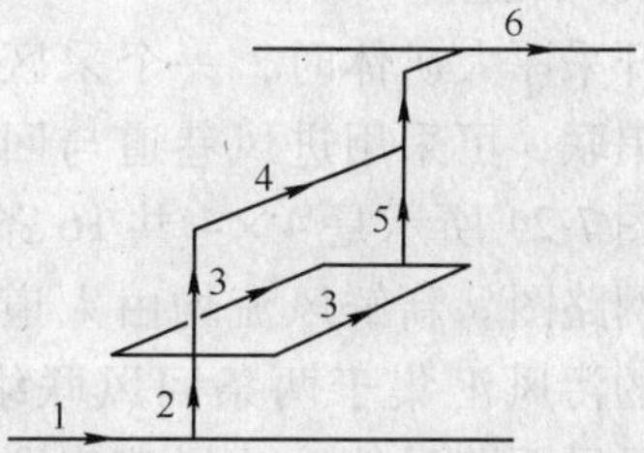

图 7-20 有电耙巷道采场的通风路线图
1—进风平巷；2—人道天井；3—耙矿巷道；4—凿岩作业面；5—回风天井；6—回风平巷

图 7-20 所示为有电耙巷道的留矿采矿法的风流路线图。新鲜风流由进风平巷经人道天井到电耙道及上部凿岩作业面，清洗作业面后的污浊风流，由回风天井排至上中段回风道。这种通风网路，使凿岩作业面与电耙巷道之间风流互不串联，通风效果好。

图 7-21 所示为有电耙道的分段采矿法的风流路线图。分段采矿法的主要作业地点是分段巷道和电耙道。当作业面从矿房中央向两端后退回采时，在中央要开凿回风天井。新鲜风流由两端人行天井分别达到电耙道和各分段凿岩巷道，清洗作业面后的污风，通过矿房顶部的回风天井排到上中段回风道。关于这种通风网路，虽然风流不串联，但是由于矿房空间大、排烟慢，而且风流分散，各分段巷道风速很低，通风状况不太好。不少矿山为了避免上下风流混淆，常采用集中凿岩，然后分次爆破，使出矿时二次破碎过程所产生的烟尘，不至于对上部分段凿岩工人造成危害。

利用凿岩天井（或硐室）进行中深孔凿岩工作的采矿方法，需要向凿岩天井和电耙巷道供给新鲜风流。在回风道在上中段，凿岩天井不因回采工作而遭到破坏的情况下，可用图 7-22所示的通风网路。新鲜风流由运输巷道送入凿岩天井和电耙道，凿岩天井的污风由上部的回风联络巷排入上中段回风道，电耙道的污风则由电耙道末端的回风联络巷及脉外回风天井送入上中段回风道。

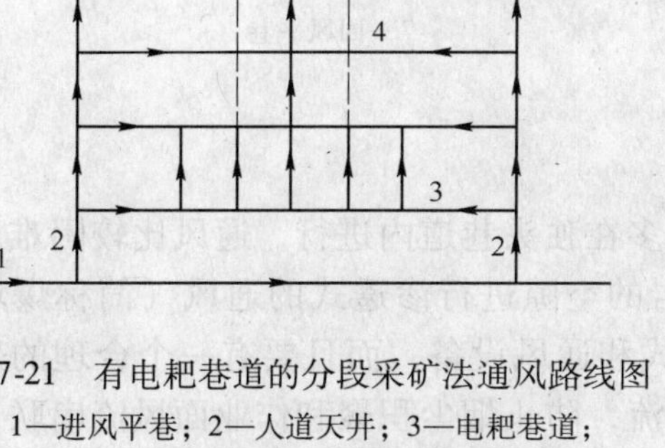

图 7-21 有电耙巷道的分段采矿法通风路线图
1—进风平巷；2—人道天井；3—电耙巷道；4—分段凿岩巷道；5—回风天井；6—回风平巷

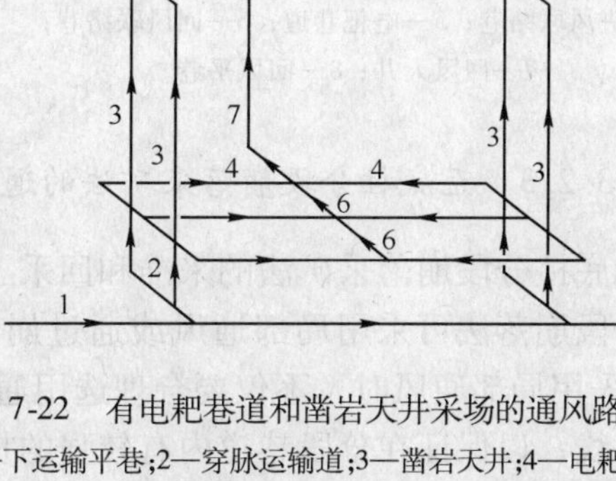

图 7-22 有电耙巷道和凿岩天井采场的通风路线图
1—下运输平巷；2—穿脉运输道；3—凿岩天井；4—电耙巷道；5—回风联络巷；6—电耙巷道回风联络巷；7—回风天井；8—上中段回风平巷

在回风道在本中段，而且凿岩天井随回采工作逐渐被破坏的情况下，可用图 7-23 所示的通风网路。电耙巷道可由本中段入风道获得新鲜风流，污风由回风小井下行，流入本中段回风道。凿岩天井则从上中段入风道获得新风，风流下行，污风由漏斗口及电耙巷道尾部流到本中段回风道。

开采厚大矿体时，一个采区内耙道数量很多。为防止风流串联，可采用进风巷道与回风巷道间隔布置的通风网路。图 7-24 所示是 4×4 共 16 条电耙巷道纵横间隔布置的通风网路图。新鲜风流均由人道天井进入电耙巷道，电耙巷道的污风汇集于两条回风联络巷后，由回风天井排走。这个通风网路虽能防止风流串联，但网路比较复杂，风流稳定性较差。

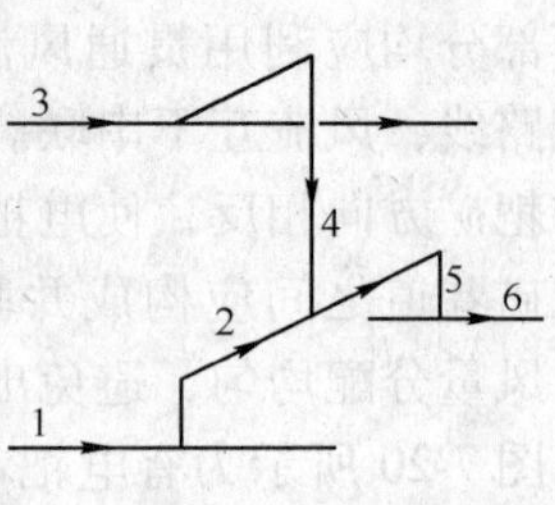

图 7-23　凿岩天井下行通风路线图

1—本中段运输道；2—电耙巷道；3—上中段运输道；4—凿岩天井；5—回风小井；6—回风平巷

用崩落法开采缓倾斜厚矿体时，需要布置多层电耙巷道。欲使每层耙道均能独立地获得新鲜风流，可采用图 7-25所示的通风网路。各层耙道均垂直走向，在顶底盘分别布置进回风联络巷，设专用进风天井和回风天井与各层耙道相连。新鲜风流由采区进风并送到各层耙道的进风联络巷，清洗各耙道的污风，通过各层耙道的回风联络巷送到采区回风天井，由上中段回风巷排走。

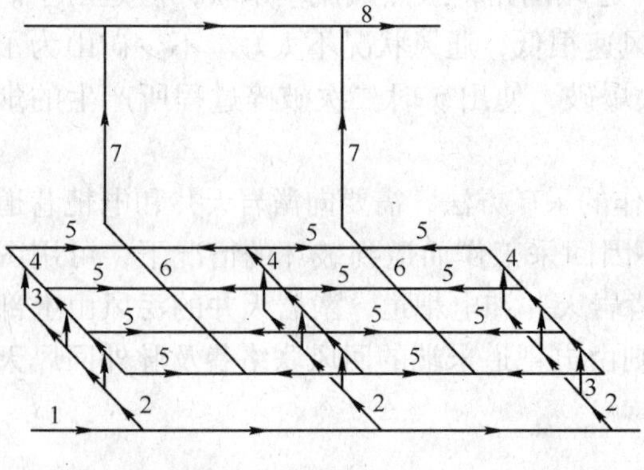

图 7-24　多耙道间隔布置的通风网路图

1—运输平巷；2—穿脉运输道；3—人道天井；4—进风联络巷；5—电耙巷道；6—回风联络巷；7—回风天井；8—回风平巷

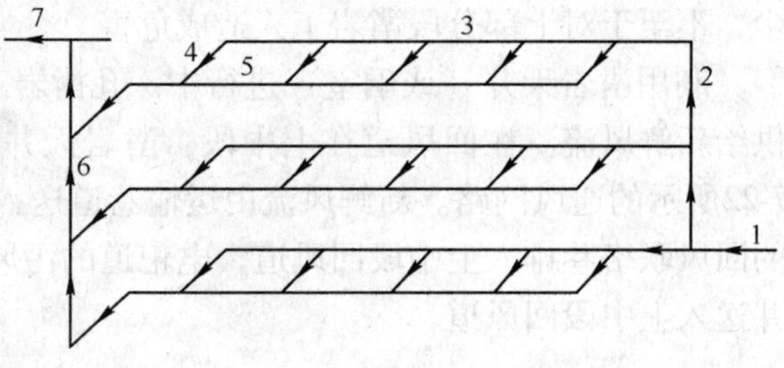

图 7-25　多层电耙巷道通风网路图

1—耙道层专用进风道；2—进风天井；3—进风联络巷；4—电耙巷道；5—回风联络巷；6—回风天井；7—回风平巷

7.3.2.3　无底柱分段崩落采矿法的通风

无底柱分段崩落采矿法的采准和回采工作大多在独头巷道内进行，通风比较困难。无底柱分段崩落法可采用局部通风或通过崩落矿岩的空隙进行渗透式的通风（简称爆堆通风）。采用局部通风时，不仅要合理选用通风方式和通风设备，而且要有一个合理的采区通风路线，以保证在分段巷道内有较强的贯通风流，防止烟尘积聚和作业面风流串联，并为搞好回采进路的局部通风创造有利条件。

在一般情况下，分段巷道可布置在下盘脉外，各回采进路垂直矿体走向，沿走向每隔一定距离（40~50m）设一回风天井，通过支卷与各分段巷道和上中段回风平巷相连。新鲜风流由运输巷和设备井送入各分段巷道，污风由各回风天井排至上中段回风道，使各分段巷道内造成较强的贯通风流，如图 7-26 所示。

各回采进路用局扇通风时，抽出式或压入式均可，但抽出式可将作业面的污风通过风筒排到回风天井，不污染分段巷道和其他作业面，通风效果较好。图 7-27 所示为各回采进路局部通风布置图。

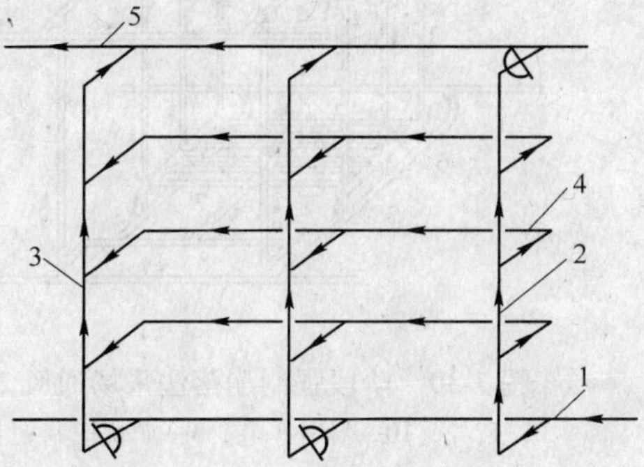

图 7-26　无底柱分段崩落法采区通风网路图
1—进风平巷；2—进风天井；3—回风天井；
4—分段巷道；5—回风平巷

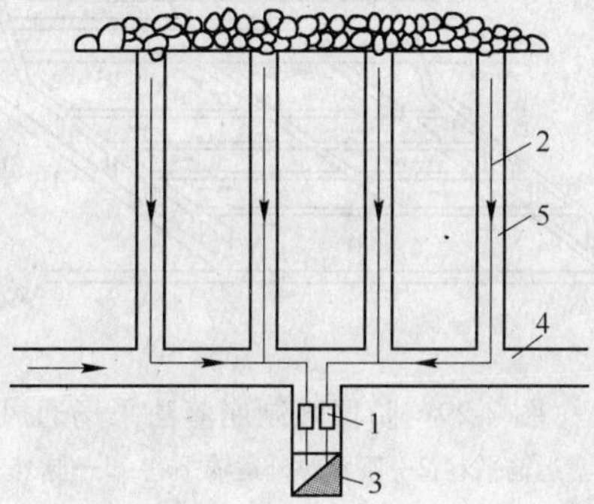

图 7-27　各回采进路局部通风布置图
1—局扇；2—风筒；3—回风天井；
4—分段巷道；5—回采进路

无底柱分段崩落采矿法中，应用爆堆通风是一个好方法。爆堆通风就是利用较高风压的扇风机，使新鲜风流经各回采进路强行通过已崩落矿岩的空隙，由上部空区排走，使各分段巷道和回采进路形成贯通风流。

大冶铁矿尖林山坑首先试用了这种通风方法。在覆盖岩层崩落以前，该矿采用抽出式通风系统，使污风通过矿岩的缝隙后，由上部回风道经扇风机排出地表（如图 7-28 所示）。当各进路爆堆的阻力为 392 ~ 490Pa（40 ~ 50mm H_2O）时，大部分回采进路的风速可达 0.3m/s，满足了通风要求。

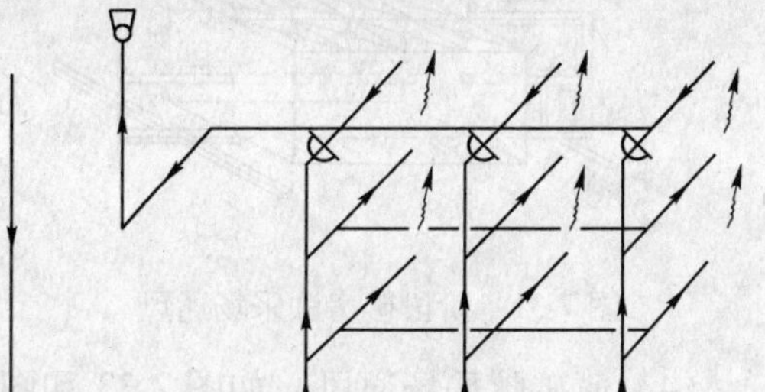

图 7-28　爆堆通风示意图

实践证明，这种通风方法，在条件适合的情况下，可使凿岩及出矿作业的粉尘浓度达到国家卫生标准，缩短了二次破碎及中深孔爆破时的排烟、排尘时间，通风效果较好。对于崩落矿岩通风阻力不太大的矿山可采用这种通风方法，此外，使用这种通风方法时，应加强对非作业进路的风流控制，以保证各作业进路内有足够的风量。

7.3.2.4　采场通风网路实例

以下简介几种采场通风网路。

（1）阶段强制崩落法采场通风，如图 7-29 和图 7-30 所示。

（2）阶段矿房法采场通风，如图 7-31 所示。

（3）水平分层留矿法采场通风，如图 7-32 所示。

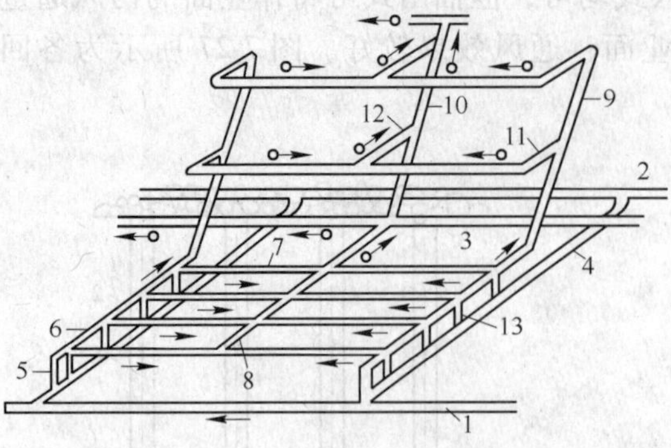

图 7-29　阶段强制崩落法采场通风 1

1—上盘运输平巷；2—下盘脉外运输平巷；3—脉外专用回风巷；4—穿脉巷；5，13—进风人行天井；6—进风联络平巷；7—耙矿平巷；8—回风联络平巷；9—下盘回风人行天井；10—回风天井；11—下盘回风联络道；12—下盘回风平巷

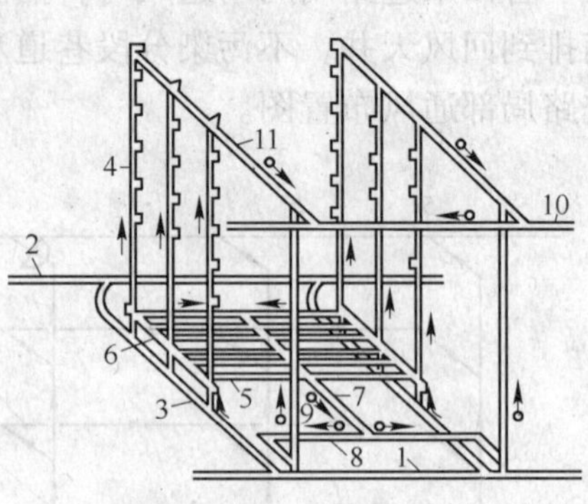

图 7-30　阶段强制崩落法采场通风 2

1，2，10—脉外平巷；3—矿块横巷；4—通风人行天井；5—耙矿平巷；6—耙矿司机所在平巷；7—集中横巷；8—下盘横巷；9—脉外天井；11—通风横巷

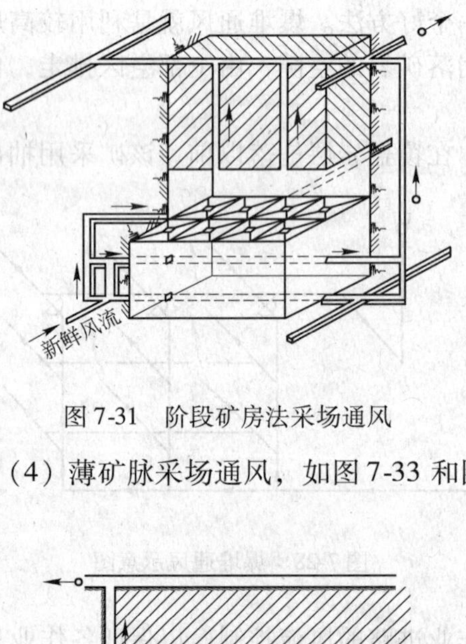

图 7-31　阶段矿房法采场通风

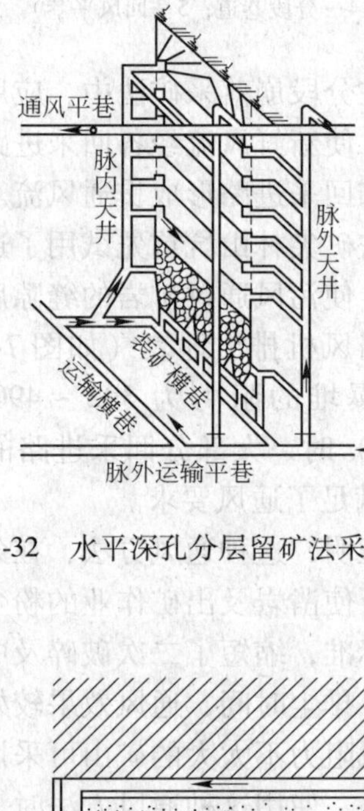

图 7-32　水平深孔分层留矿法采场通风

（4）薄矿脉采场通风，如图 7-33 和图 7-34 所示。

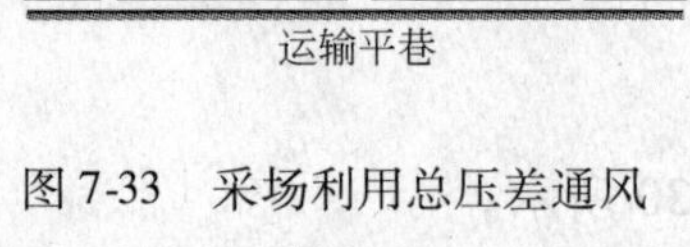

图 7-33　采场利用总压差通风

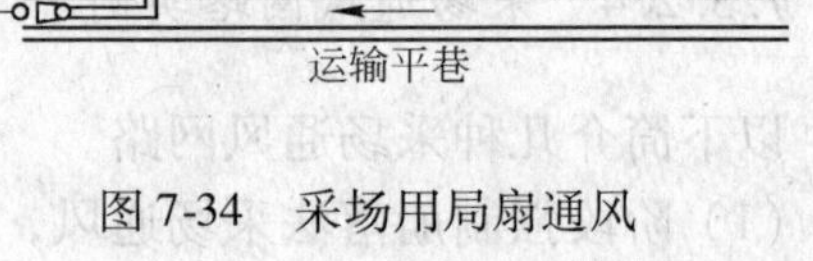

图 7-34　采场用局扇通风

（5）无底柱分段崩落法采场，采掘作业都在独头巷道内进行，给采场通风防尘工作增加了困难。对这种采矿方法目前有两种通风方法：当爆下的矿石堆有一定的空隙，能利用

矿井总压差形成贯通风流时，用爆堆通风，如图 7-35 所示；否则，需依靠局扇通风，如图 7-27 所示。

（6）在使用爆堆通风时，当开采水平往下延深后，崩落带的透气性会逐渐降低，给通风造成困难。若采用高端壁无底柱崩落法采矿，如图 7-36 所示，则各分段之间的爆堆阻力相差不大，不受开采深度和覆盖层厚度的影响，有利于实现爆堆通风，凿岩及出矿工人呼吸带空气中的粉尘浓度容易达到卫生标准，排出烟尘的时间大为缩短。但是应采取措施克服溜井的风流短路。

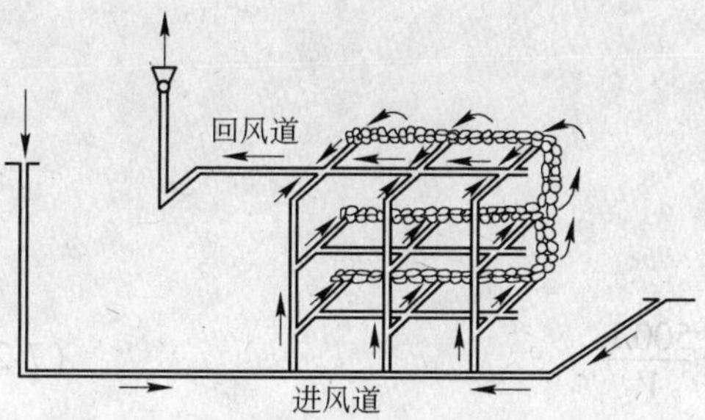

图 7-35 爆堆通风

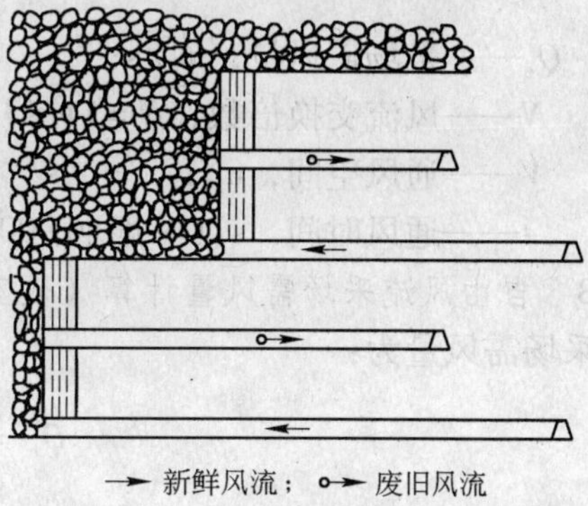

图 7-36 高端壁爆堆通风

7.4 全矿总风量的计算

金属矿井矿体情况复杂，采矿方法类型多，采场内工作作业点多。保证各工作面不产生废风串联，无烟尘停滞，是采场通风的主要任务。采场应有贯通风流。利用矿井总压差通风，是最有效的采场通风方式。故各采场的进风应与矿井通风系统的新鲜风流联通；采场出风直接联通矿井通风系统的废风流；采场尽量形成上行风流以有利于炮烟排出。电耙道风流方向应与耙矿方向相反，以保证电耙司机在新鲜风流中操作。在采场设计时充分考虑这些因素，可使采场通风得到有效解决，在没有条件利用矿井总压差通风形成贯通风流的采场，必须进行有效的局部通风。

7.4.1 采矿工作面

7.4.1.1 按爆破后排烟计算需风量

一般井巷及风筒内的风流称为有固定边界的风流或非自由风流，如图 7-37 所示。进入硐室的风流，如图 7-38 所示，其边界是与风流性质相同的介质。这种风流称为无固定边界

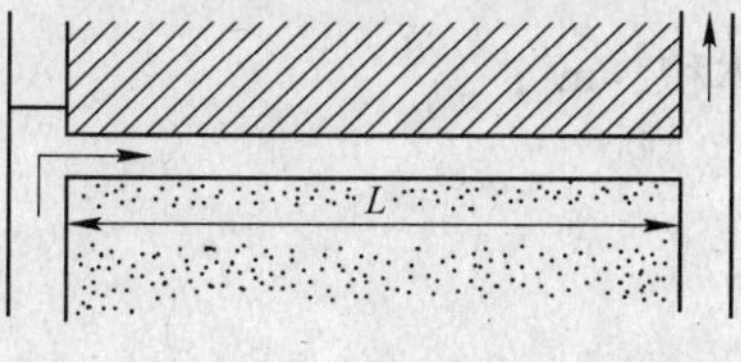

图 7-37 非自由风流采场

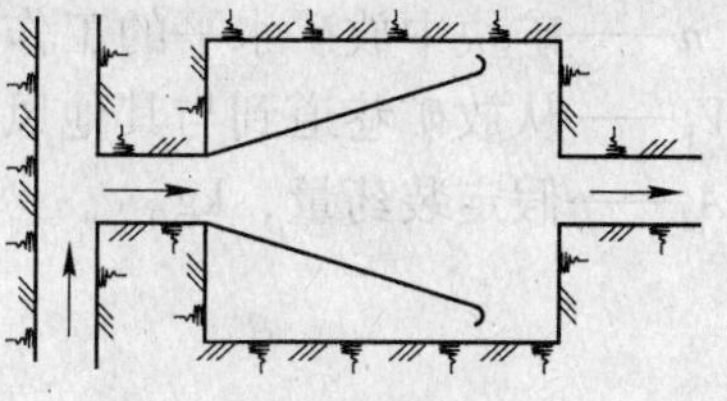

图 7-38 自由风流采场

的风流或自由风流。

工作面废风的排出，既不是像活塞排气那样将废风顶走的单纯排气作用，也不是像密闭起来的空间那样进行稀释的单纯作用，而是两种作用都有。自由风流对废风的排出以稀释为主；非自由风流则以排出为主。作用过程不同，排出炮烟所需风量的计算也不同。

A　非自由风流采场需风量计算（巷道型采场）

采场需风量为：

$$Q_c = \frac{NV}{t} \tag{7-1}$$

式中　Q_c——采场需风量，m^3/s；

N——风流交换倍数，$N=11.13$；

V——通风空间，m^3；

t——通风时间，s（一般取900~2400s）。

B　自由风流采场需风量计算（硐室型采场）

采场需风量为：

$$Q_c = 2.3\frac{V}{Kt}\lg\frac{500A}{V} \tag{7-2}$$

式中　Q_c——采场需风量，m^3/min；

V——采场的空间体积，m^3；

t——通风时间，min；

A——炸药消耗量，kg；

K——紊流扩散系数，按式（7-3）求出 ψ 后，在参考资料中查取 K 值。

$$\psi = \frac{al_k}{\sqrt{S}} \tag{7-3}$$

式中　a——系数，取0.06~0.01（巷道壁非常粗糙者取大值）；

l_k——硐室长度，m；

S——进风巷道断面面积，m^2。

C　大爆破采场出矿时期所需风量

需风量为：

$$Q_c = \frac{40.3}{t}n\sqrt{A_J V_F} \tag{7-4}$$

式中　Q_c——采场需风量，m^3/s；

t——二次破碎时，把炮烟稀释到容许浓度所规定的通风时间，一般为300s；

n——矿块中放矿水平的工作巷道数目；

V_F——从放矿巷道到与其他风流汇合处的空间体积，m^3；

A_J——假定装药量，kg。

$$A_J = A_1 + A_2 \tag{7-5}$$

$$A_1 = \varepsilon\frac{p_k v_s t}{\gamma_s t_F b_a}$$

式中 A_1——在通风时间内由矿石堆涌出炮烟的炸药当量，kg；

A_2——每次矿石的二次破碎炸药量，取 1～3kg；

ε——放矿初期炮烟放出系数，取 2.7；

p_k——每昼夜由每条放矿巷道放出矿石量，t/d；

v_s——采下矿石的空隙率，一般取 0.3；

γ_s——松散状态矿石的堆积密度，t/m^3；

t_F——每昼夜放矿时间，一般取 72000～75600s（即 20～21h）；

b_a——每 1kg 炸药产生的炮烟总量，m^3/kg（取 0.9）。

大爆破作业一般安排在周末或节假日进行。通常采用适当延长通风时间和临时调节风流、加大爆破区通风量的方法。为了加速大爆破后的通风过程，在爆破前对爆破区的通风路线要做适当调整，尽量缩小炮烟污染范围。

7.4.1.2 按排尘风量计算需风量

按排尘风量计算需风量，可参阅表 7-1。

表 7-1 冶金矿井排尘风量计算定额（建议值）

工作面形式或作业性质	使用设备台数/台	工作面的断面积/m^2	排尘风量/m^3·s^{-1}	备 注
巷道型采场浅孔凿岩机凿岩	1	2.2～4	1	
	2	5～8	2	
	3	9～12	3	
硐室型采场浅孔凿岩机凿岩	1	<20	3	
	2	>20	4	
	3	>20	5	
YG-80 以上的中深孔凿岩机凿岩的巷道	1	10	2.5～3.5	贯通风流
	1	10	3～4	独头
	2	10	3～4	贯通风流
	2	10	4～5	独头
YG-40 以下的中深孔凿岩机凿岩	1	6	1.5	贯通风流
	1	6	2	独头
ZYQ-14 型风动装岩机出矿	1	10	3.5	贯通风流
	1	10	4	独头
ZYQ-12 型风动装运机或装岩机出矿	1		2.5	贯通风流
	1		3.5	独头
电耙出矿 5.5kW、28kW 以上	1	5	2.5	
	1	4	2	
二次破碎巷道		5	1.2～2	
穿脉装矿		5	1.2	

7.4.2　掘进工作面

（1）按排出炮烟计算所需风量（可参照6.2.1节进行计算）。

（2）按排出矿尘计算所需风量（可参照6.2.2节进行计算）。

7.4.3　铀矿井排氡

铀矿井通风是降低空气中氡及其子体的主要措施。计算风量时，一般按矿井生产最大发展时期计算氡析出量，并按最大氡析出量计算排氡风量。我国《放射性防护规定》中规定："井下工作场所空气中氡的最大允许浓度为3.7kBq/m³，空气中氡子体浓度的限值已定为8.3μJ/m³。"矿井供风量必须同时满足这两项的要求。

目前普遍认为防氡要求主要是控制井下的氡子体α潜能值，所以风量应按降低氡子体浓度的要求计算。

首先根据地质报告或实测，计算出矿井的氡析出量及所需通风空间的体积。计算方法可参阅有关铀矿通风设计文献。然后按下述方法分别计算风量，取其中大值作为矿井所需降低氡子体的风量。

（1）全矿井所需风量：

$$Q = 0.39\sqrt{DV} \tag{7-6}$$

式中　Q——按整个矿井计算所需风量，m^3/s；

D——矿井氡析出量，kBq/s；

V——矿井所需通风空间体积，km^3。

（2）各采场所需风量：

$$Q = 1.32\sqrt{DV/(8 - E_0)} \tag{7-7}$$

式中　Q——该采场所需风量，m^3/s；

D——该采场氡析出量，kBq/s；

V——该采场所需通风空间体积，km^3；

E_0——该采场入风氡子体浓度，$\mu J/m^3$。

矿井各采场所需风量之和与全矿井所需风量比较，取大值作为全矿降氡子体的需风量，再与排烟、排尘等所需风量相比，取最大值作为矿井所需风量。

7.4.4　自燃及湿热矿井

有自燃倾向及湿热矿井，通风的目的是降低井下的温度。一般按式（7-8）计算：

$$Q = \frac{\Sigma N}{3600 c_p \cdot \rho (t_2 - t_1)} \tag{7-8}$$

式中　Q——整个矿井计算所需风量，m^3/s；

ΣN——井下各热源放热之和，kJ/h；

c_p——空气的质量定压热容，1.005kJ/(kg·℃)；

ρ——井巷空气平均密度，kg/m^3；

t_1，t_2——进风、回风空气温度,℃。

7.4.5 使用柴油设备

按柴油设备排放的废气计算风量，使用柴油设备时的风量计算应满足将柴油设备所排出废气全部稀释至允许浓度以下的标准。新设计矿井，一般可按单位功率的需风量指标计算，其计算公式如下：

$$Q = q_0 N \tag{7-9}$$

式中 Q——坑内柴油设备的需风量，m^3/min；

q_0——单位功率的风量指标，$q_0 = 2.8 \sim 3.0 m^3/(马力 \cdot min)$；

N——各种柴油设备按使用时间的百分比的总功率，马力。

$$N = N_1K_1 + N_2K_2 + N_3K_3 + \cdots + N_nK_n \tag{7-10}$$

式中 N_1，N_2，N_3，…，N_n——各柴油设备的额定功率，马力；

K_1，K_2，K_3，…，K_n——时间系数，即各种柴油设备每小时在坑内作业的时间百分数,%。

注：马力为非法定计量单位，1 马力 = 735.499W。

7.4.6 各种硐室

各种硐室所需新鲜风流通过硐室后，其废风不直接排入回风道者，在计算总风量时，不考虑这类硐室所需风量。

井下各种硐室所需新鲜风流的风量，可分别按式（7-11）~式（7-13）计算。

（1）压风机硐室所需风量（m^3/min）：

$$Q = 2.3\Sigma N \tag{7-11}$$

式中 ΣN——硐室内所有电动机功率总和，kW。

（2）水泵硐室、卷扬机硐室所需风量（m^3/min）：

$$Q = 0.46\Sigma N \tag{7-12}$$

（3）电机车库所需风量，一般保持 $1 \sim 1.5 m^3/s$ 的通过风量。

（4）炸药库需风，一般应有贯穿风流通过，贮存量在 8t 以上时，供风量为 $100 \sim 150 m^3/min$，贮存量在 8t 以下时，供风量为 $50 \sim 100 m^3/min$。

（5）变电硐室所需风量（m^3/min）：

$$Q = 0.498\Sigma N \tag{7-13}$$

7.5 矿井通风阻力计算

设计一般使用通风系统总阻力和自然风压（包括冬季和夏季的自然风压值及方向）来选择主扇。

计算所拟订的通风系统（包括分区通风和分期通风的总阻力），一般需计算通风最困难时期和通风最容易时期的通风总阻力。

如通风系统的风路长，生产年限久，风量大，中后期阻力相差很大，从始到终用同一主扇不一定经济合理，则应做方案比较，以确定是否需要分期选择主扇。

7.5.1　矿井通风摩擦阻力计算

巷道的通风摩擦阻力可由式（7-14）计算：

$$h_i = R_i q_i^2 = \frac{\alpha PL}{S^3} q_i^2 \tag{7-14}$$

式中 h_i——巷道通风摩擦阻力，Pa；

R_i——巷道的摩擦风阻，$N \cdot s^2/m^8$；

q_i——巷道的通过风量，m^3/s；

α——巷道的通风摩擦阻力系数，$N \cdot s^2/m^4$，可查有关技术手册，表面摩擦阻力系数值是以 $\alpha \times 10^8$ 表示出来的，取用时应将其化为小数；

P——巷道通风断面的周边长度，m；

L——巷道长度（指通过同一风量的相同断面和支护类型相同的巷道长度），m；

S——巷道的通风断面，m^2（平巷、竖井均为净断面，但竖井净断面包括井筒结构件、梯子间断面在内）。

7.5.2　矿井通风总阻力计算

按照式（7-15）计算出各巷道的通风摩擦阻力，需从风网中选出摩擦阻力最大的分支风路，将其加上进风网和回风网的阻力即为矿井通风摩擦阻力，再加上通风局部阻力后即为矿井通风总阻力，局部阻力一般为矿井通风总阻力。局部总阻力一般为矿井通风摩擦总阻力的10%～20%。

当不计算矿井通风网时，可查有关技术手册所列公式计算矿井通风总阻力。

为计算方便，可查有关技术手册，先计算矿井进风网中参与计算的巷道百米风阻，然后查有关技术手册计算巷道的通风摩擦阻力。

此外，在选择多级机站风机时，应考虑各级机站装置的风压损失。

按上述方法计算出矿井通风总阻力后，对于海拔高度超过1000～1500m以上的高海拔矿井，应以海拔高度系数修正所计算的矿井通风总阻力为准。

高海拔矿井的风阻按式（7-15）计算：

$$R_z = K_r R_0 \tag{7-15}$$

式中 R_z——高海拔矿井通风风阻，$N \cdot s^2/m^8$；

R_0——标准状况下通风风阻，$N \cdot s^2/m^8$；

K_r——海拔高度系数。

$$K_r = \left(1 - \frac{Z_p}{44300}\right) \times 4.256 \tag{7-16}$$

式中 Z_p—矿井平均海拔高度，m。

高海拔矿井总阻力可按下述方法计算。

（1）当以排尘风量和排尘风速为工作面所需风量时：

$$q_h = q_0$$

高海拔矿井通风阻力为：

$$h_z = K_r h_0 \quad (7\text{-}17)$$

（2）当以排烟风量为工作面所需风量时：

$$q_H = \sqrt{\frac{1}{K_r}} q_0$$

高海拔矿井通风阻力为：

$$h_z = h_0 \quad (7\text{-}18)$$

式中 h_z——高海拔矿井通风阻力，Pa；

h_0——标准条件下通风阻力，Pa；

q_H——高海拔矿井风量，m^3/s；

q_0——标准条件下矿井风量，m^3/s；

K_r——海拔高度系数，见式（7-16）。

7.5.3 矿井自然风压估算

矿井自然风压可参考式（7-19）估算：

$$h_z = Kp\left(\frac{1000}{RT_1} - \frac{1000}{RT_2}\right)\frac{H}{1000} \quad 或 \quad h_z = Kp(a_1 - a_2) \quad (7\text{-}19)$$

式中 h_z——矿井自然风压，Pa；

p——井口大气压力，Pa；

K——修正系数，当 $H<100\text{m}$ 时，$K=1$；当 $H>100\text{m}$ 时，$K=1+\frac{H}{1000}$；

H——井筒深度，取进、出风井筒的最大者，且进、出风井底按同一标高计，m；

R——干空气的气体常数，$R=29.27$；

T_1，T_2——进、出风井底应按同一标高计，且进、出风井口标高不同时，应取标高较大者为基准面，井口标高较低的一侧将基准面以下地面空气与井筒空气的气温加权平均；

a_1，a_2——进出风侧平均温度系数，可查表。

进风井口气温 t_1，采用矿区最冷、最热旬（月）的平均气温，有预热设备时应采取预热后的空气温度。

进风井底气温 t_2，它与进风口气温及与岩石的热交换有关，一般可参考所在地区的实际资料，也可按下列方法计算：

$$t_2 = t_c + \frac{H_j - H_c}{g} - 4 \quad (7\text{-}20)$$

出风井底气温 t_3，按式（7-21）估算：

$$t_3 = t_c + \frac{H_k - H_c}{g} - 1.5 \quad (7\text{-}21)$$

出风井口气温 t_4，按式（7-22）估算：

$$t_4 = t_3 - 0.005H_k \quad (7\text{-}22)$$

式中 t_2——进风井底气温，℃；

t_3——出风井口气温，℃；

t_4——出风井底气温，℃；

t_c——矿区常年大气平均气温，℃；

H_j——进风井深度，m；

H_k——出风井深度，m；

H_c——矿区地层常温层的深度，m（一般 $H_c = 25 \sim 30$m）；

g——地温梯度，m/℃（一般 $g = 45 \sim 50$m/℃）。

按式（7-19）估算所得值，若为正数表示矿井自然风压与主扇风压作用方向一致。若为负数，则表示自然风压与主扇风压作用方向相反。

表 7-2 ~ 表 7-4 列出了摩擦阻力系数及温度系数。

表 7-2 平巷天井采场通风井等摩擦阻力系数

序号		巷道特征	$\alpha \times 10^3$
水平巷道	1	在火成岩掘进的无支护巷道	15 ~ 18
	2	在沉积岩掘进的无支护巷道，沿走向开凿	8 ~ 10
	3	在沉积岩掘进的无支护巷道，垂直走向开凿	10 ~ 13
	4	混凝土砌碹的巷道，周壁用灰浆抹光	3 ~ 4
	5	混凝土砌碹的巷道，壁面粗糙	5 ~ 7
	6	混凝土砌碹的巷道，壁面光滑	3 ~ 4.4
	7	料石砌碹的巷道不抹面	6 ~ 8
	8	锚杆喷射混凝土支护的巷道	12 ~ 14
	9	锚杆喷射混凝土支护的巷道，光面爆破	5 ~ 8
	10	喷射混凝土支护的巷道	8 ~ 12
	11	混凝土棚子支护的巷道	9 ~ 19
天井	1	两隔间，无梯子间	20 ~ 25
	2	两隔间，其中一格为有台板的梯子间	55 ~ 60
	3	三隔间，无梯子间	25 ~ 30
	4	三隔间，其中一格为有台板的梯子间	50 ~ 55
采场	1	无支护的巷道型采场	35 ~ 40
	2	木支架的巷道型采场	45
	3	薄矿脉壁式充填法采场	63 ~ 68
	4	电耙巷道	50 ~ 60
通风井	1	无装备、无梯子间混凝土砌壁的圆形井筒	2 ~ 3
	2	无装备、无梯子间料石砌壁的圆形井筒	4 ~ 5
	3	无装备、无梯子间无支护的圆形井筒	13 ~ 16
	4	无装备、无梯子间混凝土弧形预制件井壁圆形井筒	8 ~ 12
	5	无装备、无梯子间木支护的矩形单格井筒	10 ~ 15
	6	有罐梁、无梯子间木支护的矩形井筒	20 ~ 25
	7	有罐梁、有人梯无梯子平台木支护的矩形井筒	30 ~ 35

续表 7-2

序　号		巷 道 特 征	$\alpha\times10^3$
风筒	1	圆形金属风筒直径为 300～400mm	4～4.5
	2	圆形金属风筒直径为 500～600mm	3～3.5
	3	圆形金属风筒直径为 1000mm	2.5
	4	柔性风筒长为 10m，直径为 400mm	4.8
	5	柔性风筒长为 10m，直径为 500mm	4.2
	6	柔性风筒长为 10m，直径为 600mm	3.6

注：1. 巷道断面大者，巷内无管线架设者取小值。

2. 无轨斜道可采用相应支护形式的平巷。

3. 装有胶带运输机的，α 附加值为$(4\sim10)\times10^{-3}$；弯曲巷道 α 附加值为$(2\sim5)\times10^{-3}$；巷道堵塞严重时 α 附加值为$(3\sim10)\times10^{-3}$；巷道断面局部变化（单、双轨），α 附加值为3×10^{-3}；铺轨无道渣填充的 α 附加值为$(1\sim3)\times10^{-3}$；工作面有设备运转的 α 附加值为$(6\sim9)\times10^{-3}$。

4. 资料来源系煤炭部实测资料统计。

表 7-3　提升竖井摩擦阻力系数

井筒装备略图	井筒直径/m	井筒特征	方案	梯子间规格		罐道梁形状规格	罐道梁间距 L/mm	罐道梁宽 d_o/m	L/d_o	$\alpha\times10^3$
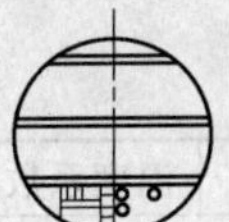	6	罐笼井有两个能容 2t 矿车的罐笼，并设有梯子间和管子道	1	梯子平台间距 4m，梯子间四面钉木板		240～270mm 高的工字钢	2000	124	16	50
			2				3125	124	25	39
			3				4006	124	32	36
			4				6250	124	50	30
		罐笼井，有两个能容 2t 矿车的罐笼，无梯子间	5			240～270mm 高的工字钢	2000	124	16	34
			6				4000	124	32	24
	8	箕斗井，有 4 个 12t 箕斗，有梯子间和管子间	1	梯子间四面钉木板	梯平台间距 3.125m	270～300mm 高的工字钢	3125	126	25	42
			2	梯子间四面钉木板	6.25m		6250	126	50	30
			3	梯子间四面钉木板	3.125m		3125	126	25	46
			4	提升方面钉木板	3.125m		3125	126	25	37
		箕斗井，四个 12t 箕斗，无梯子间	5			270～300mm 高的工字钢	3125	126	25	33
			6				6250	126	50	22
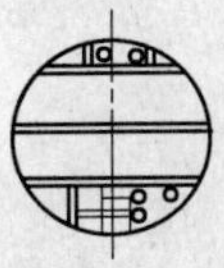	6	罐笼井，有两个可容 3t 矿车的罐笼，有梯子间	基本典型	梯子间四面间隔围钉木板，平台间距 4m		200～300mm 高的工字钢	3125	126	25	38

续表 7-3

井筒装备略图	井筒直径/m	井筒特征	方案	梯子间规格	罐道梁形状规格	罐道梁间距 L/mm	罐道梁宽 d_o/m	$\frac{L}{d_o}$	$\alpha\times10^3$
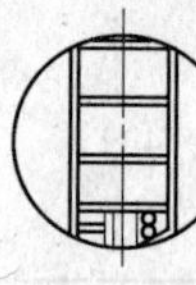	6	罐笼井，有两套提升设备（两个可容 2t 矿车的翻转式罐笼和一个翻笼加一个平衡锤）及管子间	1	无梯子间	240 ~ 270mm 高的工字钢	3125	124	25	45
			2	无梯子间		6250	124	50	29
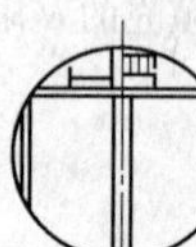	4.5	箕斗井，有两个 4t 箕斗和梯子间	1	梯子平台间距 3.125m	240 ~ 300mm 高的工字钢	3125	116	27.5	33
			2	梯子间四面间隔地围钉木板，梯子平台间距 6.25m		6250	116	55	22
			3	梯子平台间距 3.125m	240 ~ 300mm 工字钢	3125	116	27.5	37
			4	无梯子间		3125	116	27.5	29
			5	无梯子间		6250	116	55	18
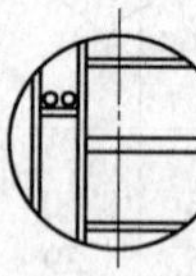	5.5	箕斗井，具有两个 12t 箕斗和一个检查罐笼及平衡锤，并具有管道间	基本典型	无梯子间	200 ~ 260mm 工字钢	3000	102	29.4	34

表 7-4　温度系数

平均温度/K	温度系数	平均温度/K	温度系数	平均温度/K	温度系数	平均温度/K	温度系数
253	1.3604	273	1.2515	283	1.2072	293	1.1660
255	1.3398	274	1.2469	284	1.2030	294	1.1620
257	1.3294	275	1.2424	285	1.1988	295	1.1581
259	1.3194	276	1.2379	286	1.1946	296	1.1542
261	1.3090	277	1.2334	287	1.1904	297	1.1503
263	1.2990	278	1.2289	288	1.1863	298	1.1464
265	1.2892	279	1.2245	289	1.1822	299	1.1426
267	1.2796	280	1.2202	290	1.1781	300	1.1388
269	1.2701	281	1.2158	291	1.1740	301	1.1350
271	1.2607	282	1.2115	292	1.1700	302	1.1312

7.6　通风设备和设施的选择

7.6.1　主扇的选择

7.6.1.1　主扇选择的依据

选择主扇时应考虑主扇的风量及压差。

（1）主扇的风量。

$$Q_S = \rho Q_K \tag{7-23}$$

式中 Q_S——主扇的风量，m^3/s；

ρ——扇风机装置漏风系数，一般取 1.1～1.15；

Q_K——矿井所需总风量，m^3/s。

（2）主扇的压差。为了使所选择的主扇在通风容易时期的工作效率不致太低，有时需要考虑自然压差帮助主扇压差的作用。所以通风容易时期的压差应为：

$$h_{SY} = h_Y - h_Z + \Delta h \tag{7-24}$$

式中 h_{SY}——通风容易时期主扇的压差，Pa；

h_Y——通风容易时期的矿井总压差，Pa；

h_Z——通风容易时期与主扇风流方向相同的自然压差，Pa（也可取 150～200Pa）；

Δh——扇风机装置的阻力，一般取 150～200Pa。

为了使所选主扇在通风困难时期的压差够用，有时需要考虑矿井自然压差对主扇压差的反作用。故在通风困难时期的压差为：

$$h_{SL} = h_L + h_Z + \Delta h \tag{7-25}$$

式中 h_{SL}——通风困难时期主扇的压差，Pa；

h_L——通风困难时期的矿井总压差，Pa。

7.6.1.2 主扇选择的方法

按以上所得的 h_{SL}、Q_S 和 h_{SY}、Q_S 两组数据，在扇风机产品目录中的个体特性曲线上选择合适的主扇。判断所选主扇是否合适，要看上面两组数据所构成的两个时期的工作点，是否都在扇风机个体特性曲线上的合理工作范围内。

7.6.1.3 主扇电动机预选

通风容易时期和困难时期主扇的轴功率（输入功率），可分别计算如下：

（1）扇风机轴功率。

$$N = \frac{h_S Q_S}{1000\eta_S} \tag{7-26}$$

式中 N——扇风机轴功率，kW；

η_S——扇风机效率，根据扇风机工作点的压差 h 及风量 Q 值可在扇风机特性曲线上查出相应的效率 η_S。

（2）电动机轴功率。

$$N = \frac{K h_S Q_S}{1000\eta_S \eta_D} \tag{7-27}$$

式中 N——电动机轴功率，kW；

η_D——电动机效率，考虑热损失和轴承摩擦损失，$\eta_D = 0.9 \sim 0.95$；

K——电动机备用系数，轴流式取 $K = 1.1 \sim 1.29$，离心式取 $K = 1.2 \sim 1.3$。

如果电动机与扇风机不是刚性传动，而是皮带传动，则应考虑传动效率 η_c，η_c = 0.95，即：

$$N = \frac{Kh_S Q_S}{1000\eta_S \eta_D \eta_c} \tag{7-28}$$

按计算出的电动机轴功率及主扇要求的转速，从产品目录中选取电动机类型及容量。若容易时期与困难时期相差较大，则通风容易时期选用较小的电动机，在适当时期再换用较大的电动机。

7.6.2 主要设施的选择

建立矿井通风系统，除了开凿通风巷道构成通风网路、安装扇风机造成风流运动以外，还要在井上井下必要的地点安设阻断风流、引导风流和控制风流的设施，以保证风流按生产需要和已设计的通风系统流动。用于引导风流、遮断风流和控制风量的装置，统称为通风构筑物。合理地安设通风构筑物，并使其经常处于完好状态，是矿井通风工作的一项重要任务。

通风构筑物可分为两大类：一类是通过风流的通风构筑物，包括主扇风硐、反风装置、风桥、导风板、调节风窗和风幛；另一类是遮断风流的通风构筑物，包括挡风墙和风门等。

7.6.2.1 主扇风硐

风硐是矿井主要扇风机与风井间的一段联络巷道。由于通过风硐的风量大，而且风硐内外压差也很大，因此应特别注意降低风硐阻力和减少风硐漏风。在风硐设计中应注意以下几个问题：

（1）风硐断面要适当大些，其风速以10m/s为宜，最大不应超过15m/s；

（2）风硐转弯部分要呈圆弧形，内壁光滑，无积物，其风压损失应不大于主扇工作风压的10%；

（3）风硐应用混凝土砌筑，闸板及反风门要严密，风硐的总漏风量应不超过主扇工作风量的5%；

（4）为清理和检查风硐、测定风速的需要，在风硐上应留有人员进出口，该口应用双层密闭门关闭，以防漏风；

（5）风硐内应安设测定风流压力的测压管。

图7-39所示为带有反风绕道的轴流式扇风机的风硐布置。

主扇风硐包括风井到风硐的弯道、直风硐和扇风机入口弯道。各部分尺寸可参考下述原则确定：

（1）风井到风硐的弯道要呈圆弧形，井筒侧壁上开口的高度要大于风井直径（非圆形时，取当量直径 $d=4S/P$，S 为断面，P 为周界）。

（2）直风硐是测定风速和风压的地方，为使风速分布均匀，其长度应不小于（10～12）D（D 是主扇动轮直径）。与水平线所成的倾斜角可取10°～15°，这样的角度既能减少由风井到风硐转弯部分的局部阻力，又便于流水。断面形状取圆形、拱形、方形均可。直风硐的直径可取（1.4～1.6）D。

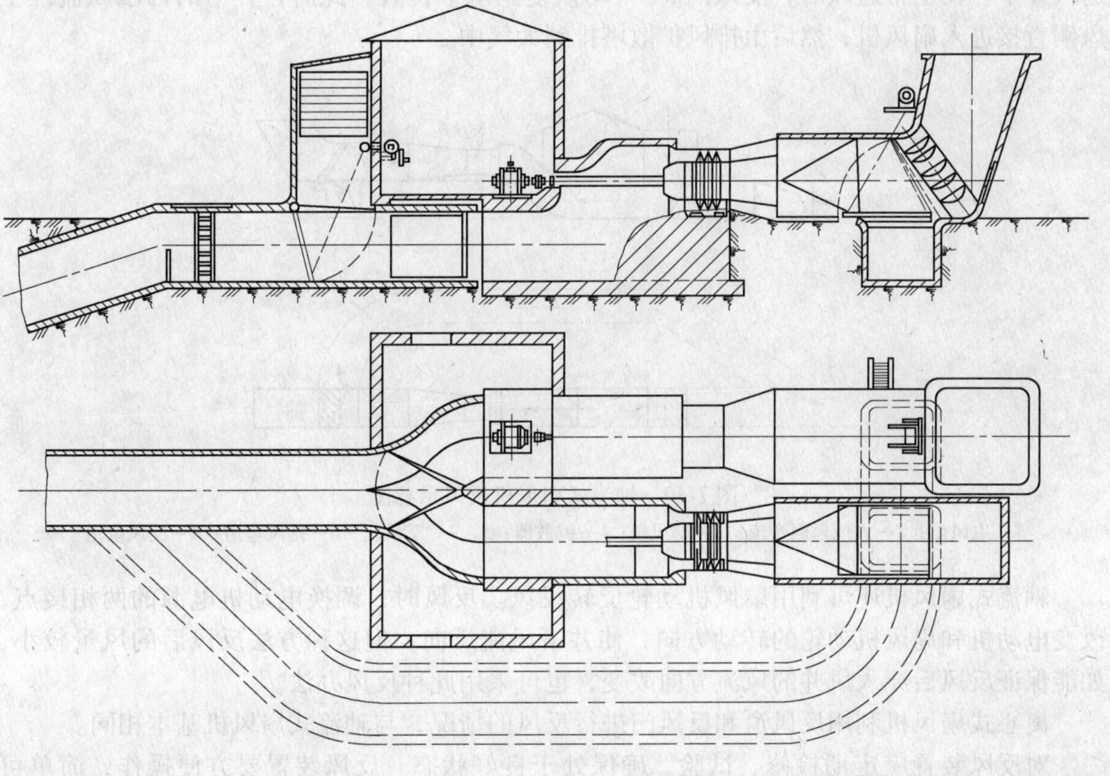

图 7-39 带有反风绕道的轴流式扇风机的风硐布置

（3）轴流式扇风机的入口弯道应做成 S 形。弯道断面可取圆形或正八角形，弯道直径（或宽度）可取 1.2D。

7.6.2.2 主扇扩散器与扩散塔

在扇风机出风口外连接一段断面逐渐扩大的风筒叫扩散器，在扩散器后边还有一段方形风硐和排风扩散塔。这些装置的作用，都是为了降低出风口的风速，从而减少扇风机排风口的动压损失，提高扇风机的有效静压。轴流式扇风机的扩散器是由圆锥形内筒和外筒构成的环状扩散器，外圆锥体的敞角可取 7°～12°，内圆锥体的敞角可取 3°～4°。离心式扇风机的扩散器是长方形的，扩散器的敞角取 8°～15°。排风扩散塔是一段向上弯曲的风道，又称排风弯道，它与水平线所成的倾角可取 60°，高 2D，长 2.8D。弯道出风口为长方形断面，尺寸可取 2.1×1.4D。

7.6.2.3 反风装置

反风装置是用来改变井下风流方向的一种装置，它包括反风道和反风闸门等设施。在正常情况下，扇风机没有必要反风，只是在进风井筒或井底车场附近发生火灾时，为防止火灾产生的有毒、有害气体带到作业地点及适应救护工作的需要才进行反风。图 7-40 所示为轴流式扇风机进行反风时的风流状况，新鲜风流由地表经反风门 7 进入风硐弯道 2 和扇风机 3，然后由扩散器 4 经排风风硐下部的反风门 5 进入反风绕道 8，再返回到主风硐 1

送入井下。在正常通风时，反风门 5、7 均恢复到水平位置，此时，井下的污浊风流经主风硐直接进入扇风机，然后由排风扩散塔排到大气中。

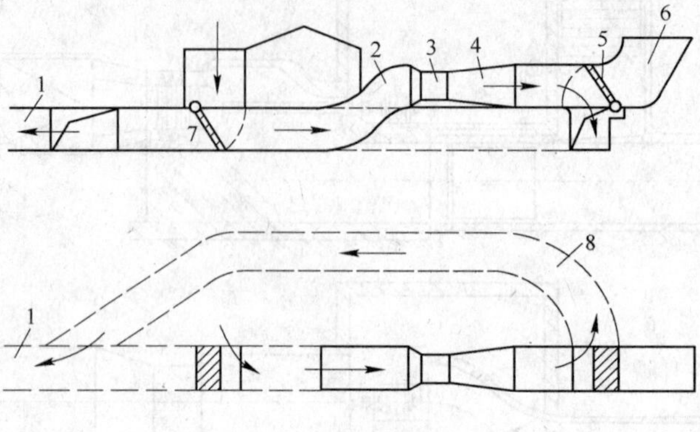

图 7-40　轴流式扇风机反风示意图

1—主风硐；2—入风风硐弯道；3—扇风机；4—扩散器；5，7—反风门；6—排风弯道；8—反风绕道

轴流式扇风机还可利用扇风机动轮反转反风。反风时，调换电动机电源的两相接点，改变电动机和扇风机动轮的转动方向，使井下风流反向。但这种方法反风后的风量较小，如能保证反风后原入风井的风流方向改变，也可采用此种反风办法。

离心式扇风机利用反风道和反风门进行反风的情况，与轴流式扇风机基本相同。

对反风装置应定期检修、试验，确保处于良好状态。反风装置要方便操作，简单可靠，保证在 10min 内达到反风要求。

7.6.2.4　通风井巷经济断面的选择

通风井巷经济断面是从经济性、合理性和施工技术上的可能性等因素综合分析确定的。经济性是指井巷的掘进费、服务期间内的维护费和通风动力费等三种费用的总和最小；合理性是指所确定的井巷断面能够满足风速极限的要求；施工技术上的可能性是指所确定的断面在掘进技术上方便可行。根据计算和实际工作经验，井巷断面越大，通风阻力越小，通风费用也越少。但井巷断面越大、掘进维护费用越大。所以在选择通风巷道断面时，应全面考虑这两方面的因素，使各种费用的总和最小。合理经济断面选择可参考下列方法计算费用。

（1）每米井巷的掘进费用 B_1(元/m)和井巷断面积（S）成正比，即：

$$B_1 = GS \tag{7-29}$$

式中　G——每 $1m^3$ 井巷的掘进费，元/m^3（根据各矿积累资料确定）。

（2）在井巷服务年限 t 年内，每米井巷的维护费 B_2(元/m)为：

$$B_2 = \gamma t \tag{7-30}$$

式中　γ——1m 井巷每年的维护费，元/(m · a)，这个数值和井巷断面成正比，也需要根据积累的资料确定。

（3）在 t 年内，1m 井巷的通风电力费用 B_3(元/m)为：

$$B_3 = \frac{hQ}{1000\eta} t_1 t_2 te \tag{7-31}$$

式中　h——1m 井巷的阻力，Pa，h 值随断面增大而减小；

Q——进、回风段的通风量，m^3/s；

t_1，t_2——分别表示扇风机每年的工作日数和每日的工作小时数；

e——每 1kW·h 电的费用，元/(kW·h)；

η——通风设备的总效率。

将上面计算的三种费用分别画在图 7-41 上，得出总费用曲线 1，总费用曲线最低点对应的断面为最经济断面，但还需考虑此断面积的合理性和可能性。

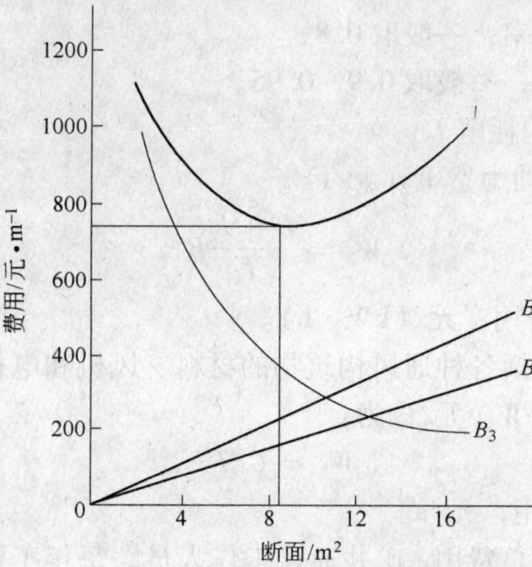

图 7-41　总费用曲线图

7.6.3　矿井通风费用概算

矿井通风设计除要求安全可靠、技术上合理外，还应考虑它的经济性，其中包括通风成本、能量消耗、风量的有效利用等。

矿井通风费用概算中要求计算出单位产量的通风费用，即最终计算出 1t 矿石的通风总费用。其计算方法如下：

(1) 设备折旧费。通风设备的折旧费与设备数量、成本及服务年限有关，可用表 7-5 进行计算。

表 7-5　通风设备折旧费

序号	设备名称	计算单位	数量	单位成本	总成本			服务年限	每年的折旧费	
					设备费	运输及安装费	总计		基本投资折旧费 G_1	大修理折旧费 G_2

回采 1t 矿石的通风设备折旧费 W_1(元/t)为：

$$W_1 = \frac{G_1 + G_2}{T} \tag{7-32}$$

式中　T——矿井年产量，t/a。

（2）矿井通风动力费。

1）主扇每年耗电量 I_1。

$$I_1 = N_e DO/(\eta_e \eta_t \eta_w) \tag{7-33}$$

式中　N_e——电动机输出功率，kW；

D——年工作天数，一般取365d；

O——日工作小时数，一般取24h；

η_e——电动机输电效率，一般取0.9～0.95；

η_t——变压器输电效率，一般取0.8；

η_w——电线输电效率，一般取0.9～0.95。

2）一年内局扇和辅扇的耗电 I_2。

3）回采1t矿石的通风动力费 W_2(元/t)。

$$W_2 = \frac{I_1 + I_2}{T}B \tag{7-34}$$

式中　B——1kW·h电的费用，元/(kW·h)。

（3）材料消耗费用。包括各种通风构筑物的材料、风机和电机润滑油费、防尘等设施费用。1t矿石的通风材料费 W_3(元/t)为：

$$W_3 = C/T \tag{7-35}$$

式中　C——材料消耗总费用，元/a。

（4）通风工作人员工资总费用。矿井通风工作人员，每年工资总额为 A(元)，则回采1t矿石的工资费用 W_4(元/t)为：

$$W_4 = A/T \tag{7-36}$$

（5）为通风服务的井巷工程折旧费和维护费。分摊到每回采1t矿石的费用为 W_5(元/t)。

（6）回采1t矿石的通风仪表的购置费和维修费用 W_6(元/t)。

矿井每回采1t矿石的通风总费用 W(元/t)为：

$$W = W_1 + W_2 + W_3 + W_4 + W_5 + W_6 \tag{7-37}$$

复习思考题

7-1　试说明矿井通风设计的意义、内容及步骤。

7-2　在拟定通风系统时应遵循哪些原则？

7-3　统一通风系统与分区通风系统有何区别，各有什么优缺点，各在什么条件下选用比较合理？

7-4　按照进风井与回风井的相对位置，进风井与回风井的布置形式可分哪几种？

7-5　试分析金属矿井的进、回风井多采用对角式布置的原因。

7-6　抽出式与压入式通风各在什么情况下使用比较合理？金属矿井在一般条件下，选用抽出式比压入式通风有什么突出的优点？

7-7　采场通风应注意什么问题？

7-8　有一硐室型采场，如图7-42所示，要求15min把炮烟稀释到容许浓度。矿房长20m，横断面为

$30m^2$，进风巷道断面为 $4m^2$，炸药量 15kg。求所需风量。

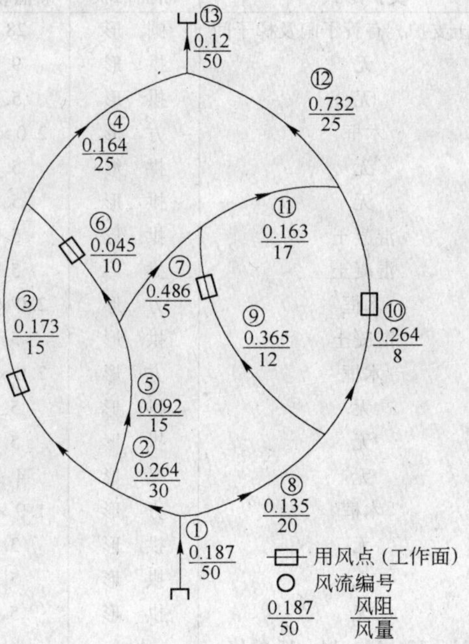

图 7-42　某通风网路风阻及初拟风量值

7-9　说明矿井风量计算的方法。

7-10　在矿井通风设计中的风量是怎样分配的？

7-11　在矿井通风设计中全矿压差是如何决定的？

7-12　如图 7-43 所示，矿井分为东西两翼，东翼用水平深孔分层留矿法回采，两翼用分段采矿法回采，试按表 7-6 和表 7-7 所给条件作矿井通风设计。

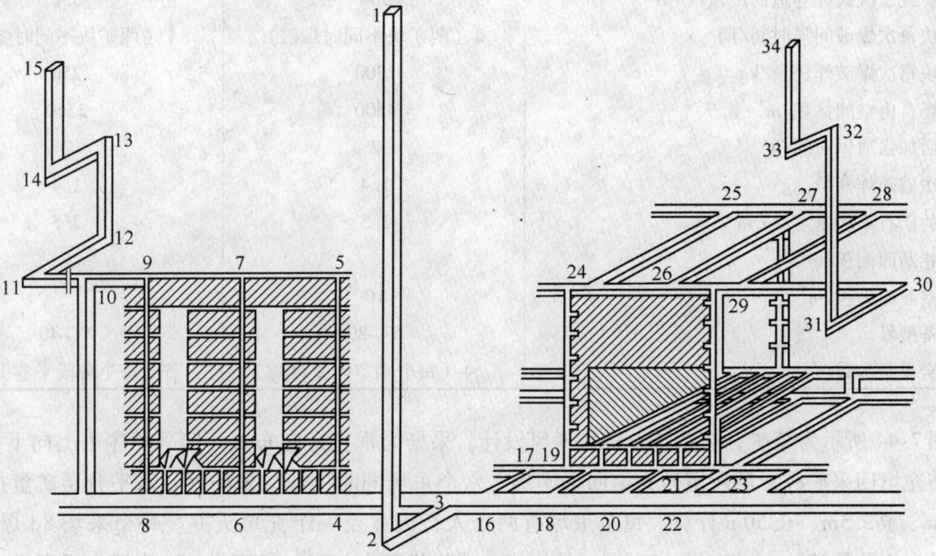

图 7-43　某矿开拓系统

表 7-6 井巷规格

顺 序	名 称	支护形式	断面形状	断面积/m^2	长度/m	周边长/m
1—2	提升井筒	混凝土支护，有管子间及梯子间	圆 形	28.3	230	18.84
2—3	阶段石门	无	拱 形	9.9	200	12.89
3—4	阶段平巷	无	拱 形	5.8	140	9.98
4—5	天 井	木框	方 形	2.0×1.5	60	7.0
5—7	回风平巷	无	拱 形	5.8	60	9.98
9—10	回风平巷	无	拱 形	5.8	760	9.98
10—11	回风平巷	混凝土	拱 形	5.8	100	9.98
11—12	回风平巷	混凝土	拱 形	5.8	100	9.98
12—13	回 风 井	木框	方 形	2.0×3.5	120	11.00
13—14	回风石门	混凝土	拱 形	5.8	100	9.98
14—15	回 风 井	木框	方 形	2.0×3.5	100	11.00
15—16	阶段平巷	无	拱 形	5.8	200	9.98
16—18	阶段平巷	无	拱 形	5.8	60	9.98
18—19	穿 脉	无	拱 形	4.12	10	7.74
19—24	天 井	木框	方 形	1.9×2.9	60	9.6
24—25	穿 脉	无	拱 形	3.6	30	7.6
25—27	回风平巷	无	拱 形	5.8	30	9.98
29—30	回风平巷	无	拱 形	5.8	540	9.98
30—34	回风井巷	取 11—12—13—14—15 的值				

表 7-7 矿块特征

名 称	水平分层深孔留矿法	分段采矿法
同时生产的矿块数/个	2	2
每一个矿块的耙矿或二次破碎巷道数/个	2	1
每一耙矿或二次破碎巷道的断面面积/m^2	4.6	4.6
每一耙矿或二次破碎巷道的长度/m	30	30
每条耙矿或二次破碎巷道的产量/$t \cdot d^{-1}$	300	350
每个矿块每次爆破间隔时间/周	2（两矿块不同时爆破）	1（两矿块不同时爆破）
每个矿块每次爆破炸药量/kg	1300	250
每个采场自由空间体积/m^3	4500	2550
大爆破后加强通风时间/h	2	2
每次二次破碎炸药量/kg	1.4	1.4
松散后的矿石堆积密度/$t \cdot m^{-3}$	2.5	2.5
分段平巷断面面积/m^2		6
凿岩硐室断面面积/m^2	10	
凿岩设备型号	YG-80	YG-40
使用凿岩设备台数/台	4（每个硐室内 2 台）	5（每个分段平巷 1 台）

7-13 图 7-44 所示为某矿开拓系统，试作通风设计。采场为垂直走向布置，回采顺序由上向下，先用胶结充填回采矿柱，后用尾砂充填回采矿房。六个采场同时工作，采场每一水平分层矿量按采场宽 6m、高2.5m、长 50m 计算。每个采场有两个人行天井及一个充填天井。每个采场 8d 爆破一次，最大炸药量600kg，每个采场内同时使用浅孔凿岩机两台打眼。矿石由 755 中段主平硐运出再送往选厂。井巷的规格见表 7-8。

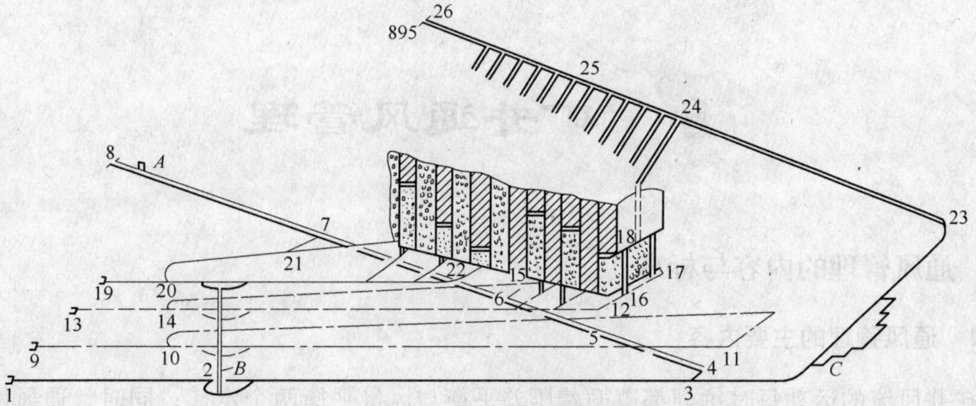

图 7-44 某矿开拓系统

表 7-8 井巷规格

序 号	井巷名称	支架形式	断面积/m^2	周长/m	长度/m
1—2	755 中段平巷	混凝土	6.21	9.57	250
2—3	755 中段平巷	混凝土	6.21	9.57	245
3—4	斜井联络道	混凝土	6.21	9.57	36
4—5	人行斜井	混凝土预制间隔支架	5.36	8.84	60
5—6	人行斜井	混凝土预制间隔支架	5.36	8.84	78
6—7	人行斜井	混凝土预制间隔支架	5.36	8.84	78
7—8	人行斜井	混凝土预制间隔支架	5.36	8.84	60
6—15	斜井联络道	混凝土	4.13	7.75	36
5—12	斜井联络道	混凝土	4.13	7.75	28
21—7	斜井联络道	混凝土	4.13	7.75	50
3—23	755 中段平巷	混凝土预制间隔支架	4	8.0	255
23—24	充填回风斜井	混凝土	4.88	8.43	250
24—25	充填回风斜井	混凝土	4.88	8.43	50
25—26	充填回风斜井	混凝土	4.88	8.43	50
9—10	785 平硐	混凝土预制间隔支架	4.13	7.75	185
10—11	785 中段平巷	混凝土预制间隔支架	4.13	7.75	235
11—12	785 中段平巷	混凝土预制间隔支架	4.13	7.75	200
13—14	815 中段平硐	混凝土预制间隔支架	4.13	7.75	125
14—15	815 中段平巷	混凝土预制间隔支架	4.13	7.75	176
15—17	815 中段平巷	混凝土预制间隔支架	4.13	7.75	76
17—16	815 中段平巷	混凝土预制间隔支架	4.13	7.75	50
16—18	采场人行天井	混凝土预制间隔支架	2.25	6.0	35
18—24	采场充填天井	混凝土预制间隔支架	2.25	6.0	80
19—20	845 中段平硐	混凝土预制间隔支架	4.13	7.75	55
20—21	845 中段平巷	混凝土预制间隔支架	4.13	7.75	90
21—22	845 中段沿脉及穿脉	混凝土预制间隔支架	4.13	7.75	180
20—22	845 中段沿脉	混凝土预制间隔支架	4.13	7.75	200

注：炸药库装药量小于 8t，卷扬机硐室电动机容量为 120kW。

7-14 试说明铀矿井的风量计算方法。

7-15 试说明高硫矿床矿井通风的特点。

8 矿井通风管理

8.1 通风管理的内容与标准

8.1.1 通风管理的主要内容

矿井风流的运动每时每刻都遵循着压差平衡与风量平衡两个定律；同时，通风网路的变化改变着风量大小以至于风流方向。矿井通风的特点是，由于生产工作面的不断推移，风阻不断变化，因而原有的平衡关系经常改变。通风系统在一个时期适应于生产的发展，这只是暂时的现象。随着生产的发展，通风系统就又不适应了，必须重新调整，那种认为通风系统一旦搞好了，就可一劳永逸的观点是错误的。所以矿井通风管理是一项长期性、经常性的工作。

一个矿井通风系统的网路包括三大部分，即进风部分、出风部分及供各个工作地点的用风部分。在一般情况下，矿井的进风部分及出风部分的网路结构相对来说比较固定，而用风部分则经常需要调整。所以根据生产发展的需要，不断地建立合理的通风系统，使新鲜风流按质按量送到工作地点，就是矿井通风管理工作的目的。

8.1.2 通风管理的标准

矿井通风工作的效果，主要应从送到工作面的空气数量及质量、粉尘合格率、有效风量率以及其他卫生标准、经济成本等方面来衡量。所以矿井应建立合理的通风系统。但是由于采掘工作面不断变动，通风系统常常遭到破坏，往往表现在工作面出现串联风流、漏风、反转风流、循环风流等方面。所以克服串、漏、反、循是通风管理工作必须注意的问题。

在拟定通风系统时，这是首先要考虑到的问题之一。一般来说，单一中段开采的矿井，比较容易克服工作面内的串联风流。多中段开采的矿井，就必须采取一定的措施。一些矿山根据各自的特点，创造了一些行之有效的方法。

一个好的通风系统应该是用最小的通风费用，使新鲜空气按需要送入各工作地点，使其空气成分符合所规定的卫生标准。但是各个矿井的客观条件不同，在互相对比时，不能简单地根据通风成本直接判断，也不便于相互对比。目前衡量一个矿井通风系统的效果，可以用下列指标来反应：

(1) 矿井有效风量率。它反应主扇工作风量的利用程度。在计算有效风量时，只能计算一次用风，不能重复统计。

一个矿井的通风网路由进风部分、用风部分及出风部分组成。工作面属于用风部分。各工作面实际得到的风量总和与矿井总风量之比的百分数，称为矿井的有效风量率。安全规程要求矿井有效风量率不得小于60%。

空气进入矿井后，一部分风流未经用风地点而直接进入回风部分或直接流出地表，这种现象称为矿井漏风。地表与矿井之间的漏风称为外部漏风，从进风部分直接漏入回风部分称为内部漏风。所以矿井的总风量应由有效风量、内部漏风及外部漏风三部分组成。

从原则上说，进入用风部分的风量由有效风量及内部漏风所组成，所以存在如下的关系：

$$\left.\begin{aligned} Q_Y &= \Sigma Q_G \\ Q_{WL} &= Q_Z - Q_U \\ Q_{RL} &= Q_U - Q_Y \end{aligned}\right\} \tag{8-1}$$

式中 Q_Y——矿井有效风量；

Q_G——各工作面实得风量；

Q_Z——矿井总风量（矿井总进风量或总排风量）；

Q_U——实际进入需用风部分的风量；

Q_{WL}——外部漏风量；

Q_{RL}——内部漏风量。

三者与总风量之比的百分数分别称为有效风量率、外部漏风率、内部漏风率，即：

$$\left.\begin{aligned} \eta_Y &= \frac{Q_Y}{Q_Z} \times 100\% \\ \eta_{WL} &= \frac{Q_{WL}}{Q_Z} \times 100\% \\ \eta_{RL} &= \frac{Q_{RL}}{Q_Z} \times 100\% \end{aligned}\right\} \tag{8-2}$$

式中 η_Y——有效风量率；

η_{WL}——外部漏风率；

η_{RL}——内部漏风率。

$$\eta_Y + \eta_{WL} + \eta_{RL} = 100\%$$

所以有效风量率能直接反映漏风大小。

(2) 风量或风速合格率。风量或风速合格率是指风量或风速符合《冶金矿山安全规程》要求的用风点数与用风点总数的百分比，它反映用风点的风量或风速是否满足需要以及风量的分配是否合理。

(3) 风质合格率。风质合格率是进入工作面的风源质量符合《冶金矿山安全规程》要求的用风点数与用风点总数的百分比，它反映风源质量及其污染情况。一般矿井风源质量主要是要求进入工作面的风源粉尘浓度不超过 0.5mg/m^3；有氡危害的矿井对风源的要求是，氡不超过 3.7kBq/m^3，氡子体 α 潜能值不超过 8.3μJ/m^3。

(4) 主扇装置效率。主扇装置效率是该装置的输出功率与输入功率的百分比，它反映主扇装置的工况、性能及其与矿井通风网路的匹配是否得当，直接反映主扇电耗是否合理。

(5) 风量供需比。风量供需比是实测的主扇工作风量与工作面设计需风量总和之比值。它反映风量的供需关系，即主扇的大小是否适当。此比值可按式（8-3）计算：

$$\beta = \frac{Q_S}{\Sigma Q_X} \tag{8-3}$$

式中 β——风量供需比；

Q_S——实测的主扇工作风量；

ΣQ_X——按设计要求，工作面所需风量之总和。

（6）通风系统综合指数。通风系统综合指数是用来衡量矿井通风系统总的技术经济状况，以便分析对比各通风系统，此综合系数可按式（8-4）计算：

$$C = \sqrt[5]{\eta_Y \eta_X \eta_Z \eta_S \eta_G} \tag{8-4}$$

式中 C——通风系统综合指数；

η_Y——有效风量率，以小数形式表示；

η_X——风量或风速合格率，以小数形式表示；

η_Z——风质合格率，以小数形式表示；

η_S——主扇装置效率，以小数形式表示；

η_G——风量供需比指数，按式（8-5）计算。

因为安全规程要求扇风机的效率应大于60%，也就是说供风量可以为需风量的1.67倍，则风量供需比为1～1.67都符合要求。所以：

$$\begin{aligned} &\text{当 } 1 \leqslant \beta \leqslant 1.67 \text{ 时，} && \eta_G = 1 \\ &\text{当 } \beta > 1.67 \text{ 时，} && \eta_G = \frac{1.67}{\beta} \\ &\text{当 } \beta < 1 \text{ 时，} && \eta_G = \beta \end{aligned} \tag{8-5}$$

上述六项指标都具有可比性，便于相互衡量。此外，还可以检查矿井单位矿石量的通风费用、单位矿石耗风量、耗电量等，作为辅助指标，以便对通风系统作较全面的评价。

为了获得上述指标，应对矿井总风量、工作面风量、风速、矿井压差、主扇的实际电耗、风源质量等进行实测。对一个通风系统进行检查之前，应做好如下工作：

（1）按照实际情况绘制通风平面图、通风系统图及通风示意图；

（2）根据检查要求布置各测点，分别注明于现场及通风图纸上；

（3）根据实际需要组织人员及安置仪表；

（4）统一校正各种使用仪表；

（5）编制检查计划；

（6）按计划及要求进行实测；

（7）整理各种实测资料，计算各主要通风指标；

（8）根据实测情况分析通风现状，评价通风系统，总结经验，并提出进一步完善通风系统的措施。

8.2 矿井风流的管理

矿井生产不断发展，矿井通风系统不断变化。定期对通风系统作检查，可以使通风管理工作有的放矢，可以不断积累通风管理的经验，可以为通风设计提供可靠的依据，从而不断完善矿井通风系统。

8.2.1 矿井风流的测量

8.2.1.1 全矿风量和风速的检测

全矿风量和风速检测的目的是：确定全矿总进风量和各作业地点的进风量是否满足需要；检查各主要巷道的风速是否符合规定；检查漏风情况，确定漏风地点或漏风区段。

原冶金工业部颁布的《矿山通风防尘试行规定》指出，掘进巷道及巷道型采矿工作面的最低风速不得小于0.15m/s，井巷最高允许风速不得超过表8-1的规定。

表8-1 井巷最高允许风速

井巷名称	最高允许风速/$m \cdot s^{-1}$	井巷名称	最高允许风速/$m \cdot s^{-1}$
专用风井、风硐	15	主要进风道	8
专用物料提升井	12	运输巷道	6
人员、材料提升井	8	采场、采准巷道	4
风桥	10		

为了准确地测定风量，应在井下一些主要地点设置测风站，以便将全矿总进风量和总回风量、各翼各中段的进风量和回风量、各主要作业地点的进风量和回风量测定出来。测风站必须符合下列要求：

测风站应设在平直的巷道中；

测风站附近最少要有10~15m断面无明显变化的巷道；

测风站本身的长度不得小于4m；

测风站不得设在风流分支或汇合处附近；

测风站内不能有障碍物；

测风站应挂有记录牌并注有编号；服务期间较长或地压较大区段内的测风站，最好用砖或混凝土砌筑；用木支架、混凝土支架、金属支架支护的巷道里，采用木板测风站，木板测风站的背板要平整，设置要严密，使通过巷道的风量全部通过测风站；当在无测风站的巷道里需要测风时，则应在比较平直且断面无明显变化的巷道区段里进行测定。

全矿风量和风速检查的步骤如下：

(1) 布置测点。根据检查工作的目的与要求，在矿井通风系统图和有关的中段平面图上布置测点并按顺序将测点编号。布置测点的原则是：必须保证通过对所有测点的风速测定与计算后，能够得到全矿总进风量和总回风量、各翼各中段的进风量和回风量、各主要作业地点的进风量和回风量的数据，并能得到主要漏风地点、漏风区段的漏风量的数据。在此前提下，布置的测点数目越少越好。在图纸上将测点布置妥善后，应将测点标定在井巷的适当位置上。

(2) 测点断面的测定与计算。将测点标定到井巷的适当位置之后，应测定测点所在位置的井巷断面尺寸并计算井巷断面积（m^2）。然后按照测点序号将各测点的井巷断面积记录在专用表格上。

(3) 进行实测。用预先经过检查和校正的风表依次测定各测点所在巷道断面上的平均风速（一般连续测三次，取平均值），并用温度计和湿度计测定空气的温度和湿度，用空盒气压计测定气压，将测得的数据记录在专用表格上。

(4) 风量计算与校正。根据风量（m^3/s）等于断面上的平均风速（m/s）与净断面面积（m^2）的乘积的关系，计算出通过各测点的风量。然后将实测条件下的风量值按照式(8-6) 换算成统一的空气密度条件下的风量值：

$$Q_c = \frac{Q_i \rho_i}{\rho_c} \tag{8-6}$$

式中　Q_c——统一空气密度条件下的风量，m^3/s；

Q_i——实测条件下的风量，m^3/s；

ρ_i——实测条件下的空气密度，kg/m^3；

ρ_c——统一的空气密度（压入式通风时，指主要扇风机出风口的空气密度；抽出式通风时，指主要扇风机入风口的空气密度），kg/m^3。

最后将全矿的、各翼各中段的、各主要作业地点的进风量和回风量标示在通风系统图和有关的中段平面图上。在此基础上，分析漏风地点或漏风区段以及漏风量的大小，并提出减少漏风的措施；分析矿内风量分配是否合理，若存在问题则应提出调节风量的措施，使风量分配合理化。

8.2.1.2　矿井通风阻力的测定

根据矿井通风的伯努利方程式可知，风流沿矿山井巷流动时，任何一段井巷的通风阻力，在数值上等于该段井巷始末两个断面上风流的绝对静压差、位能差、动压差三者之和。这个结论是进行矿井通风阻力测定的理论根据。

生产矿井应该定期地进行通风阻力的测定，目的在于查明各段井巷上通风阻力的分布情况，并针对通风阻力较大的地点或区段采取有效措施，减少通风阻力，以便改善矿井通风的状况，降低矿井主要扇风机的电能消耗。此外，通过通风阻力测定计算出来的井巷摩擦阻力系数 α 和局部阻力系数 ξ 是进行风量调节或改善通风系统工作可靠的基础资料，也可供设计时参考和使用。

A　选择测定路线与布置测点

在选择测定路线之前必须下井调查了解主要通风井巷和整个通风系统的实际情况，然后根据矿井通风系统图、开拓系统图以及有关的中段平面图，一般选取通风困难的路线作为主要测定路线。至于全矿共分几条路线进行测定，要看矿井规模与通风系统的具体情况以及测定目的而定。测定路线选定后，应按下列原则布置测点：

(1) 凡是主要风流分支或汇合的地点必须布置测点。当测点位于分支或汇合处之前时，其间的距离应大于巷道宽度的 3～4 倍；当测点位于分支或汇合处之后时，其间的距离应大于巷道宽度的 12～14 倍。

(2) 在相互并联的几条巷道中，沿其中任何一条风道测定阻力均可。但在其余风道中应布置风量测点，借以测出其余风道中通过的风量。这样就可按相同的通风阻力和各自的风量求出各条风道的风阻。

（3）在测点的前面（以风流方向为准），至少要有3m长的巷道区段的支架良好，无空顶、空帮、凹凸不平，无堆积物。

（4）在井下布置测点的过程中，各测点处要作出明显的标记，按顺序注明测点的编号，还应将相邻两个测点间的距离以及各测点的巷道断面量好。

B　人员分工与组织

为了保证测定结果的准确性，最好能在一个工作班内将测定工作进行完毕。测定小组通常由6～7人组成。若矿井范围很大，测定任务繁重时，可以组成几个测定小组同时进行测定工作。

C　测定仪表与工具准备

此法需要使用的仪表与工具有静压管或皮托管、精密压差计、胶皮管、三脚架、风表、秒表、干湿温度计、空盒气压计及卷尺等。所有仪表在使用前都必须经过检查和校正。此外，应备有专门的记录表格。

D　井下测定工作

井下测定时，仪表布置情况如图8-1所示。测定工作的步骤是：首先在测点1和测点2分别安设三脚架和静压管或皮托管；在测点2的下风侧6～8m处安置精密压差计，调整水平并将液面调到零位（或读取初读数）；利用打气筒将胶皮管内原有的空气压出以换进所测巷道的空气，然后利用胶皮管将压差计分别与两只静压管连接起来。当胶皮管无堵塞、无漏气时，便可在压差计上读数，并将读数值记入专用表格内。以上测定工作完毕之后，将测点1的三脚架和静压管移到测点3，然后在测点2和测点3之间用同样的方法进行测定，这样依此类推地测定下去，直到测完最后一个测点为止。

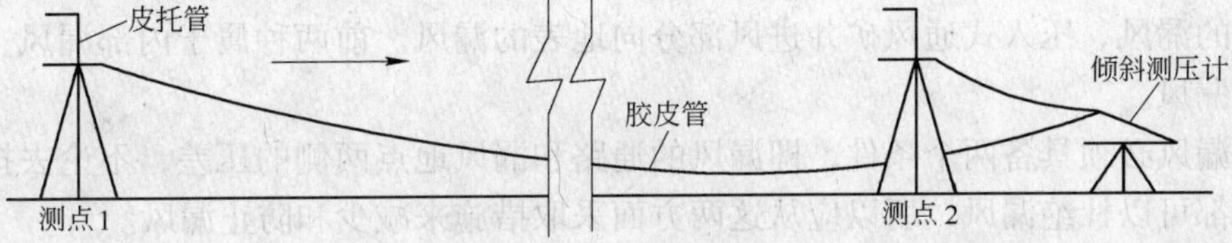

图8-1　精密压差计和皮托管测压差

测定时的注意事项：胶皮管接头处连接要牢靠、严密，不可漏气；严防水和其他杂物进入胶皮管内；防止车辆和行人挤压或损坏胶皮管；当压差计液面上下波动厉害而使读数发生困难时，可在胶皮管内放上一个棉花球，以减小波动便于读数。

E　测定资料的计算和整理

相邻两个测点间的通风阻力h_{1-2}(Pa)按式（8-7）计算：

$$h_{1-2} = Kh_r + \frac{1}{2}v_1^2\rho_1 - \frac{1}{2}v_2^2\rho_2 \tag{8-7}$$

式中　K——压差计校正系数；

h_r——测定1与2两点时，压差计的读数值，Pa；

$\frac{1}{2}v_1^2\rho_1$——测点 1 所在的巷道断面上的平均动压，Pa；

$\frac{1}{2}v_2^2\rho_2$——测点 2 所在的巷道断面上的平均动压，Pa。

然后将测定路线上各段风路的通风阻力 h_{1-2}、h_{2-3}、h_{3-4}…加起来，便可求得全矿的通风阻力值。为了便于比较，可根据全矿通风阻力值与全矿风量值计算出矿井总风阻或矿井等积孔。

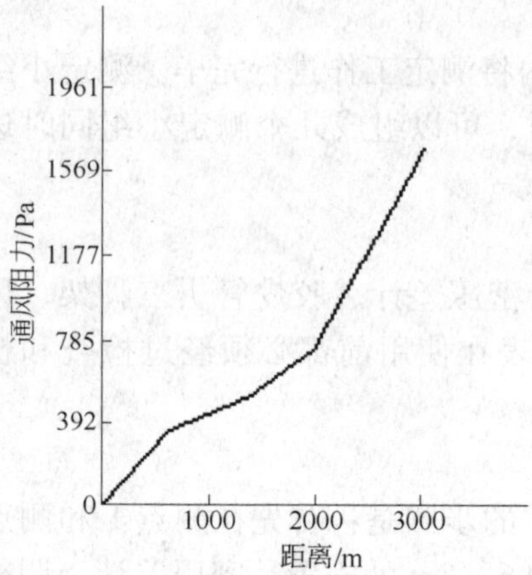

图 8-2　通风阻力的变化

根据测定记录与计算的结果，可在方格纸上以井巷的累计长度为横坐标，以通风阻力为纵坐标，将通风阻力的变化情况绘制成一条曲线，如图 8-2 所示。这样可以更加醒目地表明矿内通风阻力的变化情况。

这种测定方法的优点是测定结果的精确度较高，可以用来测定小区域的通风阻力，同时测定资料的整理和计算也比较简单。所以该方法在我国金属矿山和煤矿中应用都比较普遍。此测定法的缺点是测定工作比较麻烦和复杂，特别是收放胶皮管的工作量很大，所需的测定时间较长，所需的测定人员也较多。因此，在矿井正常作业的条件下，尤其是在运输频繁的井巷中测定很困难，通常都是利用矿山公休或假日在停产条件下进行测定。

8.2.2　矿井漏风、风流方向、风流预热和冷却的管理

8.2.2.1　*矿井漏风的管理*

最有害的漏风是新风及废风之间的漏风、工作面之间的漏风、抽出式通风矿井地表向出风部分的漏风、压入式通风矿井进风部分向地表的漏风。前两种属于内部漏风，后两种属于外部漏风。

矿井漏风必须具备两个条件，即漏风的通路和漏风地点两侧的压差，不论去掉其中哪一个条件都可以杜绝漏风，所以应从这两方面采取措施来减少和防止漏风。

外部漏风的通路主要有通地表的岩石裂隙、采空区、各主要运输平窿的风门以及主要扇风机装置本身的漏风。这部分漏风极为严重，一些矿井由于通风设计不合理或管理不善致使这种漏风达到 70% ~80% 。

克服有害漏风可以考虑如下几方面：

(1) 阻塞漏风通道，提高各种通风构筑物的严密性。主要通风道在漏风严重时，必须采取阻漏措施。如云南锡业公司马拉格矿外部漏风非常严重，对一条 475m 长的专用进风道认真喷混凝土浆后，主扇风量为 $88m^3/s$，漏风只有 $0.76m^3/s$。

(2) 根据围岩漏风情况的不同，采用不同的供风方式。针对围岩的漏风情况，进风部分漏风严重时，可使用抽出式供风，出风部分漏风严重时使用压入式供风，用风部分漏风严重时使用混合式供风。

(3) 坚持合理开采顺序。外部漏风一般容易发现，也便于采取相应措施。内部漏风除

了集中漏风如各种通风构筑物漏风容易发现外，其他如采空区的充填料、废坑道等分散漏风很难发现，而且总漏风量较大。对于这种情况，除加强通风构筑物的严密性外，更为重要的是坚持合理的采掘顺序，认真封闭废旧井巷及采空区，这是降低内部漏风的有效措施。

(4) 减小矿井压差，采用分区通风。例如江西西华山钨矿原设计只用一台压入式主扇通风，漏风极为严重。根据具体情况改为八个分区后，有效风量率大有提高。

(5) 合理选择主扇位置。主扇尽量靠近用风部分，能减少漏风。如湖南锡矿山将主扇迁入井下，使中部通风系统的有效风量率从30%提高到88.5%。

(6) 可利用空气幕或导风板防止井口漏风。

8.2.2.2 *矿井风流方向的管理*

某些风流反转，可减少工作面风量或造成废风串联，破坏合理的通风系统，这是通风管理工作中经常遇到的问题，反转风流一般出现在对角巷道里，原因是其他巷道风阻变化，改变了对角巷道两端的空气压力。所以为了保证对角巷道的风流方向，可以改变有关巷道的风阻，或在对角巷道中安装辅扇。当通风网路较复杂时，应从进出风的布置形式来保证风流的稳定性。

循环风流的出现是在风流的闭合回路中出现了新的通风动力，造成新的压差代数和为零，破坏了原有的风量分配，它不仅导致废风串联，而且废风不能排出矿外。其原因往往是使用辅扇不当，若辅扇能力过大，迫使与它平行的风流产生反转即可造成循环风流，而由于风阻改变形成的对角巷道的反转风流不会循环，循环风流中必有反转风流，但反转风流不一定循环。因此除串联外的通风网路，都为风流反转创造了条件，若存在某种通风动力就可能出现循环风流。在矿井里采用辅扇时一定要注意循环风流的出现，这可以用调节辅扇风量或改变辅扇位置来克服循环风流。

8.2.2.3 *矿井风流的预热和冷却*

有些地区的矿井在通风中，会遇到需要预热及冷却两种情况。

A 空气预热

我国北方广大地区冬季气温较低，在进风井巷中，若有淋水或潮湿，就会产生冰冻现象，将给运输、提升机械设备正常运转带来困难，对安全生产造成威胁，使气候条件恶化，影响工人身体健康。因此，矿山安全规程规定：进风井筒冬季结冰，对提升及其他装置有危险时，须设暖风装置，将空气加热到2℃以上。

暖风装置安在进风井筒旁边，用专门风道与井筒连通，使一部分冷空气经暖风装置后，温度提高到70~80℃（不能超过100℃，以免灼伤升降人员），与进风混合后使其温度提高到2℃以上。

我国东北地区不少矿井用废旧巷道及采空区进风，利用地热预热进风温度获得良好的效果。必要时还可开凿专用预热进风巷道，进风井深度越大，预热效果越好。

B 空气预冷

我国南方夏季进风温度高达36~38℃，直接引起井下高温现象。如矿井深度很大，岩石温度很高，也会引起井下高温。故必须冷却进风温度，用循环冷水在进风井巷或井底喷成水雾，水分蒸发吸收热量，可使空气温度下降。

为了降低进风温度，也可利用进风井附近的废旧巷道或在进风井筒附近开凿几条通至恒温带的专用小井，并用平巷与井筒连通，形成并联进风，既可使空气沿小井冷却后再进入井下，又有利于降低通风阻力。

影响井下空气温度升高的热源主要来自老硐、崩落带及采空区发热矿石和坑木氧化散热，其次是新暴露的矿石表面的氧化散热，地表气温也有所影响。因此，可采取下列措施降低作业面温度，改善作业条件：

（1）消除老硐和崩落带的热源。目前较为有效的消除热源的方法是对老硐和崩落带实行灌浆抑制氧化。如湘潭锰矿、铜骨山铜矿及向山硫铁矿均采用过此种方法。但有的地点不可能全部灌到，应配合密闭隔离及其他综合方法。

（2）及时消除热量的积聚。良好的通风是及时排出工作面热量、改善作业点气候条件的有效措施之一。

（3）利用低温脉外巷道吸热。脉外进风井巷有着明显的调热作用，它夏季吸热，冬季放热，可以适当加以利用。

（4）局部降低温度。冷水喷雾、压气风管加隔热材料、局扇空气淋浴等，都是改善高温作业面劳动条件的有效措施。

8.3　矿井通风设施的管理

8.3.1　矿井主要扇风机工况的测定

8.3.1.1　矿井主扇工况测定的目的与任务

矿井生产条件的变化（例如因工作面的推移使巷道长度增加或缩短、矿井开采深度增加等），必然引起矿井总风阻的变化。矿井总风阻的变化又将引起矿井主扇工况的改变，从而导致主扇风量和矿井总风量的改变。为了合理地运用主扇，使主扇造成的矿井总风量能适应生产条件的变化而经常地满足实际生产的需要，以及为了保证主扇实际运转在经济上的合理性，以减少主扇电动机的电能消耗，必须定期进行主扇工况的测定。

主扇工况测定的主要任务是：

（1）测定主扇的风量和风压，分析主扇风量是否满足矿山生产的实际需要；计算矿井通风阻力与矿井总风阻或矿井等积孔。

（2）测定拖动主扇的电动机的输入功率，计算主扇的运转效率，分析主扇的运转参数与矿井通风网路的匹配是否适当，确定是否需要进行主扇的工况调节。

8.3.1.2　主扇风量和风压的测定

主扇的风量通常是在风硐内预先选定的适当断面上进行测定的。由于通过风硐的风量和风速较大，一般使用高速风表测定断面上的平均风速；有时也将该断面分成若干等份，用皮托管、压差计、胶皮管测定每个等份中心的动压，然后将动压换算成相应的速度后，再计算出若干个速度的算术平均值作为断面的平均风速。断面平均风速与风硐断面面积的乘积等于通过风硐的风量，也就是主扇的风量（m^3/s）。

主扇风压的测定通常也是在风硐内测定风速的断面上进行的。先在该断面上设置静压管或皮托管，再用胶皮管将静压管或皮托管的静压端与安设在主扇房内的压差计连接起来，当胶皮管无堵塞、无漏气时，即可在压差计上读数，此读数就是风硐内该断面上的相对静压。在抽出式通风条件下，将设置静压管或皮托管的断面视为扇风机的入风口，而在压入式通风条件下，将风硐内设置静压管或皮托管的断面视为扇风机的出风口。当测得了风硐内该断面上的相对静压、动压以及主扇风量之后，即可根据主扇全压等于主扇出风口全压与入风口全压之差的关系将主扇全压计算出来。无论抽出式通风还是压入式通风，主扇的全压中除了主扇扩散器出口的动压（抽出式）或矿井出风口的动压（压入式）消耗之外，其余的全部可以用来克服矿井通风阻力。因此，可以计算出矿井通风阻力。求得矿井通风阻力和矿井风量之后，可算得矿井等积孔或矿井总风阻。

8.3.1.3 主扇电动机功率的测定

为了计算主扇效率，应将拖动主扇的电动机的输入功率测定出来。三相交流电动机的功率通常采用两瓦特表法或电流表、电压表及功率因数表法进行测定，并按式（8-8）计算：

$$N = \sqrt{3}UI\cos\varphi \tag{8-8}$$

式中 N——电动机输入功率，kW；

U——线电压，kV；

I——线电流，A；

$\cos\varphi$——电机功率因数。

8.3.1.4 主扇效率的计算

将有关的数据测定、计算出来后，按式（8-9）计算主扇效率：

$$\eta = \frac{QH}{1000N\eta_e\eta_d} \times 100\% \tag{8-9}$$

式中 η——主扇效率；

Q——主扇风量，m^3/s；

H——主扇风压（若以主扇全压代入则得主扇全压效率，若以主扇静压代入则得主扇静压效率），Pa；

N——拖动主扇的电动机的输入功率，kW；

η_e——拖动主扇的电动机的效率；

η_d——拖动主扇的电动机与主扇间的传动效率。

8.3.2 地下通风设施的管理

良好的通风系统可使新鲜空气按规定路线送到工作面，这在很大程度上要用通风构筑物来保证。

8.3.2.1　风桥

当新鲜空气与废空气都需要通过某一点（如巷道交叉处）而风流又不能相混时，需设置风桥。风桥可用砖石修建，也可用混凝土修建。在一些次要的风流中可用铁风筒架设风桥，如图 8-3 所示。对风桥的要求是：风阻小，漏风少，具有足够的坚固性。

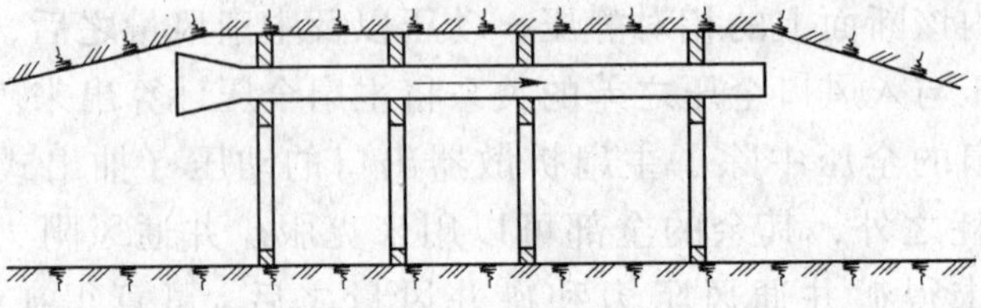

图 8-3　铁风筒风桥

8.3.2.2　风墙

不通过风流的废巷道及采空区，需设置风墙。风墙又称密闭。根据使用年限不同，风墙分为永久风墙与临时风墙两种。

在建造永久风墙时可根据材料来源选用砖或石料建成，也可用混凝土建造。风墙应尽量建在岩石稳固及漏风少的地点。若在巷道周边刻槽使风墙镶入围岩中，并在风墙表面及四周抹水泥砂浆，能有效地提高风墙的严密性。

临时风墙可用木板建造，也可用帆布作成风帘临时遮断风流。

8.3.2.3　风门

某些巷道既不让风流通过，又要保证人员及车辆通行，就得设置风门。在主要巷道中，运输频繁时应构筑自动风门。目前广泛使用的风门是光电控制的自动风门。为了使风门开启时不破坏通风系统，必须设置两道风门，人员或矿车通过风门时应使一道风门关闭后，另一道风门才开启。因此，两道风门之间要间隔一定的距离。次要巷道中可修筑简易风门，有手动式及碰撞式，如图 8-4 所示，为了保证风门能自动关闭，风门应沿风流方向略微倾斜。

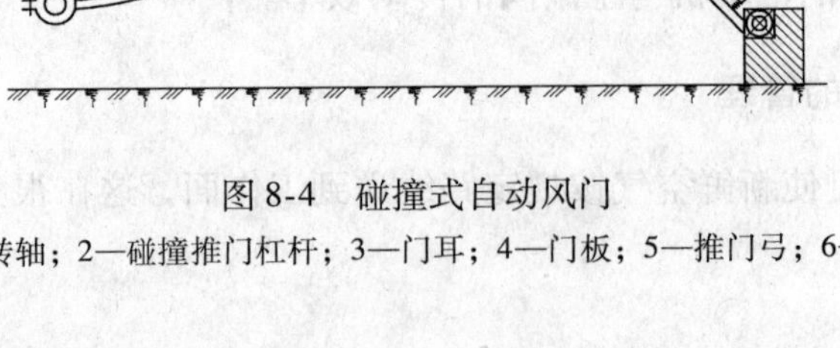

图 8-4　碰撞式自动风门

1—杠杆回转轴；2—碰撞推门杠杆；3—门耳；4—门板；5—推门弓；6—缓冲弹簧

8.3.2.4　空气幕

利用特制的供风器（包括扇风机），由巷道的一侧或两侧，以很高的风速和一定的方向喷出空气，形成门板式的气流来遮断或减弱巷道中通过的风流，称为空气幕，它可克服使用调节风窗或辅扇时存在的某些不可避免的缺点，特别是在运输巷道中采用空气幕时，既不妨碍运输，工作又可靠。

空气幕布置方式如图8-5所示，若改变空气幕的喷射方向及出风量，可以调节巷道中的风量。

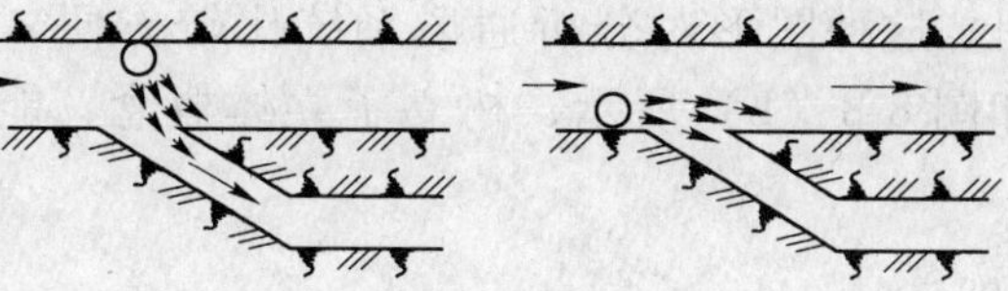

图8-5　空气幕的布置

8.3.2.5　导风板

风流 v_1 分为 v_2、v_3 两支，如图8-6所示。风流动压具有方向性，在顺风流方向的一侧可造成一个附加的通风压力，并在此通风压力的作用下，顺风侧的风量增加，背风侧风量减少。根据这一原理提出的导风板，在现场使用收到良好效果。

这一附加压力称为有效动压。夹角 θ 越小，有效动压越大。两侧巷道风量分配值，除与它们的风阻有关外，还受夹角 θ 和风流动压的影响。试验证明，单纯减小夹角的效果不如提高动压效果明显。为了增大风速，可装置导风板以缩小风流断面，如图8-7所示。为了增加1支巷的风量、减少2支巷的风量，导风板出风口断面 S_D 与巷道断面 S 的比值 S_D/S 越小越好。但是导风板本身又形成局部风阻，从而降低了进风量，所以要求 S_D/S 大于0.2。导风板的出口断面 $S_D(m^2)$ 可按式（8-10）计算：

$$S_D = \frac{1.2}{SR} \tag{8-10}$$

式中　R——要求增加风量的区段的风阻，$N \cdot s^2/m^8$。

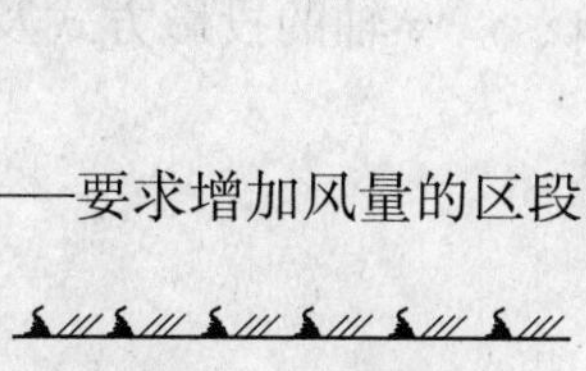

图8-6　风流动压的方向性

图8-7　导风板

入风巷道的转弯角和导风板都要做成圆弧形。导风板的长度应超过巷道交叉口一定距离，即0.5～1.0m。

导风板可以用于调整风量。在压入式通风的矿井，在风硐巷道口安设导风板，可以减少漏风。导风板在一些矿井使用已收到良好效果。

8.4　通风立体图的绘制方法

8.4.1　概述

矿井通风图包括：

(1) 通风平面图。通风平面图是注明风流方向及各种通风构筑物的坑道平面图。

(2) 通风系统图。通风系统图是根据通风平面图按轴侧投影方法绘制的立体图，并注明风流方向及通风构筑物。

(3) 通风示意图。根据通风平面图或通风系统图的风流路线，作出风流联结关系的图形，称为通风示意图。这种图形对分析通风系统比较方便。图 8-8 (a) 所示为平面图，作成立体图后，如图 8-8 (b) 所示，树立了立体概念，能较清楚地看明各巷道之间的关系。

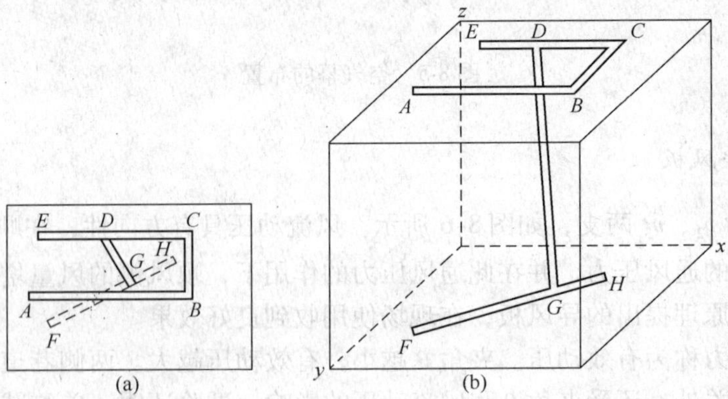

图 8-8　根据平面图作立体图

(a) 平面图；(b) 立体图

在立体图上用 x、y、z 轴表示方向。一般来说，x、y 轴表示水平方向，z 表示非水平方向。根据通风平面图制作通风系统图，应合理地决定 x、y、z 轴的投影方式及比例，以便有效地选择图框大小及布置图画。

8.4.2　绘图准备工作

8.4.2.1　投影方式

x、y、z 轴可根据需要选用图 8-9 所示的投影方式。

图 8-10 中 a、b 表示通风平面图图框，a 称为竖边，b 称为横边。根据竖边及横边大小决定投影方式。若 a 近似于 b，用斜二侧投影，若 a 小于 b，用正等侧投影，这样可使 z 轴倾斜而缩小图面。

8.4.2.2　比例

若无特殊要求，x、y 轴的比例取通风平面图的比例。z 轴的比例按下法选取：矿井中段的真实高度为 H(m)，在通风系统图上取为 h(m)表示，如图 8-11 所示，通风系统图上 z

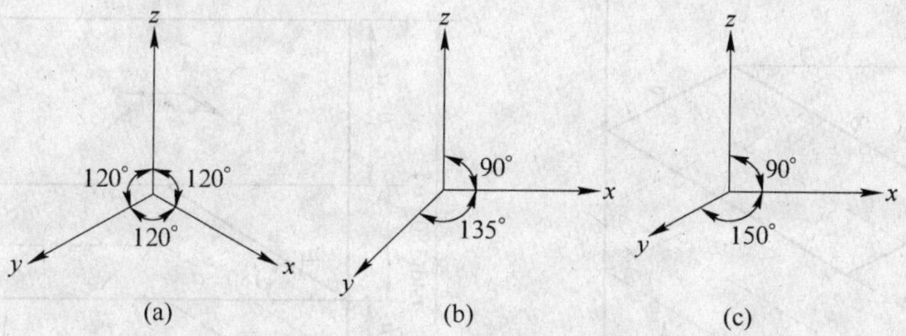

图 8-9 通风系统图的投影方式

(a) 正等侧投影；(b)，(c) 斜二侧投影

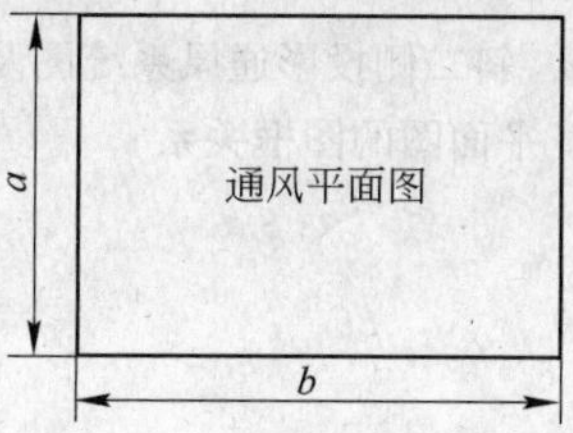

图 8-10 通风平面图边框尺寸图

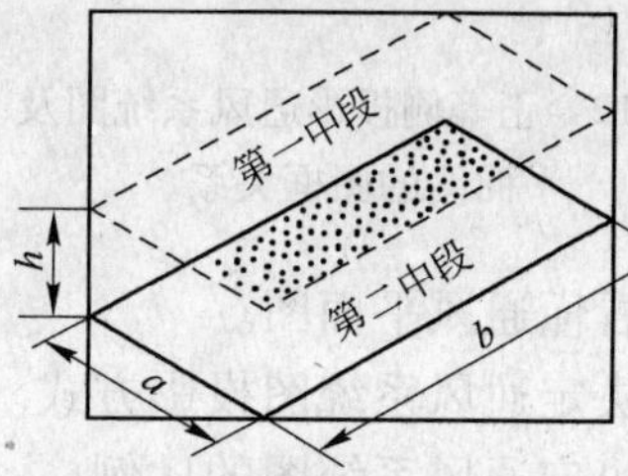

图 8-11 通风系统图上所表示的中段高

轴的比例为1∶z，而：

$$z = \frac{H}{h}$$

可以看出，h 大图纸竖边增大，h 小各中段巷道在图纸上重叠多。一般可取 $h = \frac{a}{2}$或 $h = \frac{a}{4}$。若各中段的巷道偏于平面图上的一侧，取 $h = \frac{a}{4}$，否则取 $h = \frac{a}{2}$。为使作图方便，z 应取整数。

8.4.2.3 图框的确定

设通风系统图图框的竖边长度为 a，横边长度 b。

正等侧投影 如图 8-12 所示。

$$a' = (0 \sim a) + (n-1)h + (a+b)\sin 30°$$

式中 $0 \sim a$——图纸备用竖边，m（矿井为平硐开拓取 0，为竖井开拓取 a）；

n——中段数。

$$b' = (a+b)\cos 30°$$

斜二侧投影如图 8-13 所示。

$$a' = (0 \sim a) + (n-1)h + a\sin(180° - \alpha)$$

$$b' = b + a\cos(180° - \alpha)$$

8.4.3 作图步骤

作图步骤为：

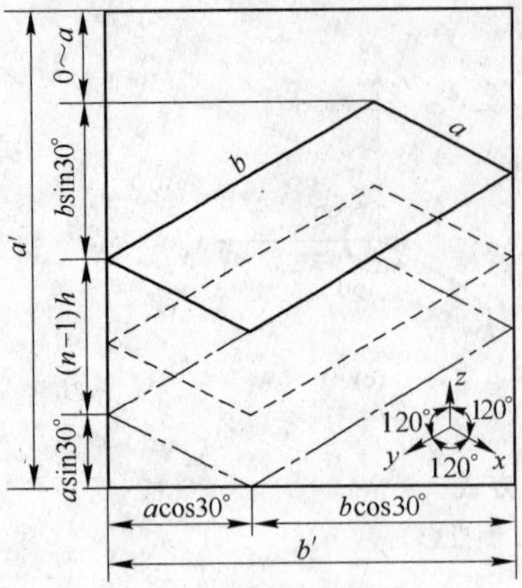

图 8-12 正等侧投影通风系统图及平面图的图框关系

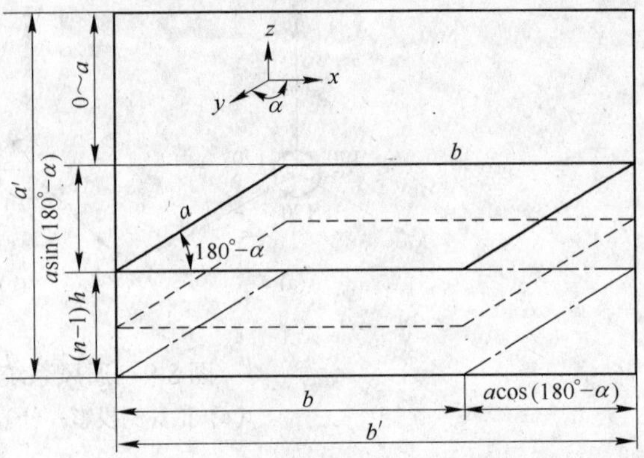

图 8-13 斜二侧投影通风系统图及平面图的图框关系

（1）看懂通风平面图。

（2）决定通风系统图投影方式。

（3）决定通风系统图的比例。

（4）决定通风系统图的图框尺寸。

（5）按以上决定作出图框及各中段投影平面，如图 8-12、图 8-13 所示。根据通风平面图将相应的中段平巷作在通风系统图上，如图 8-14 所示。从上中段向下中段依次作图，并连接各中段的天井、竖井、斜井，然后注明风流方向及通风构筑物，最后清理图纸。

为了完成矿井通风系统检查中有关指标的计算，要求对整个通风系统进行全面的风量测定。布置测风点应能反映出矿井的总风量、各中段风量及各用风点实得风量。

一个通风系统中各测点的测风工作最好同时进行，当矿井测风点数较多，而仪器及人员数量有限，需要分批对各测点实测风量时，为了把各实测风量校正到某一规定

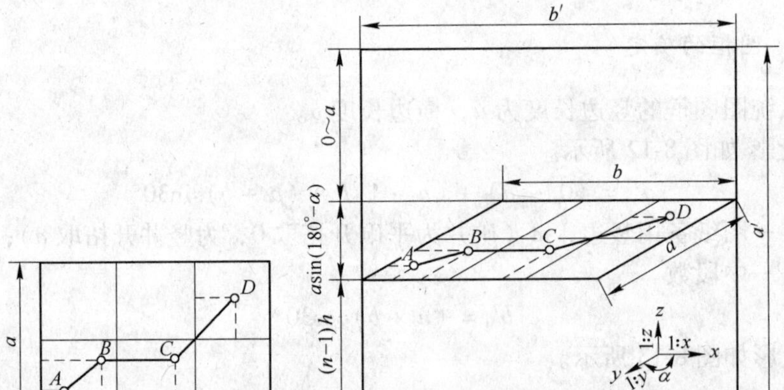

图 8-14 按通风平面图作通风系统图

（a）平面图；（b）立体图

时间的风量，应在总进风或总出风中布置固定测风点，测出每一批测风的总风量值，并对各实测风量值进行校正。恒温压差计记录计算见表 8-2。

表 8-2 恒温压差计记录计算表

项目		栏数	测点 n 1	2	3	4	5	6	7	8
实测时间		一	14:40	14:45	14:55	15:15	15:25	15:45	15:50	
测点名称		二	风硐口	主扇前	主扇后	上山脚	上山头	辅扇前	辅扇后	
测点间距 L/m		三	0	180	10	894	74	396	5	
累进距离 ΣL/m		四	0	180	190	1084	1158	1554	1559	
空气密度	测点气压 p/mmHg	五	573	572	573.5	573	570.6	566	567	
空气密度	测点气温 t/℃	六	21.5	22	20	19.5	19	18	18.5	
空气密度	测点空气密度 ρ/kg · m^{-3}	七	0.897	0.894	0.902	0.903	0.901	0.897	0.897	
空气密度	两测点间空气平均密度 ρ_c/kg · m^{-3}	八	0.896	0.898	0.903	0.902	0.899	0.897		
恒压计读数	测点读数 h_H/mm 油柱	九	154.5	147	171.5	150.5	117.5	49	67	
恒压计读数	两测点读数差 Δh_H/mm 油柱	十	+7.5	−24.5	+21	+33	+68.5	−18		
恒压计读数	仪器校正值 K	十一	0.840							
恒压计读数	两测点气压差 $\Delta p = 9.81K\Delta h_H$/Pa	十二	+61.80	−201.89	+173.05	+271.93	+564.47	−148.33		
高程校正	测点标高 H/m	十三	2342.67	2343.03	2343.03	2346.76	2376.76	2414.50	2416.973	
高程校正	两测点高差 ΔH/m	十四	−0.36	0	−3.73	−30	−37.74	−2.473		
高程校正	校正值 $9.81\Delta H\rho_c$/Pa	十五	−3.16	0	−33.04	−265.46	−332.84	−21.76		
地表气压校正	相同时间读数 h'_H/mm 油柱	十六	233	234	231	229	228.5	226	224	
地表气压校正	相应时间读数差 $\Delta h'_H$/mm 油柱	十七	−1	+3	+2	+0.5	+2.5	+2		
地表气压校正	地表恒压计校正值 K'	十八	0.857							
地表气压校正	两测点间气压变化校正值 $\Delta p = 9.81K'\Delta h'_H$/Pa	十九	−8.41	+25.22	+16.81	+4.20	+21.02	+16.81		
两测点间压差 h_{n-n+1}/Pa		二十	+67.05	−227.11	+123.20	+2.27	+210.61	−186.9		
与零点相对应的负压值/Pa		二十一	0	+67.05	−160.06	−36.86	−34.59	+176.02	−10.88	
计算方法 第七栏根据五、六栏按（1）式计算； 第八栏根据第七栏相邻两点平均按(2)式计算； 第十栏根据第九栏相邻两点前点减后点按（3）式计算（n 测点顺序）； 第二十栏等于第十二栏加第十五栏减第十九栏按(6)式计算		二十二	计算公式 $\rho = 0.461\dfrac{p}{T}$ (1)　$\Delta p = 9.81k\Delta h_H$ (4) $\rho_c = \dfrac{\rho_n + \rho_{n+1}}{2}$ (2)　$\Delta H = H_n - H_{n+1}$ (5) $\Delta h_H = h_{Hn} - h_{Hn+1}$ (3)　$h_{n-n+1} = \Delta p + 9.81\Delta H\rho_c - \Delta p'$ (6)							

复习思考题

8-1　要改变整个通风网路的风阻，改变哪一个容易收获？

8-2　辅扇设风墙与不设风墙有何不同？

8-3　辅扇有哪些用途？

8-4　说明空气幕的用途。

8-5　说明导风板的用途。

8-6　根据自己的理解，回答表8-3的有关问题。

表8-3　对串、漏、反、循的分析

现　象	危害作用	产生的原因	克服方法
串联风流 漏　风 反转风流 循环风流			

8-7　说明矿井通风检查的目的。

8-8　衡量一个通风系统有哪些主要指标及辅助指标？

8-9　试说明矿井风量测定的方法。

8-10　比较倾斜压差计及恒温压差计的优缺点。

8-11　如何实测矿井扇风机特征？

8-12　如图8-15所示，各测点用恒温压差计实测，实测数据见表8-4，试计算压差并作出压差梯度图。

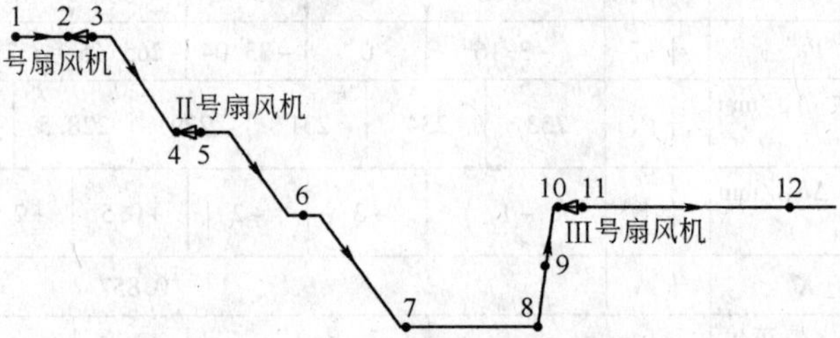

图8-15　测压线路

表8-4　某矿测压实测记录

测　　点	1	2	3	4	5	6
间距/m	0	30	5	291	5	74
气压/mmHg	572	571.5	574.5	576	578	579.5
气温/℃	18.5	18	18	18	18	18
恒温压差计读数/mm油柱	40	37	70	108	135	157
恒温压差计校正值	0.833					
标高/m	2353.68	2353.68	2353.68	2280.55	2280.55	2253.68
地表恒压计读数/mm油柱	230	228	227	226.5	226	226
地表恒温压差计校正值	0.843					

续表 8-4

测　　点	7	8	9	10	11	12
间距/m	112	267	25	114	5	460
气压/mmHg	582	582	581	580	581	581
气温/℃	18	18	18	18	18	18
恒温压差计读数/mm 油柱	203	198	164	132	165	145
恒温压差计校正值	0.833					
标高/m	2208.46	2208.50	2229.95	2255.00	2255.00	2254.39
地表恒压计读数/mm 油柱	226	224	223	224	223	223
地表恒温压差计校正值	0.843					

9 井下生产防尘

9.1 粉尘

9.1.1 粉尘的产生

在生产过程中产生和形成的、能较长时间在空气中悬浮的固体微粒被称为生产性粉尘。悬浮于空气中的粉尘称为浮尘，已沉落的粉尘称为积尘，我们检测和防治的重点就是浮尘。从胶体化学的观点来看，含有粉尘的空气是一种气溶胶，悬浮粉尘散布弥漫在空气中与空气混合，共同组成一个分散体系，分散介质是空气，分散相是悬浮在空气中的粉尘粒子。

在许多生产过程中都能散放出大量的粉尘，如化学工业、固体原材料、半成品的加工和成品的包装等过程中产生粉尘，轻工业在搪瓷、纺织以及皮毛加工等生产过程中产生粉尘，机械工业的铸造、研磨等工序产生粉尘，煤炭以及各种矿石、岩石的开采和加工产生粉尘，冶金工业的选矿、烧结、耐火材料等工序产生粉尘，农业的耕种、收获等也能产生粉尘。总之，粉尘的产生过程概括起来有两类：一是机械过程，其中包括固体的粉碎、研磨等，粉末状或散粒状物料的混合、过筛、输送、包装等；二是物理化学过程，其中包括物质的不完全燃烧或爆炸，物质被加热时产生的蒸气在空气中凝结或被氧化等。

表明粉尘产生状况的指标有：

（1）粉尘浓度 C——悬浮于单位体积空气中的粉尘量，mg/m^3；

（2）产尘强度 G——单位时间进入矿内空气中的粉尘量，mg/s；

（3）相对产尘强度 G'——每采掘 1t 矿（岩）所产生的粉尘量，mg/t。

9.1.2 粉尘的性质

固体块状物料被破碎成细小的粉状微粒后，除继续保持原有的主要物理化学性质外，还会出现许多新的特性，如爆炸性、带电性等。研究掌握这些特性对于粉尘的检测及防尘措施的制定有很强的指导意义。

9.1.2.1 粉尘的化学成分

粉尘的化学成分及含量直接决定着其对人体的危害程度。粉尘中所含游离二氧化硅的量越高，则引起尘肺（也称肺尘埃沉着病，下同）病变的程度越重，病情发展的速度越快，所以危害性也越大。

二氧化硅约占地壳的60%~70%，总称为硅石，在地表分布极为广泛。其以结合型和游离型两种形态存在于自然界中。游离二氧化硅中有无定型的，如硅藻土，致纤维化能力较弱；还有结晶型的，如石类，具有很强的致纤维化能力。结合型二氧化硅，如石棉、滑石，其致病力也因游离二氧化硅含量高低而不同。石棉肺症状在尘肺中最重，而滑石肺症状较轻。

经研究证明、游离二氧化硅含量（质量分数）在70%以上的粉尘所致尘肺，肺内弥漫性纤维性病变多以结节为主，进展较快且易融合成大的纤维团块；游离二氧化硅含量（质量分数）低于10%的粉尘所致尘肺，肺内病变则以间质纤维化为主，发展较慢且不易融合。以上说明粉尘中游离二氧化硅含量不同，所引起的尘肺表现形式也不同。

在尘肺发生中，除粉尘中游离二氧化硅这一关键因素之外，其他因素也不容忽视，如一些稀有元素和放射性物质，也能影响尘肺的发病和病程。

9.1.2.2 粉尘的分散度

粉尘的粒径分布称为粉尘的分散度。粉尘的粒径对球形粒子来讲是指它的直径。实际尘粒的形状大多是不规则的，只能用某一代表性的数值作为粉尘的粒径。例如，用显微镜法测定粒径时有定向粒径、长轴粒径、短轴粒径等；用液体沉降法测出的粒径称为斯托克斯粒径。

生产性粉尘粒子大小通常用其直径（粒径，μm）来表示。

粉尘的分散度不同，其存在的形态及对人体健康的危害也有所不同。

分散度与粉尘在空气中存留的时间有关。分散度越高则粉尘粒子沉降越慢，在空气中飘浮时间越长。不同直径的粉尘，从呼吸带（1.5m左右）降落至地面，所需时间差异很大，在静止空气中10μm的石英尘，数分钟就降落下来，1.0μm的石英尘降落到地面需5~7h，0.1μm石英尘24h左右才能降落下来。

在矿井生产环境空气中的粉尘，以10μm以下者最多，其中2μm以下者占40%~90%。这些粉尘因其对人体健康的损害成为防治的重点。

分散度与粉尘在呼吸道中的阻留有关。一般情况下10μm以上的尘粒，在上呼吸道沿途被阻留，5μm以下的尘粒，可达到肺泡。硅肺尸检发现，肺组织中多数是5μm以下的尘粒，也有极个别的尘粒大于5μm，粒径在0.5μm以下的粉尘，因质量极小，在空气中随空气分子运动，可随呼出气流排出。

分散度与粉尘的理化性质有关。粉尘分散度越高，则单位体积粉尘总表面积（单位体积中所有粒子的表面积的总和）越大，表面积大，理化活性高，易参与理化反应。同时粉尘能吸附气体分子，在尘粒表面形成一层薄膜，阻碍粉尘的凝聚，增加了粉尘在空气中存留的时间。粉尘表面积大，增加了吸附空气分子能力。

9.1.2.3 粉尘的溶解度

粉尘的溶解度大小与其对人体的危害程度的关系因粉尘性质的不同而异。毒性粉尘，随着溶解度的增加，有害作用也加强；对人体主要起机械性刺激的粉尘，尘粒溶解得越迅速、越完全，危害性越小。

值得提出的是石英粉尘，虽然其在体内溶解较少，但对人体的危害比较严重。

9.1.2.4 粉尘的荷电性

生产性粉尘所带电荷的来源有：在粉碎过程中形成；在运动中粉尘间互相摩擦而产

生，吸附了空气中的离子而带电；也可以由其他带电表面直接接触而得到。粉尘粒子的荷电量取决于尘粒的大小和质量，同时受温度和湿度的影响，温度升高，则荷电量增高，湿度增加时，荷电量降低。

粉尘的荷电性对粉尘在空气中的稳定程度有一定影响，同性电荷相斥，增加了尘粒在空气中的稳定性。异性电荷相吸，则粒子在撞击时凝集而沉降。

粉尘的荷电性首先影响粉尘吸入人体后的阻留量。在其他条件相同的情况下，荷电粉尘在肺内阻留量达70% ~74%，而非荷电的只有10% ~16%。尘粒带电程度还能影响细胞吞噬作用的速度。

9.1.2.5 粉尘的形状和硬度

粉尘粒子的形状多种多样，有块状、片状、针状、线状及其他形状。粉尘粒子的形状在某种程度上影响粉尘在空气中的稳定性。质量相同的尘粒，其形状越接近球形，则沉降时所受阻力越小，沉降速度越快。

带棱角坚硬的粉尘作用于呼吸道、黏膜和皮肤时能引起较大的损伤，对呼吸道有一定的机械性刺激。

9.1.2.6 粉尘的爆炸性

固体物料破碎后，总表面积大大增加。例如，边长为10mm的立方体固体粉碎成边长为1μm的小粒子后，总表面积由600mm^2增加到6m^2，由于表面积增加，粉尘的化学活泼性大为加强。某些在堆积状态下不易燃烧的可燃物如糖、面粉、煤粉、硫黄、铝、锌等，当其以粉末状态悬浮于空气时，与空气中的氧有了充分的接触机会，在一定的温度和浓度等条件下，可能发生爆炸。各种可爆炸性粉尘最小浓度：煤尘为30 ~40g/m^3；铝、淀粉、硫黄为7g/m^3；糖为10.3g/m^3。所以设计除尘系统时，必须高度注意，避免爆炸事故的发生。

9.1.2.7 粉尘的可湿性

尘粒是否易被水（或其他液体）润湿的性质称为可湿性。根据粉尘被水润湿程度的不同可将粉尘分为两类：一类是容易被水润湿的如泥土等，称为亲水性粉尘；另一类是难以被水润湿的粉尘如炭黑等，称为疏水性粉尘。亲水性粉尘被水润湿后会发生凝聚、增重，有利于粉尘从空气中分离；疏水性粉尘则不宜采用湿法除尘。

粒径对粉尘的可湿性也有很大影响。5μm以下（特别是1μm以下）的尘粒因表面吸附了一层气膜，即使是亲水性粉尘也难以被水润湿。只有当液滴与尘粒之间具有较高相对速度时，才能冲破气膜使其润湿。有的粉尘（如水泥、石灰等）与水接触后，会发生黏结和变硬，这种粉尘称为水硬性粉尘，不宜采用湿法除尘。

9.1.3 粉尘的传播

任何粉尘都要经过一定的传播过程，才能以空气为媒介侵入人的机体组织。在自然力或机械力的作用下使尘粒从静止状态变成悬浮于周围空气中的作用，称为“尘化”作用。下面是尘化作用的几种情况。

9.1.3.1 剪切压缩造成的尘化作用

如图 9-1 所示，筛分物料用的振动筛往复振动时，使疏松的物料不断受到挤压，因而会把物料间隙中的空气猛烈挤压。当这些气流向外高速运动时，气流和粉尘的剪切压缩作用，带动粉尘一起逸出。

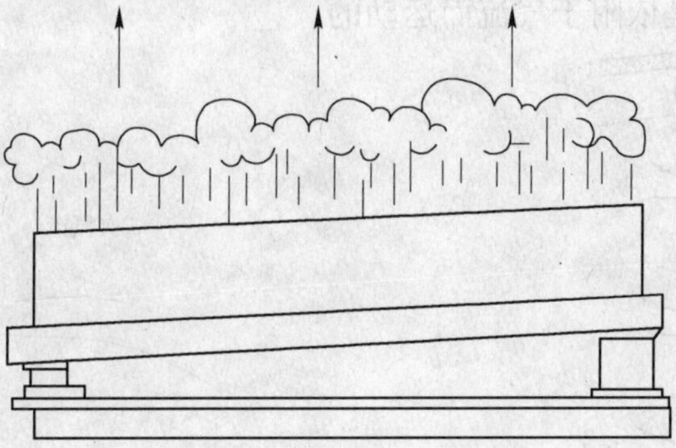

图 9-1 剪切压缩造成的尘化作用

9.1.3.2 诱导空气造成的尘化作用

如图 9-2、图 9-3 所示，物体或粒状物料在空中高速运动时，能带动周围空气随其流动，这部分空气称为诱导空气。空气和物料的相对运动使粉尘飞扬。

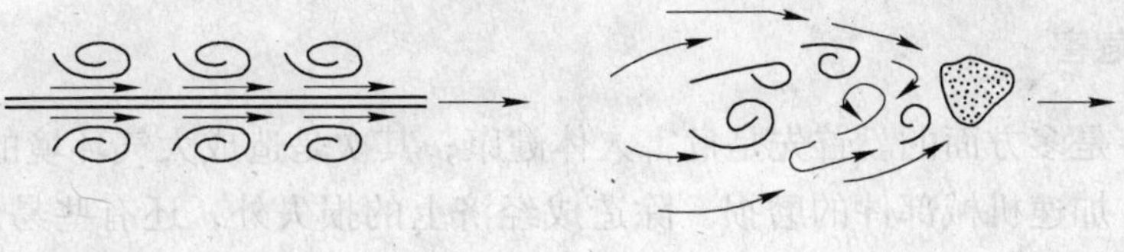

图 9-2 诱导空气造成的尘化作用（块、粒状物料运动时）

9.1.3.3 综合尘化作用

如图 9-4 所示，皮带运输机的粉料从高处下落到地面时，由于气流和粉尘的剪切作用，被物料挤压出来的高速气流会带着粉尘向四周飞溅。另外，粉尘在下落过程中，由于剪切和诱导空气的作用，高速气流也会使部分物料飞扬。

9.1.3.4 热气流上升造成的尘化作用

当炼钢电炉、加热炉以及金属浇铸等热产尘设备表面的空气被加热上升时，会带着粉尘一起运动。

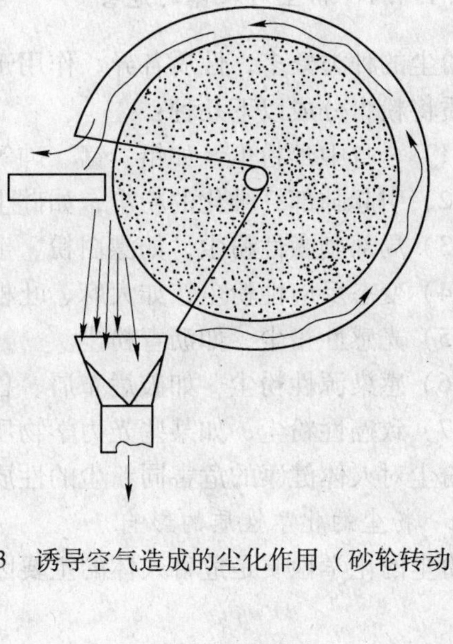

图 9-3 诱导空气造成的尘化作用（砂轮转动时）

通常，把上述各种使尘粒由静止状态进入空气中浮游的尘化作用称为一次尘化作用。引起一次尘化作用的气流称为尘化气流。通过对尘粒运动状态的分析研究表明，一次尘化作用给予粉尘的能量是不足以使粉尘扩散飞扬的，它只造成局部地点的空气污染。造成粉尘进一步扩散，污染空间环境的主要原因是二次气流，即由于通风或冷热气流对流所形成的空间内气流。如图 9-5 所示，二次气流带动局部地点的含尘空气在整个空间内流动，使粉尘飞扬。所以，粉尘是依附于气流而运动的。

图 9-4　综合性的尘化作用

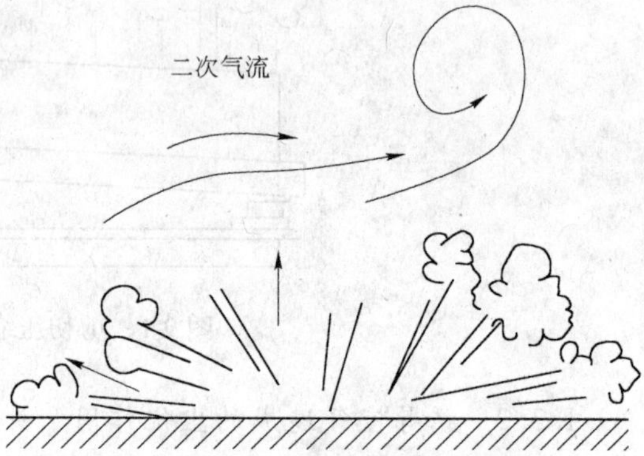

图 9-5　二次气流对粉尘扩散的影响

9.1.4　粉尘的危害

粉尘的危害是多方面的。首先是危害人体健康；其次是造成大气环境的污染；再次是影响产品质量、加速机械部件的磨损。除造成经济上的损失外，还有些易燃易爆的粉尘，可能会引起爆炸事故发生，不利于安全生产。

9.1.4.1　粉尘对人体的危害

粉尘的种类繁多，性质各异，作用于人体之后所引起的变化也各有不同。可按病理作用性质将粉尘分成以下几种：

(1) 全身中毒粉尘，如铅、锰、砷等粉尘。

(2) 引起肺部纤维化的粉尘，如硅尘、硅酸盐类粉尘等。

(3) 局部刺激性粉尘，如漂白粉、生石灰、水泥等。

(4) 变态反应性粉尘，如大麻、吐根、乌苏尔等粉尘。

(5) 光感性粉尘，如沥青粉尘。

(6) 感染源性粉尘，如破烂布屑、兽毛等粉尘。

(7) 致癌性粉尘，如某些光力学物质和放射性物质等粉尘。

粉尘对人体健康的危害同粉尘的性质及粒径大小和进入人体的粉尘量有关。

A　粉尘的化学性质的影响

粉尘的化学性质是危害人体的主要因素，因为化学性质决定它在人体内参与和干扰生化过程的程度和速度，从而决定危害的性质和大小。有些毒性很强的金属粉尘（铬、锰、镉、铅、镍等）进入人体后，会引起中毒以致死亡。例如，铅使人贫血，损害大脑；锰、镉损害人的神经、肾脏；镍可以致癌；铬会引起鼻中隔溃疡和穿孔以及肺癌发病率增加。此外，它们都能直接对肺部产生危害。如吸入锰尘会引起中毒性肺炎；吸入镉尘会引起心肺机能不全等。粉尘中的一些重金属元素对人体的危害很大。

一般粉尘进入人体肺部后，可能引起各种尘肺病。有些非金属粉尘如硅、石棉、炭黑等，由于被人体吸入后不能排除，将变成硅肺、石棉肺和尘肺。例如，含有游离二氧化硅成分的粉尘，在肺泡中沉淀会引起纤维性病变，使肺组织硬化而丧失呼吸功能，产生硅肺。

B 粉尘粒径的影响

粉尘粒径的大小是危害人体的另一个重要因素，它主要表现在以下两个方面：

（1）粉尘粒径小，粒子在空气中不易沉降，也难以捕集，造成长期空气污染；同时易于随空气被吸入人的呼吸道深部。一般来说，粒径大于 5μm 的粒子容易被呼吸道阻留，一部分阻留在口、鼻中，一部分阻留在器官和支气管中。

图 9-6 所示为不同粒径的粉尘在人的呼吸部位的沉积情况。支气管具有长的纤毛的上皮细胞，这些纤毛把黏附有粉尘的黏液送到喉咙，然后被人咳出去或者咽到胃里；粒径小于 5μm 的粒子能进入人体的肺泡，在肺泡沉淀下来，由于肺泡壁极薄，无数肺泡的表面积很大，且其为含碳酸的液体所润湿，周围毛细血管很多，便于成为吸收有害物的主要地点。粒径小的有害物又比较易溶解，经肺泡吸收也较快。因为有害物通过肺泡的吸收速度快，而且被肺泡吸收后，不经肝脏的解毒作用，直接被血液和淋巴输送到全身，所以有很大的危害性。

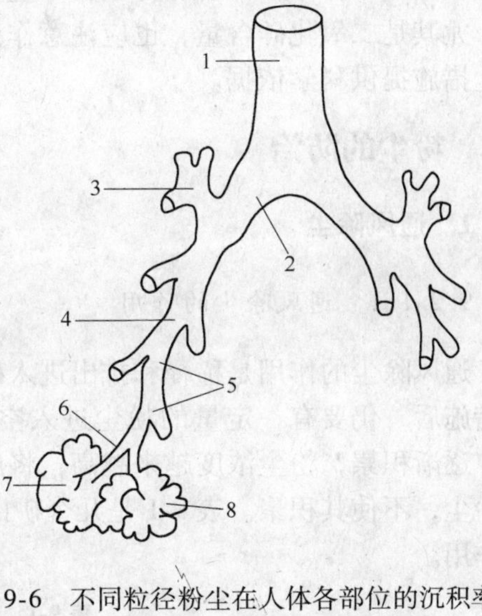

图 9-6 不同粒径粉尘在人体各部位的沉积率

1—气管；2—一级支气管；3—二级支气管；4—三级支气管；5—五级及六级支气管；6—呼吸性支气管；7—肺泡管；8—肺泡囊

（2）粉尘粒径小，不仅其化学活性增大，表面活性也增大（由于单位质量的表面积增大），加剧了人体生理效应的发生与发展。例如锌和一些金属本身并无毒，但将其加热后形成烟状氧化物时，其可与体内蛋白质作用而引起发烧，发生所谓铸造热病。

另外，粉尘的表面可以吸附空气中的有害气体、液体以及细菌病毒等微生物，它是污染物质的媒介物，还会和空气中的二氧化硫联合作用，加剧对人体的危害。

粉尘还能大量吸收太阳紫外线短波部分，严重影响儿童的生长发育。

9.1.4.2 粉尘对大气污染的影响

中国的大气污染已达到相当普遍而严重的程度。由于工业布局不合理、人口密集及管理不善等原因，城市大气污染更为严重。目前我国能源构成中煤炭占 70% 以上，石油及天然气占 25%，而能量利用率在 30% 以下，加上民用炉灶及采暖锅炉效率低，燃烧点分散，更加重了污染。

9.1.4.3　粉尘对生产的影响

粉尘对生产的影响主要是降低产品的质量和机器工作精度，如感光胶片、集成电路、化学试剂、精密仪表和微型电机等产品，若是被粉尘沾污或其转动部件被磨损、卡住，就会降低质量甚至报废。有些工厂车间经常由于对生产环境的粉尘控制不严而受到许多损失。粉尘还使光照度和能见度降低，影响室内作业的视野。有些粉尘会对建筑物造成物理的及化学的侵蚀和破坏。

9.1.4.4　粉尘爆炸性危害

分散在空气中的某些粉尘，同时具备氧气、高温等条件。可燃粉尘就会燃烧、爆炸。爆炸在瞬间发生，伴随高温、高压、热空气膨胀形式的冲击波，具有很强的摧毁力和破坏性。

在实际工作中，评价矿井生产环境空气中粉尘对人体危害程度时，既应分析其化学组成，尤其是二氧化硅含量，也应注意作业环境中的粉尘浓度，通过综合评价，为制定矿井防尘措施提供科学依据。

9.2　粉尘的防治

9.2.1　通风除尘

9.2.1.1　通风除尘的作用

通风除尘的作用是稀释和排出进入矿内空气中的粉尘。矿内各尘源在采取了防尘、降尘措施后，仍要有一定量的粉尘进入空气中，而且多为微细粉尘，能长时间悬浮于空气中。逐渐积累，粉尘浓度越来越高，将严重危害人身健康。必须采取有效通风，稀释并排走粉尘，不使其积聚。表9-1是几个矿山掘进工作面凿岩时的测定资料，从中可看出通风的作用。

表9-1　掘进工作面粉尘浓度

矿　山	粉尘浓度/$mg \cdot m^{-3}$	
	湿式作业（未通风）	湿式作业（通风）
锡矿山	3.6～6.6	0.4～1.5
盘古山	3.9～6.8	1.4～1.9
大吉山	3.5	2.0

为保证通风除尘的有效作用，要求新鲜风流有良好的风质，《冶金地下矿山安全规程》要求：入风井巷和采掘工作面的风源含尘量不得超过0.5mg/m^3。

9.2.1.2　粉尘的沉降

A　粉尘沉降运动的阻力

粉尘在静止空气中，同时受重力和空气浮力的作用。当重力大于浮力时，粉尘做沉降运动，同时受到空气阻力的作用。阻力的作用方向与沉降运动方向相反，可按式（9-1）计算：

$$F_c = C\frac{\pi}{4}d_p^2\frac{\rho v^2}{2} \tag{9-1}$$

式中 F_c——粉尘沉降运动受到的阻力，N；

C——阻力系数，无因次；

d_p——粉尘的粒径，m；

ρ——空气密度，kg/m^3；

v——粉尘的沉降速度，m/s。

阻力系数由实验方法确定，与尘粒在空气中的运动状态亦即雷诺数 Re 及形状等因素有关。

$$Re = \frac{d_p v}{\nu} = \frac{d_p v\rho}{\mu} \tag{9-2}$$

式中 d_p——粉尘的粒径，m；

ν——空气运动黏度，m^2/s；

v——尘粒与空气的相对速度，m/s；

μ——空气动力黏度，kg/(s·m)；

ρ——空气密度，kg/m^3。

实验表明，当 $Re \leqslant 1$ 时，尘粒沉降运动属于层流运动区域，而矿内空气中悬浮粉尘的粒径，一般小于50μm，亦即 $Re \leqslant 1$，沉降运动在层流区内。在层流区内，尘粒沉降主要受空气黏性摩擦阻力影响。阻力系数按式（9-3）计算：

$$C = \frac{24}{Re} \tag{9-3}$$

将式（9-3）及式（9-2）代入式（9-1），则层流区的阻力计算式为：

$$F_c = \frac{24}{Re}\times\frac{\pi}{4}d_p^2\frac{v^2\rho}{2} = 3\pi\mu d_p v \tag{9-4}$$

式（9-4）表明，在层流区，尘粒沉降运动阻力与沉降速度的一次方成比例。此公式也叫作斯托克斯（Stokes）阻力公式。

B 粉尘沉降速度

粉尘在静止空气中的沉降运动方程如下：

$$m_p\frac{dv}{dt} = \frac{\pi}{6}d_p^3\rho_p g - \frac{\pi}{6}d_p^3\rho g - C\frac{\pi}{4}d_p^2\frac{\rho v^2}{2} \tag{9-5}$$

式中 m_p——粉尘的质量，kg；

$\frac{dv}{dt}$——粉尘运动过程产生的加速度，m/s^2；

ρ_p——粉尘的密度，kg/m^3；

g——重力加速度，m/s^2；

其他符号意义同前。

式（9-5）右侧第一项为尘粒重力，第二项为空气浮力，第三项为空气阻力。尘粒开始沉降时，速度很小，阻力也很小，则重力大于空气浮力与阻力之和，作加速沉降运动。随着沉降速度的增加，阻力也增加，则加速度减小。当重力与浮力和阻力达到平衡时，加速度将为0。此时，尘粒沉降速度达到最大值且恒定，开始作等速沉降运动，此最大沉降速度称为粉尘沉降速度 v_p。

将式（9-4）代入式（9-5），并令加速度等于0，则得出层流区粉尘沉降速度计算式为：

$$\frac{\pi}{6}d_p^3(\rho_p-\rho)g = 3\pi\mu d_p v_p$$

$$v_p = \frac{(\rho_p-\rho)g}{18\mu}d_p^2 \tag{9-6}$$

式中符号意义同前。依式（9-6）算出硅尘（球形，密度为2630kg/m^3）的沉降速度，如表9-2所示。可以看出，微细粉尘的沉降速度是很小的，能长时间悬浮于空气中。

表 9-2 硅尘在静止空气中的沉降速度

尘粒直径/μm	沉降速度/m·s^{-1}	
	湿式作业（未通风）	湿式作业（通风）
50	19.7	716.4
10	0.786	28.29
5	0.197	7.16
1	0.00786	0.283

表9-2同样适用于尘粒在其他流体中的沉降运动，只需取相应流体的密度和黏度。利用粉尘在水中沉降，测出其沉降高度及时间，算出沉降速度，即可反求出尘粒的粒径。此粒径为沉降粒径（斯托克斯粒径）。

如气流以等于尘粒的沉降速度向上流动时，则尘粒将处于既不上升又不沉降的悬浮状态。此速度称为粉尘的悬浮速度，它与沉降速度数值相等，方向相反。

粉尘的扩散运动：当粉尘的粒径达到超微粒径（小于0.25μm）时，因其重力很小，沉降速度也很小，当受到空气分子布朗运动的撞击时，也随之产生不规则运动，尘粒越小，运动越激烈。对于超微粉尘，其扩散运动速度将超过沉降运动速度，这一特点应予以重视。

9.2.1.3 粉尘在井巷风流中的运动

A 粉尘在风流中的悬浮与运动

粉尘特别是微细粉尘，在空气中的沉降与扩散运动是很小的，比风流速度要小很多，所以，粉尘主要是受风流的控制而运动。

在垂直井巷中，含尘气流上升运动时，只要风速大于粉尘沉降速度，粉尘即随风流运动。

在水平巷道中，风流运动方向与粉尘沉降方向相垂直，风速对粉尘的悬浮没有直接作用。但在井巷中，风流一般都是紊流，具有横向脉动速度，可与沉降速度方向相反。所以，只要风流是紊流并且横向脉动速度均方根值等于或大于粉尘沉降速度，则粉尘即能悬浮于风流中并随之运动。粉尘随风流运动，因脉动速度的变化、粒子形状不规则、粒子间的摩擦和碰撞等原因，是不规则的运动。据一些资料介绍，紊流脉动速度约为风流平均速度的3% ~10%。

B 最低排尘风速

能使对人体最有危害的粉尘（呼吸性粉尘）保持悬浮状态并随风流运动的最低风速，称为最低排尘风速。许多研究人员对最低排尘风速进行了实验研究，给出了不同数值。一般认为，最低排尘风速应不小于0.15m/s。我国《冶金地下矿山安全规程》规定：硐室型采场最低风速不应小于0.15m/s；巷道型采场和掘进巷道最低风速不应小于0.25m/s；电耙道和二次破碎巷道最低风速不应小于0.5m/s。

排尘风速增大时，粒径稍大的尘粒也能悬浮并被排走，同时增强了稀释作用，在产尘强度一定条件下，粉尘浓度将随之降低。当风速达到一定值时，作业场所粉尘浓度可降到最小值，此风速称为最优排尘风速。风速再增高时，粉尘浓度又随之增高，说明吹扬沉积粉尘的作用已超过了稀释粉尘的作用。

C 扬尘风速

沉积于巷道底板、周壁以及矿岩等表面上的粉尘，在受到较高风速的风流作用时，可能再次被吹扬起来而污染风流，此风速称为扬尘风速，可参考式（9-7）确定：

$$v = K\sqrt{\rho_p d_p} \tag{9-7}$$

式中 v——扬尘风速，m/s；

K——系数，取10 ~16，粒径及巷道尺寸较大时取大值；

ρ_p——粉尘的密度，kg/m^3；

d_p——粉尘粒径，m。

扬尘风速除与粉尘粒径和密度有关外，还与粉尘湿润程度、巷道潮湿状况、附着状况、有无扰动等因素有关。据试验，在干燥巷道中，在不受扰动情况下，赤铁矿尘的扬尘风速为3 ~4m/s，煤尘扬尘风速为1.5 ~2.0m/s。在潮湿巷道中，扬尘风速可达6m/s以上。粉尘二次吹扬，成为次生粉尘，能造成严重污染，除控制风速外，及时清除积尘和增加粉尘湿润程度是常用的防尘方法。

9.2.2 水力降尘

水力降尘是矿山必须采取的一项有效而简便的防尘措施，按作用还可分为用水湿润粉尘以抑制其飞扬扩散和用水捕捉悬浮于空气中的粉尘。

9.2.2.1 用水湿润粉尘

A 洒水

在矿岩的装载、运输和卸落等生产过程和地点以及其他产尘设备和场所，都应进行喷雾洒水。粉尘湿润后，尘粒互相附着凝集成较大尘团，同时增强了对巷道周壁或矿岩表面的附着性，从而抑制粉尘飞扬，减少产尘强度。某矿实测装岩过程洒水防尘效果是：

不洒水、干装岩 工作地点粉尘浓度大于10mg/m³；

装岩前一次洒水　工作地点粉尘浓度约为 $5mg/m^3$；

分层多次洒水　工作地点粉尘浓度小于 $2mg/m^3$。

洒水要利用喷雾器进行，这样喷洒均匀，湿润效果好，耗水量少。洒水量应根据矿岩的数量、性质、块度、原湿润程度及允许含湿量等因素确定，一般 1t 矿岩可洒水 10～20L。生产强度高、产尘量大的设备或地点，应设自动洒水装置。

凿岩、出碴前，应清洗工作面 10m 内的岩壁。而进风道、人行道及运输巷道的岩壁，每季至少应清洗一次。

B　湿式凿岩

湿式凿岩是通过凿岩机钎杆的中孔，将压力水送入钻孔底部，湿润、冲洗并排出生成的粉尘。有中心供水与旁侧供水两种供水方式，目前生产较多的是中心供水式凿岩机。为保证湿式凿岩的捕尘效果，应注意以下问题：

(1) 供水量。要有足够的供水量，使之冲刷孔底。钎头出水孔要尽量靠近钎刃，使粉尘生成后能立即被水包围湿润，防止因与空气接触，粉尘表面形成吸附气膜而影响湿润效果。钻孔中水充满程度越好，效果越好。各类凿岩机出厂时，都有供水量的要求。

(2) 避免压气或空气混入清洗水中。压气或空气混入清洗水中，一方面尘粒表面可形成气膜，另一方面微细粉尘能附于气泡而逸出孔外，凿岩机的风路和水路应严密隔离。中心供水凿岩机的水针磨损、过短、断裂或各活动件间隙增大，是产生空气混入的主要原因。

(3) 水压。它直接影响凿岩供水量，尤其是上向凿岩，水压高能保证对孔底的冲洗作用。但中心供水凿岩，要求水压比风压要低 0.05～0.1MPa，因水压高时，压力水可能进入机膛，冲刷润滑油，影响凿岩和除尘效果。一般要求水压不低于 0.3MPa。

旁侧供水凿岩机既可避免压力水进入机膛和压气混入水中的现象，又可适当提高水压，可提高捕尘效率，但存在钎尾加工麻烦、容易断钎、供水套易磨损漏水等问题。

(4) 防止泥浆飞溅和二次雾化。从钻孔中流出的泥浆可能被压气雾化而形成的二次粉尘，这在凿岩产尘中占有很大比例。特别是上向凿岩，要采取泥浆防护罩、控制凿岩机排气方向等防止措施。

9.2.2.2　用水捕捉悬浮粉尘

把水雾化成微细水滴并喷射于空气中，使之与尘粒碰撞接触，则尘粒可被捕捉而附于水滴上或者被湿润尘粒相互凝集成大颗粒，从而加快其沉降速度。这种措施对高浓度粉尘降尘效果较好。图 9-7 所示为爆破后喷雾降尘效果之一例。

A　水滴捕尘作用

(1) 惯性碰撞。如图 9-8 所示，直径为 D 的水滴与含尘气流具有相对速度 v，气流流经水滴时，产生绕流流过。尘粒的密度较大，因惯性作用而将保持其运动方向，在一定范围内 d 的尘粒可碰撞并黏附于水滴上。相对速度越大，所能捕获的尘粒粒径越小，1μm 以上的尘粒，主要是靠惯性碰撞作用捕获。

(2) 扩散作用。0.25μm 以下的尘粒，质量很小，能随风流而运动，但其扩散运动速度增强，在扩散运动过程中，可与水滴相接触而被捕获。

(3) 凝集作用。气体含有水分，当气温降低到露点时，在尘粒表面能形成凝结水，增

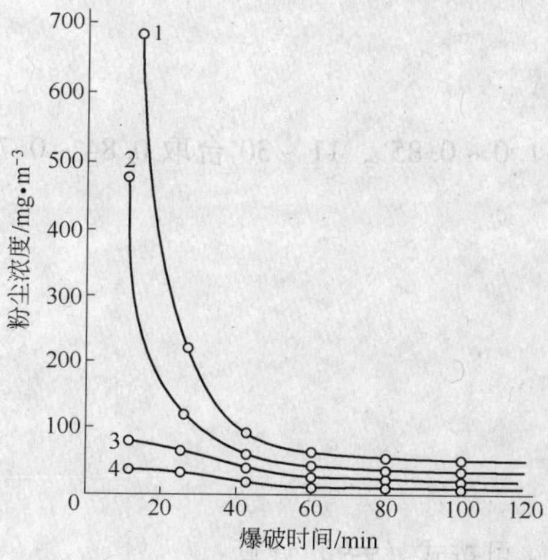

图 9-7 爆破区喷雾、通风与粉尘浓度的关系

1—无喷雾，无通风；2—无喷雾，有通风；

3—有喷雾，无通风；4—有喷雾，有通风

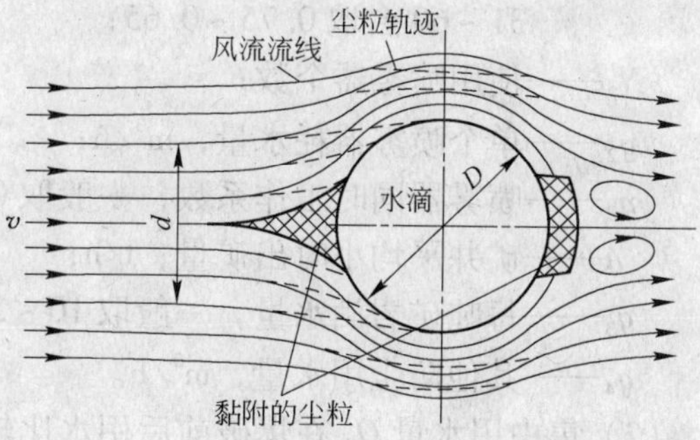

图 9-8 水滴捕尘作用示意图

加了尘粒的直径和湿润性，更易于被水滴所捕获和凝集成较大颗粒而加快沉降。水滴与尘粒的荷电性也会促进尘粒的凝集。

B 影响水滴捕尘效率的因素

（1）水滴的粒径与分布密度。水滴越细，分布密度越大，与粉尘接触机会就越多，降尘效果越好。但水滴过小（<30μm），在空气中蒸发越快，即使喷雾初期捕获到的尘粒在蒸发时也会释放掉。据试验，不同粒径的尘粒有其最适宜的水滴粒度，尘粒粒径小，要求水滴也小，对5μm以下的微尘，最适宜水滴直径为40~50μm，最大不宜超过100~150μm。

（2）水滴喷射速度。速度高则动能大，与尘粒碰撞时有利于克服水的表面张力而湿润尘粒。提高水压可提高喷射速度，减小水滴直径，增加分布密度，在一定范围内，降尘效率随水压增大而提高。

（3）粉尘的浓度、粒径、湿润性、荷电性等。这些因素对水滴捕尘效率也有影响。

C 湿润剂

为提高水对疏水性粉尘及微细粉尘的湿润能力，可向水中加入湿润剂。湿润剂的主要作用是降低水的表面张力，提高湿润除尘效果。我国现有CHJ-1型、HY型等多种湿润剂，可应用于湿式作业用水中。

9.2.2.3 防尘供水

A 防尘用水量

《冶金地下矿山安全规程》规定，防尘用水应采用集中供水方式，水质应符合卫生标准要求，水中固体悬浮物应不大于150mg/L，pH值应为6.5~8.5，贮水池容积应不小于一个班的耗水量。可按经常用水量与集中用水量分别计算，取其大值。

（1）经常用水量 Q_1 按式（9-8）计算：

$$Q_1 = K\left(N_1 q_1 \eta_1 + N_2 q_2 \eta_2 + \frac{A q_3}{1000} + q_4\right) \tag{9-8}$$

式中　K——管路漏水系数（1.05～1.1）；

N_1——凿岩机台数；

q_1——单台凿岩机供水量，m^3/h；

η_1——凿岩机同时工作系数，小于 10 台取 1.0～0.85，11～30 台取 0.84～0.75，31～60 台取 0.75～0.65；

N_2——使用喷雾器个数；

q_2——单个喷雾器耗水量，m^3/h；

η_2——喷雾器同时工作系数，一般取 0.7；

A——矿井平均小时出矿量，t/h；

q_3——每吨矿岩洒水量，一般取 10～20L/t；

q_4——其他防尘用水量，m^3/h。

（2）集中用水量 Q_2 在爆破前后用水比较集中，可按式（9-9）计算：

$$Q_2 = K\left(N_2 q_2 \eta_2 + N_5 q_5 + \frac{N_6 q_6 S}{1000t} + q_4\right) \tag{9-9}$$

式中　N_5——同时爆破工作面数；

q_5——每个工作面平均喷洒水量，m^3/h；

N_6——同时洗壁工作面数；

q_6——单位面积巷道壁洒水量，$1\sim2L/m^2$；

S——每个工作面洒水面积，m^2（按 10m 巷道计算）；

t——洒水时间，h。

考虑预计不到因素，应加一定的备用水量，还应按满足 2～3h 的消防用水量（2～3 个喷嘴同时工作，每个喷嘴耗水量 2.5L/s）进行校核。

B　水压及水压调节

作业地点的水压取决于与贮水池的高差，可近似地按垂高每 10m 的静水压力为 0.1MPa 计算。不同类型的凿岩机和喷雾器的工作水压，都有一定范围的要求，而且矿山又常是多阶段同时作业，各工作地点的水压不同，故需进行水压调节。常用的水压调节方法有中间降压站、自动减压阀和普通水阀门等。

中间降压站是每隔 2～3 个阶段，设中间贮水池作降压站。从主贮水池经主供水管向各中间贮水池供水，再由中间贮水池向该区下部阶段供水。中间贮水池需设水位自动控制装置，以防溢流。

中间降压站应满足本区最困难作业条件水平，其他作业地点，可根据对水压的要求，采用自动调节阀或普通水阀门进行局部调节。

9.2.3　密闭与净化

9.2.3.1　密闭

密闭的目的是把局部尘源所产生的粉尘限制在密闭空间之内，防止其飞扬扩散，污染作业环境，同时为抽尘净化创造条件。密闭净化系统由密闭罩、排尘风筒、除尘器和扇风机等组成。矿山用密闭有以下形式。

（1）吸尘罩。这是尘源位于吸尘罩口外侧的不完全密闭形式，靠罩口的吸气作用吸捕粉尘。由于罩口外风速随距离增大而急速衰减，控制粉尘扩散的能力及范围有限，适用于不能完全密闭起来的产尘点或设备，如装车点、采掘工作面、锚喷作业等。

（2）密闭罩。将尘源完全包围起来，只留必要的观察或操作口。密闭罩防止粉尘飞扬效果较好，适用于比较固定的产尘点和设备，如皮带运输机转载点、干式凿岩机、破碎机、翻笼、溜矿井等。

9.2.3.2 抽尘风量

A 吸尘罩风量

为保证吸尘罩吸捕粉尘的作用，按式（9-10）计算吸尘罩的风量 $Q(\mathrm{m^3/s})$：

$$Q = (10x^2 + A)v \tag{9-10}$$

式中 x——尘源距罩口的距离，m；

A——吸尘罩口断面积，$\mathrm{m^2}$；

v——要求的粉尘吸捕风速，m/s（矿山一般取 1～2.5m/s）。

B 密闭罩风量

在矿岩有落差，产尘量大，粉尘可逸出时，需采取抽出风量的方法，在罩内形成一定的负压，使经缝隙向内造成一定的风速，以防止粉尘外逸。风量主要考虑如下两种情况：

（1）罩内形成负压所需风量 $Q_1(\mathrm{m^3/s})$ 可按式（9-11）计算：

$$Q_1 = (\Sigma A)v \tag{9-11}$$

式中 ΣA——密闭罩缝隙与孔口面积总和，$\mathrm{m^2}$；

v——要求通过孔隙的气流速度，m/s（矿山可取 1～2m/s）。

（2）矿岩下落形成的诱导风量 Q_2。某些产尘设备，如运输机转载点、破碎机供料溜槽、溜矿井等，矿岩从一定高度下落时，产生诱导气流，使空气量增加且有冲击气浪，所以，在风量 Q_1 基础上还要加上诱导风量 Q_2。诱导风量 Q_2 与矿岩量、块度、下落高度、溜槽断面积和倾斜角度以及上下密闭程度等因素有关，目前多采用经验数值。各设计手册给出了典型设备的参考数。表 9-3 是皮带运输机转载点抽风量参考值。

表 9-3 皮带运输机转载点抽风量

溜槽角度 /(°)	高差 /m	物料末速 /m·s^{-1}	皮带宽度下的抽风量/m^3·s^{-1}					
			500			1000		
			Q_1	Q_2	Q_1+Q_2	Q_1	Q_2	Q_1+Q_2
45	1.0	2.1	50	750	800	200	1100	1300
	2.0	2.9	100	1000	1100	400	1500	1900
	3.0	3.6	150	1300	1450	600	1800	2400
	4.0	4.2	200	1500	1700	800	2100	2900
	5.0	4.7	250	1700	1950	1000	2400	3400
60	1.0	3.3	150	1200	1350	500	1700	2200
	2.0	4.6	250	1600	1850	950	2300	3250
	3.0	5.6	350	2000	2350	1400	2800	4200
	4.0	6.5	500	2300	2800	1900	3300	5200
	5.0	7.3	600	2600	3200	2400	3700	6100

9.2.3.3 除尘器

密闭中含尘空气经风筒与风机抽出后，如不能直接排到回风巷道，必须用除尘器净化，达到卫生要求后，才能排到巷道中。

A 除尘器的类型

除尘器按除尘作用机理可分为机械除尘器、过滤除尘器、湿式除尘器、电除尘器。每类除尘器都有多种形式，并向多机理复合作用除尘器发展。

B 除尘器性能

(1) 除尘效率。

1) 总除尘效率。指含尘气流通过除尘器时，所捕集下来的粉尘量占进入除尘器的总粉尘量的百分数，简称除尘效率，可按式（9-12）计算：

$$\eta = \frac{m_c}{m_i} \times 100\% \tag{9-12}$$

式中 η——除尘效率；

m_i——进入除尘器的粉尘量，mg/s；

m_c——被捕集的粉尘量，mg/s。

在除尘器运行中，通常测定其入口风量与粉尘浓度和排出口风量与粉尘浓度。在入、排口风量相等条件下，除尘效率可按式（9-13）计算：

$$\eta = \left(1 - \frac{C_o}{C_i}\right) \times 100\% \tag{9-13}$$

式中 C_i——除尘器入口风流中的粉尘浓度，mg/m³；

C_o——除尘器排出风流中的粉尘浓度，mg/m³。

多级串联工作除尘器的总除尘效率，按式（9-14）计算：

$$\eta = [1 - (1 - \eta_1)(1 - \eta_2)\cdots] \times 100\% \tag{9-14}$$

式中 η——总除尘效率；

η_1，η_2，……——每一级除尘器的除尘效率。

除尘效率是表示除尘器清除风流中粉尘的能力，除决定于其结构形式外，还与粉尘的浓度、粒径分布、密度等性质及运行条件等因素有关。

2) 分级除尘效率。除尘器的除尘效率与粉尘粒径有直接关系。对某一粒径或粒径区间的粉尘的除尘效率称为分级除尘效率 η_d，用式（9-15）表示：

$$\eta_d = \frac{m_{cd}}{m_{id}} \times 100\% \tag{9-15}$$

式中 m_{id}——进入除尘器的粒径区间为 d 的粉尘量，mg/s；

m_{cd}——除尘器所捕集的粒径区间为 d 的粉尘量，mg/s。

实际运行中，通过测定除尘器入、排风口的粉尘浓度与质量分散度，在入、排风风量相等条件下，用式（9-16）计算分级除尘效率：

$$\eta_d = \left[1 - \frac{C_o w(m_{od})}{C_i w(m_{id})}\right] \times 100\% = \left[1 - (1 - \eta)\frac{w(m_{od})}{w(m_{id})}\right] \times 100\% \tag{9-16}$$

式中 $w(m_{id})$——进入除尘器的粉尘中粒径区间为 d 尘粒的质量分数；

$w(m_{od})$——除尘器排出粉尘中粒径区间为 d 尘粒的质量分数；

其他符号意义同前。

3）分级除尘效率曲线。将各粒径区间的分级除尘效率分别算出后，画在除尘效率—粒径坐标纸上，连成平滑的曲线即为分级除尘效率曲线，它可形象地表示除尘器对不同粒径尘粒的除尘效率，便于根据粉尘状况选择除尘器和对除尘器进行比较。

4）通过率 D。通过率指从除尘器排出风流中仍含有的粉尘量占进入除尘器粉尘量的百分数，它可明显表示出除尘后的净化程度，用式（9-17）表示：

$$D = (1 - \eta) \times 100\% \tag{9-17}$$

（2）阻力 h。阻力指除尘器入口与出口间的压力损失，主要决定于除尘器的结构形式，工程中常用除尘器阻力系数计算，h(Pa)可由式（9-18）表示：

$$h = \xi\left(\frac{1}{2}\rho v^2\right) \tag{9-18}$$

式中 ρ——空气密度，kg/m^3；

ξ——除尘器阻力系数，无因次，实验值；

v——与 ξ 相对应的风速，m/s。

（3）处理风量。除尘器的处理风量应满足净化系统风量的要求。各类除尘器及其不同规格、型号，都有最适宜的处理风量范围，作为选用的依据。

（4）经济性能。经济性能包括除尘器设备费、辅助设备费、运转费、维修费以及占地面积等。

各类除尘器的主要性能，见表 9-4。

表 9-4 除尘器的性能

除尘器		净化程度	最小捕集粒径/μm	初含尘浓度/g·m⁻³	阻力/Pa	除尘效率/%
重力沉降室		粗净化	50~100	>2	50~130	<50
惯性除尘器		粗净化	20~50	>2	300~800	50~70
旋风除尘器	中效	粗、中净化	20~40	>0.5	400~800	60~85
	高效	中净化	5~10	>0.5	1000~1500	80~90
湿式除尘器	水浴除尘器	粗净化	2	<2	200~500	85~95
	立式旋风水膜除尘器	各种净化	2	<2	500~800	85~90
	卧式旋风水膜除尘器	各种净化	2	<0.1	750~1250	98~99
	泡沫除尘器	各种净化	2	<2	300~800	80~95
	冲击除尘器	各种净化	2	<2	1000~1600	95~98
	文丘里洗涤器	细净化	<0.1	<15	5000~20000	90~98
袋式除尘器		细净化	<0.1	<15	800~1500	99
电除尘器	湿式	细净化	<0.1	<30	125~200	90~98
	干式	细净化	<0.1	<30	125~200	90~98

C 矿用除尘器

由于矿山的特殊工作条件（如工作空间较小、分散、移动性强，环境潮湿等），除某些固定产尘点（如破碎硐室、装载硐室、溜矿井等）可以选用通用的标准产品外，常常要根据矿井工作条件与要求，设计制造比较简便的除尘器。矿山常用除尘器类型有：

（1）旋风除尘器。工作原理如图 9-9 所示，含尘气流以较高的速度（15～25m/s）在切向方向沿外圆筒流入除尘器后，作旋转下向运动。尘粒受到离心力作用，因其密度比空气大千倍以上，从旋转气流中分离出来，甩向器壁而下落于集尘箱中。净化后气流旋转向上，由内圆筒排出。在旋转气流中，尘粒获得的离心力 F 为：

$$F = \frac{\pi}{6} d_p^3 \rho_p \frac{v_t^2}{R} \qquad (9\text{-}19)$$

式中　d_p——尘粒直径，m；

ρ_p——尘粒密度，kg/m³；

v_t——尘粒的切线速度，m/s；

R——旋转半径，m。

旋风除尘的分离粉尘过程是比较复杂的，有多种结构形式，对粒径 10μm 以上的粉尘除尘效率较高，矿山多用作前级预除尘。

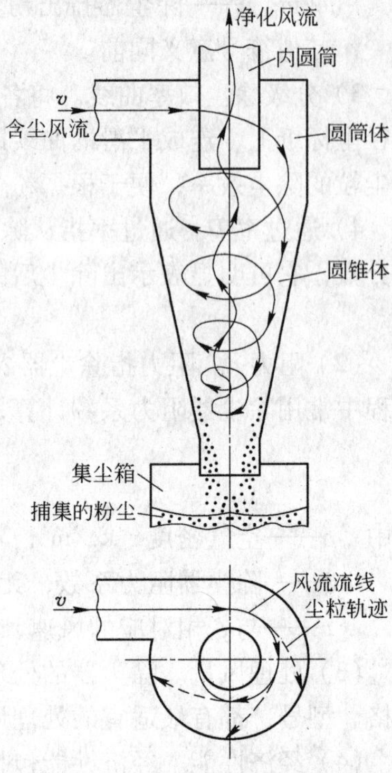

图 9-9　旋风除尘器示意图

（2）袋式除尘器。这是一种使含尘气流通过由致密纤维滤料作成的滤袋，将粉尘分离捕集的除尘装置，其捕尘机理如图 9-10 所示。初始，滤料是清洁的，含尘气流通过时，主要靠粉尘与滤料纤维间的惯性碰撞、拦截、扩散及静电吸引等作用，将粉尘阻留在滤料上。机织滤料主要将粉尘阻留于表面，非机织滤料除表面外还能深入内部，但都是在滤料表面形成一初始粉尘层。初始粉尘层比滤料更致密，孔隙曲折，细小且均匀，捕尘效率大为增高，用于袋式除尘器的主要捕尘过程。图 9-11 所

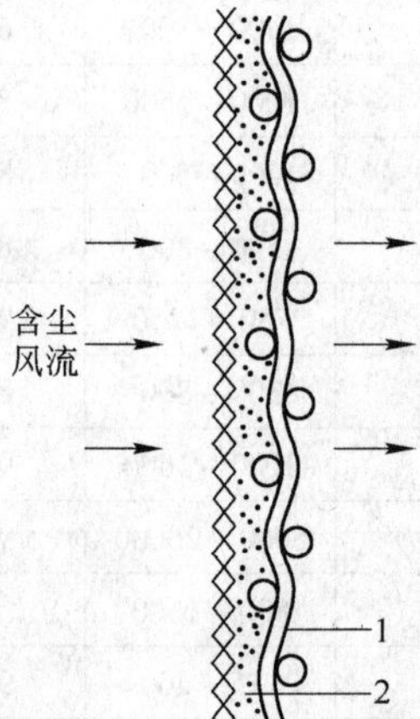

图 9-10　滤布过滤作用示意图

1—滤布；2—初始层；3—捕捉粉尘

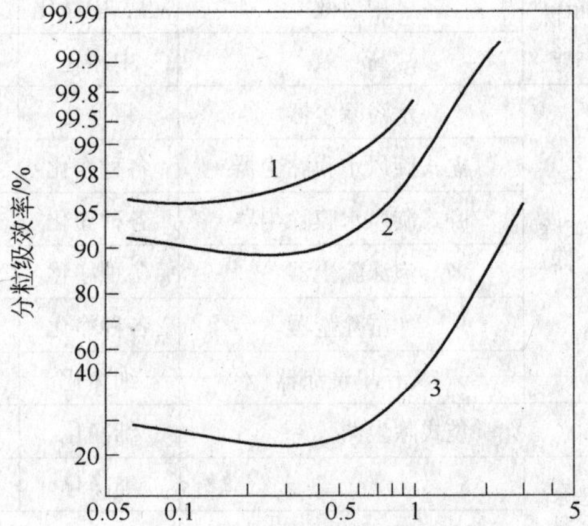

图 9-11　滤布的分级效率曲线

1—积尘后；2—振打后；3—新滤布

示为新的与积尘后滤布的除尘效率的变化。

初始粉尘层形成后，捕尘效率提高，继续捕集粉尘，随着捕集粉尘层的增厚，效率虽仍有增加，但阻力随之增大。阻力过高将减少处理风量且可使粉尘穿透滤料而降低效率，所以，当阻力达到一定程度（1000~2000Pa）时，要进行清灰。清灰要在不破坏初始粉尘层情况下，清落捕集粉尘层。清灰方式有机械振动、逆气流反吹、压气脉冲喷吹等。

常用滤料有涤纶绒布、针刺毡等。为增加过滤面积多将滤料做成圆筒（扁）袋形，多条并列。过滤风速一般为0.5~2m/min，阻力控制在1000~2000Pa之内。袋式除尘器适用于非黏结性、非纤维性粉尘。

袋式除尘器一般由箱体、滤袋架及滤袋、清灰机构、灰斗等组成，用扇风机或引射器作动力。图9-12所示为一简易袋式除尘器。

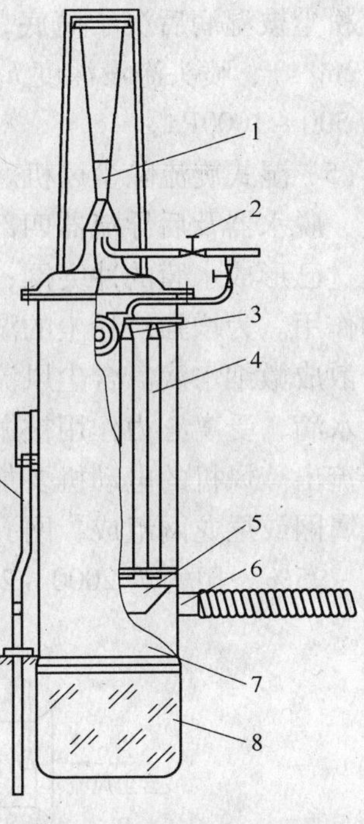

图9-12 凿岩用袋式除尘器

1—引射器；2—压气阀；3—振动器；4—布袋；5—锥体；6—尘气入口；7—箱体；8—贮尘箱；9—支架

（3）纤维过滤器。其中的纤维层滤料，是用短纤维制成的蓬松的絮层状过滤材料。含尘气流通过纤维层时，粉尘被纤维所捕获并沉积在纤维层内部。随着粉尘沉积量的增多，在纤维上形成链状聚合体，滤料的孔隙变得致密和均匀，除尘效率和阻力都随之增高。当达到一定容尘量时，部分沉积粉尘能透过滤料，效率开始下降，下降到设计规定的数值时，需更换新滤料。纤维过滤器适用于低含尘浓度气流的净化。

国产涤纶纤维层滤料有多种型号，除尘效率为70%~90%，阻力为100~500Pa，过滤风速为0.5~2m/s。常利用框架固定滤料，做成V形袋状，如图9-13所示。

（4）水浴除尘器。在湿式除尘器中，为增强含尘气流中粉尘与水的碰撞接触机会，要使水形成水滴、水膜或泡沫，以提高除尘效率。水浴除尘器是构造简单的一种，如图9-14所示。含尘气流经喷头高速喷出，冲击水面并急剧转弯穿过水层，激起大量水滴分散于筒

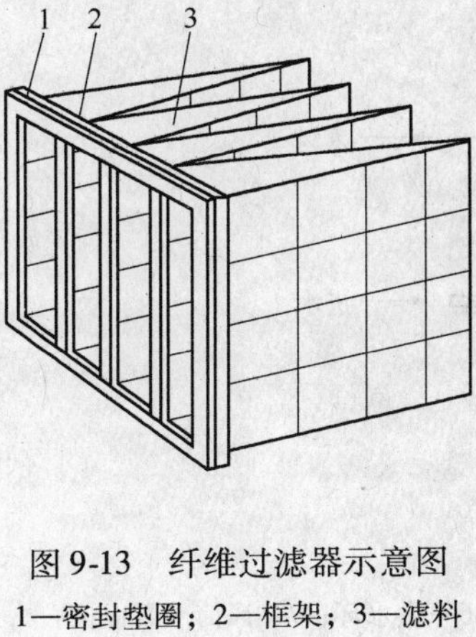

图9-13 纤维过滤器示意图

1—密封垫圈；2—框架；3—滤料

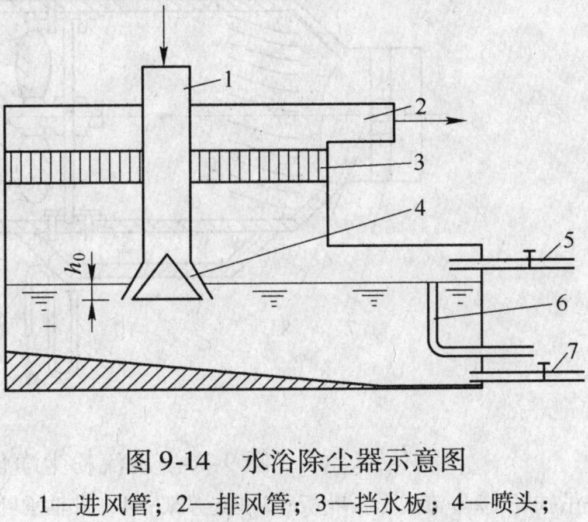

图9-14 水浴除尘器示意图

1—进风管；2—排风管；3—挡水板；4—喷头；5—供水管；6—溢流管；7—污水管

内，粉尘被湿润后沉于筒底，风流经挡水板除雾后排出。除尘效率与喷射速度（一般取 8～12m/s）、喷头淹没深度 h_0（一般取 20～30mm）等因素有关，一般为 80%～90%，阻力为 500～1000Pa。

（5）湿式旋流除尘风机。图 9-15 所示为这种除尘风机的一种形式，由湿润凝集筒、扇风机、脱水器及后导流器四部分组成。含尘气流进入除尘风机即与迎风的喷雾相遇，然后又通过已形成水膜的冲突网；粉尘被湿润并凝聚，再进入扇风机。扇风机起通风动力和旋流的作用。为增强对粉尘的湿润，在第一级叶轮的轴头上装发雾盘，与叶轮一起旋转，将水分散成微细水滴。含尘风流高速通过风机并产生旋转运动进入脱水器。被水滴捕获的粉尘及水滴，受离心力作用被抛向脱水器筒壁并被集水环阻挡而流到贮水槽中，风流经后导流器流出。风机的电动机要加防水密封。冲突网一般由 2～5 层 16～60 目（991～246μm）的金属网或尼龙网组成，网孔小效率高，但易被粉尘堵塞，金属网易腐蚀。除尘效率为 85%～95%，阻力为 2000～2500Pa，耗水量约为 15L/min。

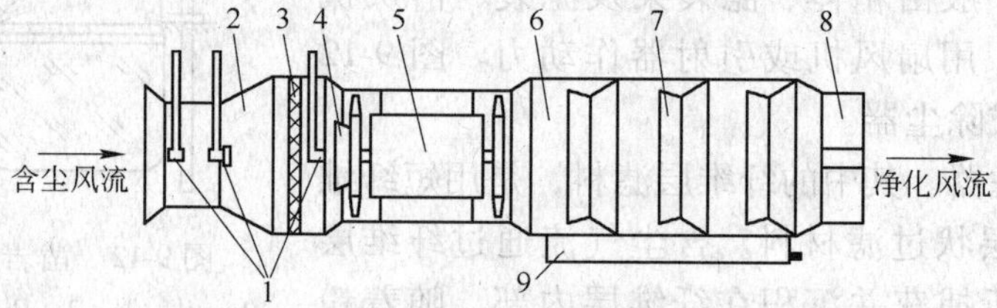

图 9-15　湿式旋流除尘风机

1—喷雾器；2—湿润筒；3—冲突网；4—发雾盘；5—风机；
6—脱水器；7—集水环；8—导流器；9—贮水槽

（6）旋流粉尘净化器。这也是一种利用喷雾的湿润凝集和旋流的离心分离作用的除尘器，如图 9-16 所示，为圆筒形构造，可直接安装在掘进通风风筒的任一位置。为此，其进、排风口的断面应与所选用的风筒断面相配合。在除尘器进风断面变化处安设圆形喷雾

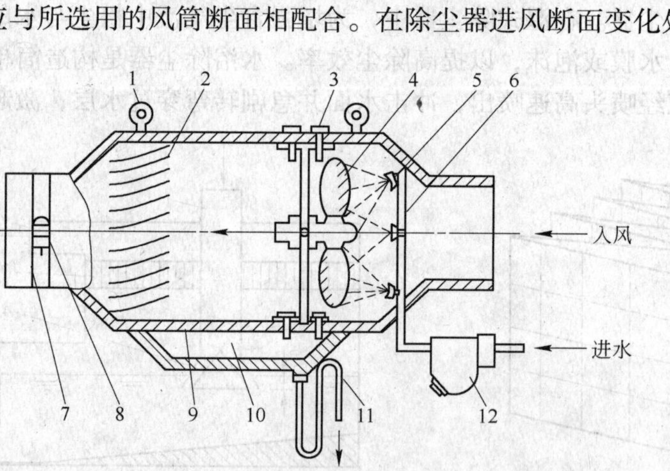

图 9-16　旋流粉尘净化器示意图

1—吊挂环；2—流线形百叶板；3—支撑架；4—带轴承叶轮；5—喷嘴；6—供水环；7—风筒卡紧板；
8—螺栓；9—回收尘泥孔板；10—集水箱；11—排水 U 形管；12—滤清器

供水环，其上成120°装3个喷嘴。在筒体内固定支架上装带轴承的叶轮，叶轮上安装6个扭曲叶片，叶片扭曲10°~12°，并使叶片扭曲斜面与喷嘴射流的轴线正交。在排风侧设迎风45°角的流线形百叶板，筒体下设集水箱和排水管。

除尘器工作时，由矿井供水管供水，经滤水器和供水环上的喷嘴喷雾，同时，含尘风流进入除尘器，因断面变大而风速降低，大颗粒粉尘沉降，大部分粉尘与水滴相碰撞而被湿润。在喷雾与风流的共同作用下，叶片旋转，使风流产生旋转运动，被湿润的粉尘和水滴被抛向器壁，流入集水箱，经排水管排出。未能被分离捕获的粉尘和水滴，又被百叶板所阻挡，再一次被捕集而流入集水箱。迎风百叶板的前后设清洗喷嘴，可定期清洗积尘。除尘效率为80%~90%，阻力约为200Pa，耗水量约为15L/min。

（7）湿式过滤除尘器。这是利用抗湿性化学纤维层滤料、不锈钢丝网或尼龙网作过滤层并连续不断地向过滤层喷射水雾，在过滤层上形成水珠和水膜，把过滤和水珠、水膜的除尘作用综合在一起的除尘装置。由于在滤料中充满水珠和水膜，含尘气流通过时，增加了粉尘与水及纤维的碰撞接触概率，提高了除尘效率。水滴碰撞并附着在纤维上，因自重而下降，在滤料内形成下降水流，将捕集的粉尘冲洗带下，流入集水筒中，起到经常清灰的作用，可保持除尘效率和阻力的稳定，并能防止粉尘二次飞扬。

图9-17所示为湿式纤维层过滤除尘器的一种结构形式，由箱体、滤料及框架、供水和排水系统等部分组成。利用矿井供水管路供水，设置水净化器以防水中杂物堵塞喷嘴。喷嘴数目及布置，根据设计喷水量及均匀喷雾的要求确定。箱体下设集水筒，可直接将污水排到矿井排水沟，排水应设水封，以防漏风。为防止排风带出水滴，箱体内风速应不大于4m/s，同时在排风侧设挡水板。滤料用疏水性化学纤维层，厚度5~10mm，过滤风速为0.5~1.5m/s，按滤料面积计算喷水量为5~10L/(m^2·min)，除尘效率在95%以上。

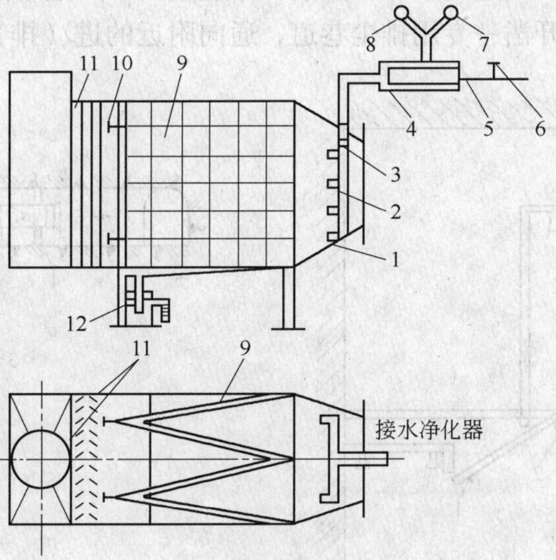

图9-17　湿式过滤除尘器示意图

1—箱体；2—喷嘴；3—供水管；4—水净化器；5—总供水管；
6—水阀门；7—水压表；8—水电继电器；9—滤料架；
10—松紧装置；11—挡水板；12—集水筒

分级除尘效率如图 9-18 所示，阻力小于 1000Pa。

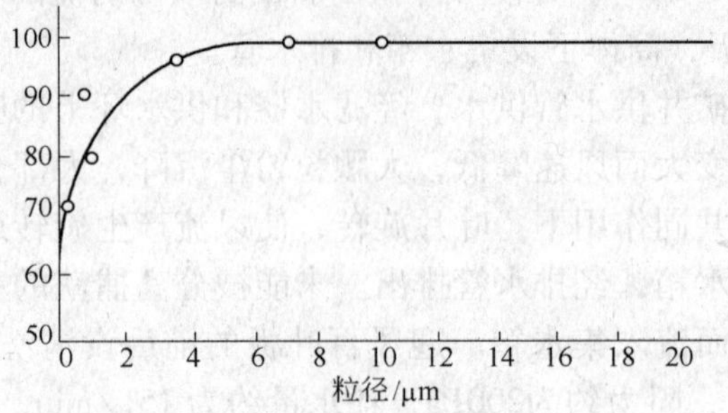

图 9-18　分级除尘效率曲线

D　密闭抽尘净化系统

密闭抽尘净化系统一般由密闭（吸尘）罩、风筒、除尘器及风机等部分组成，风筒与扇风机的选择参看通风部分，应根据具体条件设计。矿井有许多产尘量大且比较集中的尘源，为保证作业环境的粉尘浓度达到卫生要求和不污染其他工作地点，采取抽尘净化系统，就地消除粉尘，常是经济而有效的方法。如掘进工作面、溜矿井、装载站、破碎机、运输机、锚喷机、翻笼等尘源，皆可考虑采取这一防尘措施。其应用情况简介如下：

（1）溜矿井密闭与喷雾。其适用于作业量较少、产尘量不高的溜井，图 9-19 所示为一例。井口密闭门采用配重方式关启，平时关闭，卸矿时靠矿石冲击开启。喷雾与卸矿联动，可采取脚踏、车压、机械杠杆、电磁阀等控制方式。如产尘量较大，也可设吸尘罩抽尘净化。

（2）溜井抽尘净化。其适用于卸矿频繁、作业量大、产尘量高的溜井，图 9-20 所示为一例。在溜井口下部，开凿一专用排尘巷道，通向附近的进（排）风巷道。在排尘巷道中

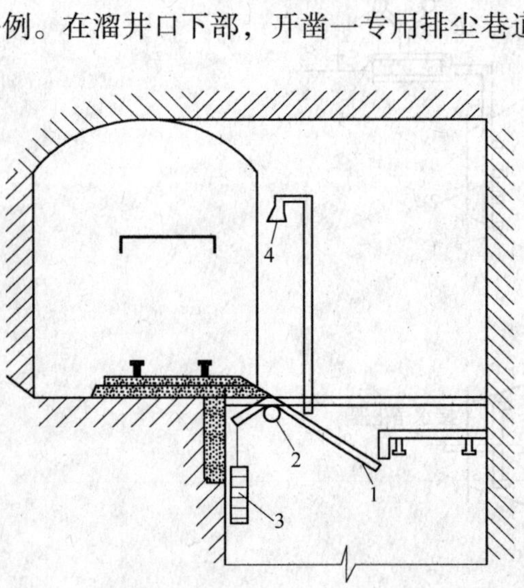

图 9-19　溜矿井密闭示意图

1—活动密闭门；2—轴；3—配重；4—喷雾器

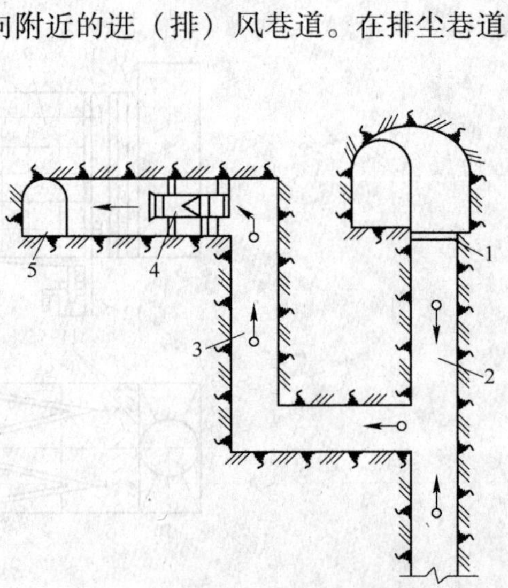

图 9-20　溜井抽尘净化系统示意图

1—溜井口格筛；2—溜井；3—排尘巷道；
4—除尘器及风机；5—排风巷道

设风机与除尘器，抽出溜井内含尘风流诱导风流，并配合良好的溜井口密闭，可取得较好的防尘效果。

（3）干式凿岩捕尘。在不宜使用湿式凿岩时，可采用干式捕尘系统。图 9-21 所示为中心抽尘干式凿岩捕尘系统的一例。抽尘系统用压气引射器作动力（负压为 30～50kPa），粉尘经钎头吸尘孔、钎杆中孔、凿岩机导尘管及吸尘软管排到旋风积尘筒，大颗粒在积尘筒内沉降，微细尘粒经滤袋净化后排出。

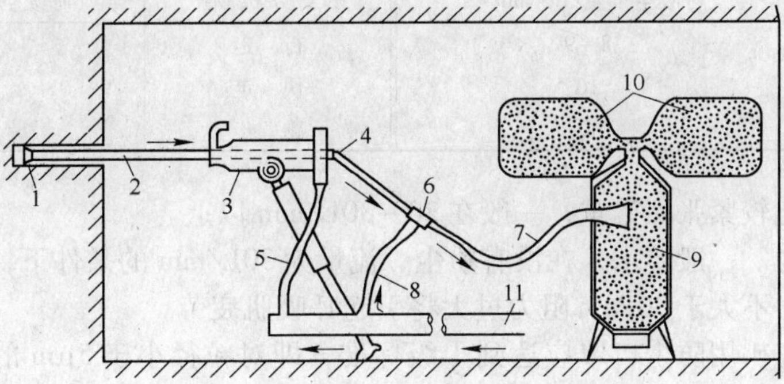

图 9-21 干式凿岩捕尘系统示意图

1—钎头；2—钎杆；3—凿岩机；4—接头；5，8—压风管；6—引射器；7—吸尘管；9—旋风积尘筒；10—滤袋；11—总压风管

（4）破碎机除尘。井下破碎机硐室应有进、排风巷道，风量按每小时换气次数为 4～6 次计算。破碎机要采取密闭抽尘净化措施。图 9-22 所示为井下颚式破碎机密闭抽尘净化系统的一例。为避免矿尘在风筒内沉积，筒内排尘风速取 15～18m/s。

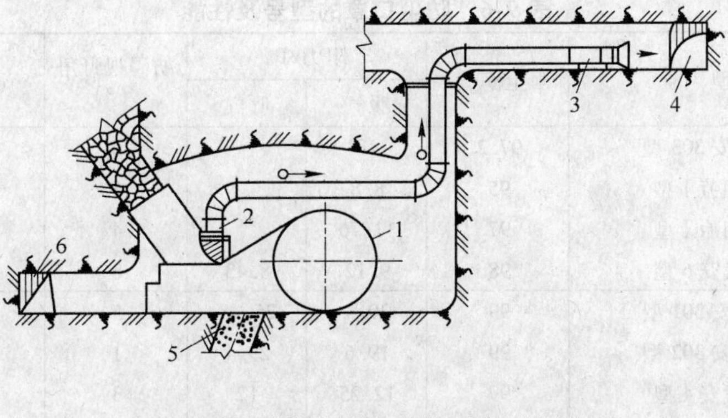

图 9-22 破碎机抽尘净化系统示意图

1—破碎机密闭；2—吸尘罩；3—除尘器与风机；4—排风巷道；5—溜矿井；6—进风巷道

9.2.4 个体防护

在采取了通风防尘措施后，粉尘浓度虽可达到卫生标准，仍有少量微细粉尘悬浮于空气中，尤其还有个别地点不能达到卫生标准，所以，个体防护是综合防尘措施不可缺少的一项，要求所有接尘人员必须佩戴防尘口罩。

9.2.4.1　对防尘口罩的基本要求

对防尘口罩的基本要求有：

（1）呼吸空气量。因劳动强度、劳动环境及身体条件不同，呼吸空气量也不同，可参考表9-5。

表9-5　运动状况与呼吸空气量

运动状况	呼吸空气量/L·min^{-1}	运动状况	呼吸空气量/L·min^{-1}
静　止	8~9	行　走	17
坐　着	10	快　走	25
站　立	12	跑　步	64

矿工的劳动比较紧张而繁重，一般在20~30L/min以上。

（2）呼吸阻力。一般要求，在没有粉尘、流量为30L/min的条件下，吸气阻力应不大于50Pa，呼气阻力不大于30Pa，阻力过大将引起呼吸肌疲劳。

（3）阻尘率。矿用防尘口罩应达到Ⅰ级标准，即对粒径小于5μm的粉尘，阻尘率大于99%。

（4）有害空间。口罩面具与人面之间的空腔，应不大于180cm^3，大则影响吸入新鲜空气量。

（5）妨碍视野角度。该角度应小于10°，主要是下视野。

（6）气密性。在吸气时，无漏气现象。

9.2.4.2　防尘口罩的类型及性能

国产几种防尘口罩的型号及性能，见表9-6。

表9-6　防尘口罩的型号及性能

类　型	型　号	阻尘率/%	阻力/Pa 吸气	阻力/Pa 呼气	妨碍视野角/(°)	质量/g	死腔/cm^3
简　易	武安303型	97.2	13		5	33	195
	湘劳Ⅰ型	95	8.8		5	24	
	湘冶Ⅰ型	97	11.76		4	20	120
	武安6型	98	9.12	8.43	8	42	140
复　式	武安301型	99	29.4	25.48	5	142	108
	武安302型	99	19.6	29.4	1	126	131
	武安4型	99	12.25	12	3	122	130
	上海803型	97	49	27.5	8	128	150
	上海305型	98	25.87	17.25	7	110	150
逆　风	AFK型	99				900	
防尘帽	AFM型	95				1100	

9.3　粉尘的测定

生产场所空气中粉尘测定的项目较多，但目前从卫生学角度规定，主要测定项目有粉尘浓度、粉尘分散度及粉尘中游离二氧化硅含量的测定。

粉尘浓度是指单位体积空气中所含粉尘的质量或数量。粉尘浓度的计量方法有质量法和数量法两种，粉尘质量浓度以 mg/m^3 表示，粉尘数量浓度以粒/m^3 表示。

粉尘分散度为各粒径区间的粉尘数量或质量分布的百分比。粉尘分散度的计量方法有数量分布百分比和质量分布百分比两种，都以%表示。

粉尘中游离二氧化硅含量为粉尘中结晶型二氧化硅的质量分数，以%表示。

9.3.1 粉尘浓度的测定

为了了解和评价作业场所空气中粉尘对人体健康的危害程度，研究改善防尘技术措施以及评价其效果，都需要对粉尘浓度进行测定。

目前，中国卫生标准中粉尘最高允许浓度的指标是采用质量浓度。因此在国家标准（GB 5748—85）"作业场所空气中粉尘测定方法"中采用质量法。因为用质量法所测得的粉尘浓度准确性较高，且尘肺的发生和发展与生产现场空气中的粉尘质量浓度有一定的关系。

根据我国质量浓度的标准，这里研究滤膜测尘方法。

9.3.1.1 原理

抽取一定体积的含尘空气，将粉尘阻留在已知质量的滤膜上，由采样后滤膜的增量，求出单位体积空气中粉尘的质量浓度（mg/m^3）。

9.3.1.2 主要器材

测定粉尘浓度需要的器材有：

（1）采样器。采用经过国家防尘通风安全产品质量监督检验测试中心检验合格的，并经国务院所属部委一级鉴定的粉尘采样器。在需要防爆的作业场所采样时，用防爆型粉尘采样器，采样器附带有采样支架。

（2）滤膜。滤膜测尘法是以滤膜为滤料的测尘方法。测尘用滤膜一般有合成纤维与硝化纤维两类。我国测尘用的是合成纤维滤膜。由直径 1.25 ~ 1.5μm 的一种以高分子化合物过氯乙烯制成的超细纤维构成物，所组成的网状薄膜孔隙很小，表面成细绒状，不易破裂，具有抗静电性、憎水性、耐酸碱和质量轻等特点，纤维滤膜质量稳定性好，在低于 55℃的气温下不受温度变化影响。当粉尘质量浓度低于 $50mg/m^3$ 时，用直径为 40mm 的滤膜；当粉尘质量浓度高于 $50mg/m^3$ 时，用直径为 75mm 的滤膜。当过氯乙烯纤维滤膜不适用时，改用玻璃纤维滤膜。

（3）采样头、滤膜夹及样品盒。采样头一般采用武安Ⅲ型采样头，如图 9-23 所示，采样头可用塑料或铝合金制成，滤膜夹由固定盖、锥形环和螺丝底座组成。滤膜夹及样品盒用塑料制成。

（4）气体流量计。常用 15 ~ 40L/min 的转子流量计，也可用涡轮式气体流量计，需要加大流量时，也可用 40 ~ 80L/min 的流量计，其精度为 ±2.5%。流量计至少每半年用钟罩式气体计量器、皂膜流量计或精度为 ±1% 的转子流量计校正一次。若流量计管壁和转子有明显污染时，应及时清洗校正。

（5）天平。用感量为 0.0001 g 的分析天平。按计量部门规定，每年检定一次。

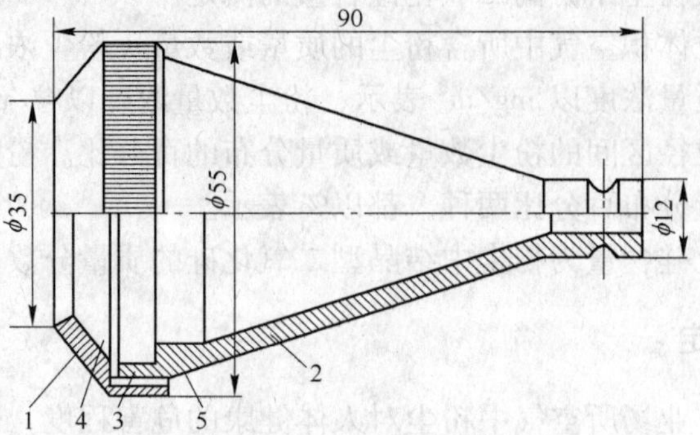

图 9-23　滤膜采样头

1—顶盖；2—漏斗；3—固定盖；4—锥形环；5—螺丝底座

（6）秒表或相当于秒表的计时器。

（7）干燥器。内盛变色硅胶。

9.3.1.3　测定工作

A　准备滤膜

将干燥器中的待用滤膜，用镊子取下滤膜两面的衬纸，置于天平上称量，记下初始质量，然后装入滤膜夹，放入带编号的样品盒内备用。

B　采样

到采样地点，架好采样器，将准备好的滤膜夹固定在采样滤斗中。

（1）采样位置。一般在工人呼吸带，采场、平巷作业在距工作面 5m 左右的下风侧，天井在安全棚下回风流中，采样高度距地面 1.5m 左右。

（2）采样头方向。入口迎向风流，特殊情况（如天井有飞溅泥水）可垂直于风流。

（3）采样开始时间。连续产尘作业开始 20min 之后，阵发性产尘作业，应在工人工作同时采样。

（4）采样流量和时间。应使所采粉尘量不少于 1mg，时间不应小于 10min，流量为 15 ~ 40L/min，并保持稳定。

在排尘风筒中，风速较高，含尘量也大，测尘时要求等速采样，以便对尘粒不必具有选择性。

9.3.2　粉尘分散度的测定

生产性粉尘对人体健康的危害，既取决于化学组成、浓度等因素，也与粉尘粒子的大小有密切的关系。因此，对作业场所生产性粉尘进行综合评价时，粉尘分散度的测定是一项必不可少的主要内容。

粉尘分散度是指各粒径区间的粉尘数量和质量分布的百分比。中国一般采用数量分布百分比。一般以直径大小的粉尘颗粒占全部粉尘粒子的百分比来表示。粉尘粒子的大小，通常指粉尘粒子的直径（几何投影直径），以 μm 表示。从卫生学观点出发，粉尘粒子的分散度可分为小于 2μm、2 ~ 5μm、5 ~ 10μm、大于 10μm 四个组分。10μm 以下的尘粒能较长时间悬浮在空气中，被吸入人体呼吸道的机会较多，称为吸入性粉尘。5μm 以下的尘粒最易侵入肺泡，称为呼吸性粉尘。普遍认为 1～2μm 的尘粒对肺脏的致纤维化作用较为明显。

粉尘分散度的测定方法和仪器类别很多，按测定原理分为筛分法、显微镜法、沉降法和细孔通过法等。测定数量分散度常用显微镜法，质量分散度常用沉降法。目前井下普遍采用的是显微镜法，现介绍如下。

9.3.2.1　样品制备

A　滤膜涂片法

利用滤膜可溶于有机溶剂而粉尘不溶的原理，将采样后的滤膜，按均分法取有代表性的一部分，放于瓷坩埚（或其他器皿）中，加 1～2mL 醋酸丁酯溶剂，使之溶解并充分搅拌制成均匀的悬浮液；取一滴加于载物玻璃片的一端，再用玻璃片推片，一分钟后形成透明薄膜，即为样品。如尘粒过于密集，可再加入适量增溶剂，重做样品。

B　滤膜透明法

将采样后滤膜，受尘面向下，铺于载物玻璃片上，在中心部位滴一小滴二甲苯（或醋酸丁酯），溶剂向周围扩散并使滤膜溶解形成透明薄膜，即为样品。滤膜上积尘过多时，不便观测。

9.3.2.2　试剂和器材

显微镜法所需的试剂和器材有：

（1）醋酸丁酯（醋酸乙酯，化学纯）；

（2）瓷坩埚（25mL）或小烧杯；

（3）玻璃棒；

（4）玻璃滴管或吸管；

（5）载物玻璃片（75mm×25mm×1mm）；

（6）显微镜；

（7）目镜测微尺；

（8）物镜测微尺；

（9）计数器。

9.3.2.3　观测

A　显微镜放大倍数的选择

一般选取物镜放大倍数为 40 倍，目镜放大倍数为 10～15 倍，总放大倍数为 400～600 倍，也可用更高些放大倍数。

B　目镜测微尺的标定

粉尘粒子的大小是用放在显微镜目镜内的目镜测微尺来测量的（如图 9-24 所示）。当显微镜光学系统放大倍率改变时，被测物体在视野中的大小也随之改变，但目镜测微尺在视野中的大小却不变，因此在测量时对目镜测微尺需事先用物镜测微尺进行标定。

物镜测微尺是一标准尺度，其长度为 1mm，分成 100 个等份刻度，每一分度值为

0.01mm，即 10μm（如图 9-25 所示）。

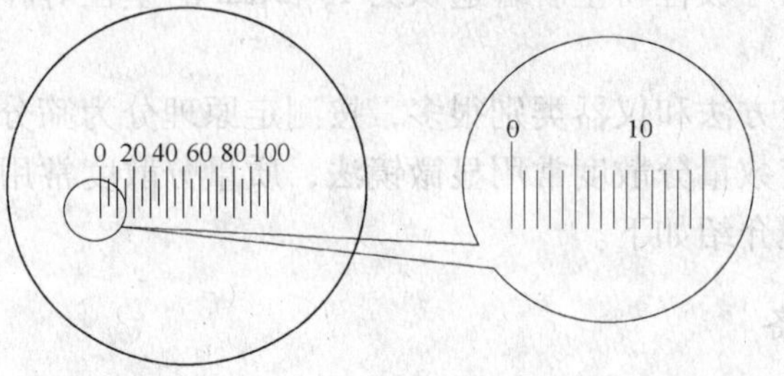

图 9-24　目镜测微尺图

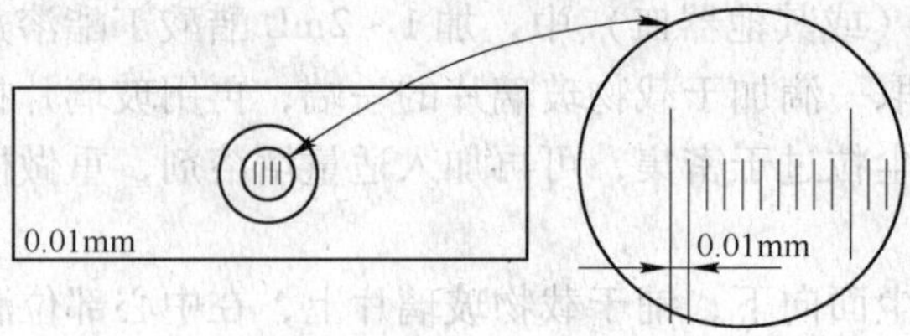

图 9-25　物镜测微尺图

标定时，将物镜测微尺放在显微镜载物台上，选定目镜并装好目镜测微尺。先用低倍物镜找到物镜测微尺刻度线并调到视野中心，然后换为选用倍数的物镜，调整焦距（先将物镜调至低处，注意不要碰到测微尺，然后目视目镜，缓慢向上调整），直到刻度清晰。再调整载物台，使物镜测微尺的一个刻度线与目镜测微尺的一个刻度线对齐，同时找出另一互相重合的刻度线，分别数出该区间两个尺的刻度数，即可算出目镜测微尺一个刻度的度量尺寸。如图 9-26 所示，两尺的 0 线对齐，另一重合线为目镜测微尺的 32 格与物镜测微尺的 14 格，则目镜测微尺每一刻度所度量的长度为$(14 \times 10) \div 32 = 4.4(\mu m)$。

C　测定

取下物镜测微尺，将样品放在显微镜载物台上，选定目镜和物镜，调好焦距，用目镜测微尺度量尘粒尺寸并记数，如图 9-27 所示。观测时，首先根据粉尘粒径分布状况及测定要求，划定计测粒径的区间。

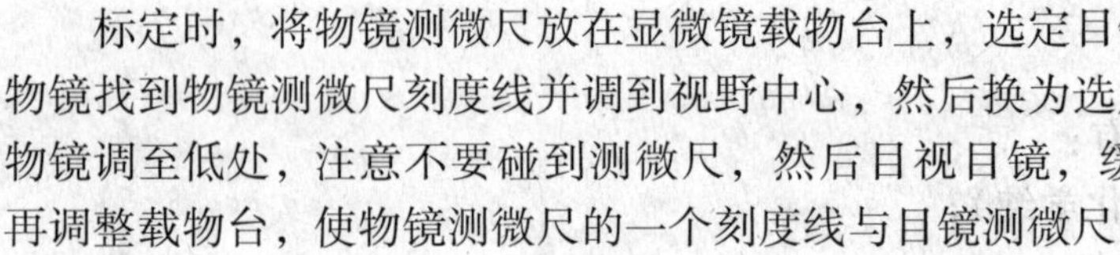

图 9-26　目镜测微尺标定示意图

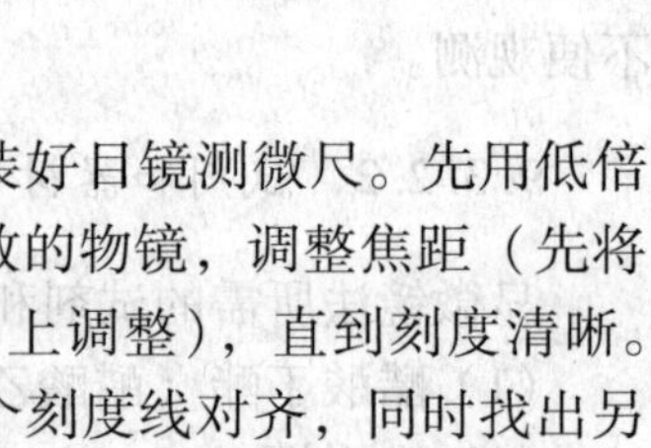

图 9-27　分散度测定示意图

9.3.3 粉尘中二氧化硅含量的测定

9.3.3.1 游离二氧化硅含量测定方法

测定粉尘中游离二氧化硅含量的方法有化学法（如焦磷酸质量法、碱熔钼蓝比色法等）和物理法（如X射线衍射法、红外分光光度法等）两类。目前井下普遍采用的是焦磷酸质量法。

A 原理

硅酸盐溶于加热的焦磷酸而石英几乎不溶，以质量法测定粉尘中游离二氧化硅的含量（质量分数）。

B 器材与试剂

（1）硬质锥形烧瓶(50mL)、量筒(25mL)、烧杯(250~400mL)、玻璃漏斗(60°)等器皿；

（2）温度计（0~360℃）；

（3）玻璃棒（长300mm，直径5mm）；

（4）可调式电炉（0~1100W）；

（5）高温电炉（附温度控制0~1100℃）；

（6）瓷坩埚或铂坩埚（带盖），坩埚钳或尖坩埚钳、干燥器（内盛有变色硅胶）；

（7）抽滤瓶（1000mL）；

（8）玛瑙乳钵；

（9）慢速定量滤纸（7~9瑙）；

（10）粉尘筛（200目，74μm）；

（11）焦磷酸试剂，将85%磷酸试剂加热，沸腾至250℃不冒泡为止，冷却后，置塑料试剂瓶中；

（12）氢氟酸；

（13）结晶硝酸铵；

（14）0.1mol/L盐酸。

C 采样

采集工人经常工作地点的呼吸带附近的悬浮粉尘。按滤膜直径为75mm的采样方法以最大流量采集0.2g左右的粉尘，或用其他合适的采样方法进行采样；当受采样条件限制时，可在其呼吸带高度采集沉降尘。

D 分析步骤

（1）将采集的粉尘样品放在105℃ ±3℃烘干箱中烘干2h，稍冷，贮于干燥器中备用。如粉尘粒子较大，可先过200目（74μm）粉尘筛，取筛下粉尘用玛瑙乳钵研细至手捻有滑感为止。

（2）准确称取0.1~0.2g粉尘样品于50mL的锥形烧瓶中。

（3）在样品中含有煤、炭素及其他有机物的粉尘时，应将其放在瓷坩埚中，在800~900℃下灼烧30min以上，使炭及有机物完全灰化，冷却后将残渣用焦磷酸洗入锥形烧瓶中；若样品中含有硫化矿物(石黄铁矿、黄铜矿、辉钼矿等),应加数毫克结晶硝酸铵于锥形烧瓶中。

（4）用量筒取15mL焦磷酸，倒入锥形烧瓶中，摇动搅拌使样品全部湿润。搅拌时取一支玻璃棒与温度计用胶圈固定在一起，玻璃棒的底部稍长于温度计约2mm。

(5) 将锥形烧瓶置于可调电炉上，迅速加热至245～250℃，保持15min，并且用带有温度计的玻璃棒不断搅拌。

(6) 取下锥形烧瓶，在室温下冷却到100～150℃，再将锥形烧瓶放入冷水中冷却到40～50℃，在冷却过程中，用加热（50～80℃）的蒸馏水将烧瓶中的液体稀释到40～45mL，稀释时一边加水，一边用力搅拌混匀，使黏稠的酸与水完全混合。

(7) 将锥形烧瓶内液体小心移入250mL或400mL的烧杯中，用蒸馏水冲洗温度计、玻璃棒及锥形烧瓶。把洗液一并倒入250mL或400mL的烧杯中，并加蒸馏水稀释至150～200mL，用玻璃棒搅匀。

(8) 将烧杯放在电炉上煮沸内盛液体，同时将60°玻璃漏斗放置在1000mL抽滤瓶上，并在漏斗中放置无灰滤纸过滤（滤液中有尘粒时，须加纸浆），滤液勿倒太满，一般约在滤纸的2/3处。为增加过滤速度，可用胶管与玻璃抽气管相接，利用水流产生负压加速过滤。

(9) 过滤后，用0.1mol/L热盐酸（10mL左右）洗涤烧杯并移入漏斗中，将滤纸上的沉渣冲洗3～5次，再用热蒸馏水洗至无酸性反应为止（可用pH试纸检验）。如用铂坩埚时，要洗至无磷酸根反应后再洗3次，以免损坏铂坩埚。

(10) 将带有沉渣的滤纸折叠数次，放于恒重的瓷坩埚中。在80℃的烘干箱中烘干，再放在高温电炉中碳化。碳化时要加盖并稍留一小缝隙，在碳化过程中，滤纸燃烧时应打开高温电炉门。放出烟雾后，继续加温在800～900℃中灼烧30min，待炉内温度下降到300℃左右时，取下瓷坩埚，在室温下稍冷后，再放入干燥器中冷却1h，称至恒重并记录质量。

E　计算

$$\text{粉尘中游离 } SiO_2 \text{ 含量} = \frac{\text{坩埚及残渣质量} - \text{空坩埚质量}}{\text{粉尘样品质量}} \times 100\% \tag{9-20}$$

F　粉尘中含有难溶物质的处理

当粉尘样品中含有难以被焦磷酸溶解的物质时（如碳化硅、绿柱石、电气石、黄玉等），则需要用氢氟酸在铂坩埚中处理。其目的是将混于残渣中未被溶解的微量硅酸盐及其他有色金属氢化物的含量减掉，当用氢氟酸处理时，可使残渣中的游离二氧化硅（石英）变成四氟化硅挥发掉（即氢氟酸处理过程中的减重为游离二氧化硅的量）。其操作如下：

(1) 向带有残渣的铂坩埚内（经灼烧至恒重后）加入数滴1∶1硫酸，使之全部湿润残渣。

(2) 加5～10mL 40%的化学纯氢氟酸（在通风柜内），稍加热使残渣中游离二氧化硅溶解，继续加热蒸发至不冒白烟为止（防止向上沸腾），再于900℃的温度下灼烧，干燥至恒重。

(3) 计算。

$$\text{粉尘中游离 } SiO_2 \text{ 含量} = \frac{\text{坩埚加残渣质量} - \text{经氢氟酸处理后的坩埚加残渣质量}}{\text{粉尘样品质量}} \times 100\% \tag{9-21}$$

9.3.3.2　游离二氧化硅含量测定的意义

医学研究已经证明，生产性粉尘中的游离二氧化硅，是致尘肺病的主要矿物成分，因此当今世界各国矿山的安全规程中，对作业环境空气中粉尘浓度允许值的规定，都是以粉尘中的游离二氧化硅含量值为依据的。中国2006年修订的《煤矿安全规程》中第739条规定：作业场所空气中粉尘（总粉尘、呼吸性粉尘）浓度应符合表9-7的要求。

表9-7 作业场所空气中粉尘浓度标准

粉尘中游离 SiO_2 的质量分数/%	最高允许浓度/$mg \cdot m^{-3}$		粉尘中游离 SiO_2 的质量分数/%	最高允许浓度/$mg \cdot m^{-3}$	
	总粉尘	呼吸性粉尘		总粉尘	呼吸性粉尘
<10	10	3.5	50~80（不含80）	2	0.5
10~50（不含50）	2	1	≥80	2	0.3

由此可见粉尘中游离二氧化硅的含量与尘肺病的发生发展有着密切的关系，所以全面掌握并做好游离二氧化硅的含量监测，对于有效预防控制职业病的发生尤为重要。

9.3.4 粉尘测定数据、资料的分析处理

粉尘测定是对粉尘作业场所进行安全卫生监督的必要手段，粉尘测定资料为反映生产场所粉尘污染及危害状况、防尘措施的制定与效果的评价、改善作业环境等提供了科学依据，因此应按国家有关规定进行粉尘测定，同时做好测定资料的管理及统计分析工作。

对粉尘测定资料进行正确的统计分析，可使测定结果更具有科学性、可靠性，而不正确的处理可导致错误的结论，给安全生产、防尘、职业病防治带来不必要的损失，所以做好测定资料的统计分析处理是非常必要的。

9.3.4.1 粉尘资料的登记与整理

A 粉尘浓度测定结果的登记

（1）粉尘采样现场记录。粉尘采样现场记录表一般应包括采样地点、位置、采样时间、流量、生产工序及样品编号，还应有与粉尘有关的生产状况（包括粉尘来源、性质、粉尘在时间、空间扩散变化的情况等）、防尘措施、设备的使用情况、采样有无异常情况及采样时的生产环境、气象条件、采样日期及采样者。这种原始记录，是一切测定结果的基础，其格式见表9-8。

表9-8 粉尘采样现场记录表

矿别________ 区科________ 工作地点________

采样地点及位置________ 生产工序________

样品编号________ 采样流量________L/min 采样时间________min

测定情况：（1）生产情况

（2）防尘措施、设施、设备及使用情况

（3）采样情况

气象条件：气温____℃ 气压____kPa 气流____m/s 相对湿度____%

采样日期：____年____月____日 采样人：__________

（2）粉尘采样称量结果记录。粉尘采样结果是粉尘测定的核心部分，记录应更为详细。除对不同单位、不同粉尘种类、不同采样地点的样品加以记录外，还要记录采样时的流量和时间，以备在称量结果出现异常时分析异常情况出现的原因，便于对采样或称量时出现的问题做出正确的判断，其记录表格式见表9-9。

表 9-9　粉尘采样称量结果记录表

采样日期	粉尘种类	采样地点	样品编号	采样流量 /L · min^{-1}	采样时间 /min	称量结果/mg					
						非呼吸性粉尘			呼吸性粉尘		
						采前	采后	增重	采前	采后	增重

（3）粉尘浓度测定结果记录。一般可按一个月内依次测定日期的顺序逐个加以登记，即可看出粉尘浓度变化的概况，记录表格式见表 9-10。

表 9-10　粉尘浓度测定结果记录表

采样单位	采样日期	粉尘种类	样品编号	流量 /L · min^{-1}	采样时间 /min	采样地点	浓度结果/mg · m^{-3}			备注
							非呼吸性 粉尘	呼吸性 粉尘	总尘	

（4）粉尘浓度结果统计。粉尘浓度结果统计是将粉尘测定的原始数据结合测定情况加以分析，使之上升为可供分析用的理性资料，这项工作是粉尘资料登记报告工作中的重要环节，只有经过统计分析的资料，才能去伪存真，使测定结果更具有真实性、准确性和代表性，使其成为可靠的资料。目前多按月统计进行报告，其统计表格式见表 9-11。

表 9-11　　矿　　年　　月粉尘测定统计表

国家标准	项目 指数 尘类	低于 标准/个	超过 标准/个	小计 /个	合格率/%	平均值 /mg · m^{-3}	最高值 /mg · m^{-3}	最低值 /mg · m^{-3}
2 /mg · m^{-3}	全岩巷道 半岩巷道 井　上 小　计							
6 /mg · m^{-3}	砌碹巷道 喷浆巷道 井　上 小　计							
10 /mg · m^{-3}	井下煤尘 井上煤尘 井上岩尘 小　计							
合　计	全　岩 半　岩 全　煤 井　上 总　计							

续表 9-11

指数 尘类 项目	全岩	半岩	全煤	井上	合计
产尘点数					
应测点数					
实测点数					
实测率					

B　粉尘分散度测定记录

粉尘分散度测定结果可按表 9-12 记录。

表 9-12　粉尘分散度测定结果表

矿别________　区科________　工作地点________

采样地点________　粉尘性质________　生产工序

采样方式________　样品编号________　采样日期________

测定结果：测定方法：	显微镜光学条件	目镜测微尺 1 个刻度的长度/μm		
粉尘粒径/μm	<2	2～5	5～10	>10
尘粒数/个				
百分数/%				

报告日期　　年　月　日　　　报告者

C　粉尘游离二氧化硅含量测定记录

中国粉尘卫生标准中，对不同游离二氧化硅含量的粉尘有不同的标准要求。而游离二氧化硅样品来源不同测定结果会有很大差异，测定方法的不同其结果也会有差异，因此应对此加以详细、明确的记录。测定结果可按表 9-13 记录。

表 9-13　粉尘中游离二氧化硅含量测定结果表

矿别________　区科________　工作地点________

粉尘种类________　采样地点________　样品编号________

样品来源______　浮游尘______　沉积尘______　原料______　采样日期______

测定方法：

测定结果（含量,%）：

报告日期　　年　月　　　报告者

9.3.4.2　粉尘测定结果报告

加强粉尘测定的管理与报告是防尘、测尘工作的需要，通过系统的动态观察、科学的管理，使粉尘测定为防止粉尘危害、预防尘肺发生发展、实现矿井安全生产提供科学依据，而管理工作的完善又推动了粉尘测定水平的不断提高。

目前，煤炭系统对粉尘测定的具体要求是，粉尘浓度每个测尘点井下每月测定两次，年产百万吨以上的矿井，每个工作面每季度应进行一次全工班连续粉尘浓度测定，同时要求测定总粉尘和呼吸性粉尘浓度；粉尘分散度每季度至少测定一次，根据生产变化和专题调查的要求，应增加测定次数；对粉尘中游离二氧化硅含量测定，要求每半年至少测定一次，当岩、煤层采掘工作面变化时，要及时测定，以便于执行卫生标准。

各级测尘管理机构和测尘人员，必须按有关规定及时总结上报本单位测尘结果和防尘情况，以便各级领导掌握防尘测尘情况。

测尘员每月向本单位测尘管理机构提供一份测尘结果报告。

基层的测尘机构每半月向上级领导提供一份测尘结果报告，每月向上级测尘管理机构上报一份测尘结果报告。

集团测尘管理机构每季度向上级主管部门上报测尘报表，并转发下属各有关部门。

9.3.4.3　粉尘测定结果的评价方法

对粉尘测定结果进行评价，应根据粉尘浓度实测结果并结合生产情况、防尘措施及设备的情况以及粉尘中游离二氧化硅的含量及分散度的结果，用国家标准来衡量并进行综合分析，才能对生产环境中粉尘的来源、性质、存在情况、环境污染程度、对人体的危害程度等做出全面的评价。为能确切反映个体接触粉尘浓度，还应结合个体粉尘采样结果尤其应有呼吸性粉尘及总粉尘采样结果，以便为人体危害状况的分析提供可靠的依据。

9.3.4.4　粉尘测定资料的统计处理

对粉尘危害进行全面的正确的评价，仅有原始测定结果是不够的，还需对结果进行统计处理，才能去伪存真，科学地阐明事物的内在联系和规律，使结果更真实、可靠，具有代表性。由于调查分析的目的不同，统计处理方法各异，现就目前监测结果统计分析的需要，将常用的几个统计指标的意义和方法介绍如下。

A　指标的计算

实测率、合格率是常用的指标，一般以百分率表示（%）。

（1）实测率。实测率指实际测定的点次数占应测定点次数的百分率。计算方法为：

$$实测率 = \frac{实测次数}{应测次数} \times 100\% \tag{9-22}$$

（2）合格率。合格率指实测结果中达到粉尘卫生标准的点次数占实测点次数的百分率，也可称达标率。计算方法为：

$$合格率 = \frac{合格次数}{实测次数} \times 100\% \tag{9-23}$$

B　平均数

平均数是分析计量资料常用的一种统计指标，用来描述一组同质计量资料集中趋势，平均水平的指标给人以概括的印象，且便于事物间进行比较。常用的有均数（通常指算术均数）、几何均数、中位数等。在日常测定报表中的平均数即是算术均数，是反映月、季、年粉尘浓度集中趋势或平均水平的指标。当粉尘浓度波动范围不大、浓度分布呈正态分布时，用此指标较为合理，有代表性；当波动范围大、分布呈非正态分布时，则多以几何均数表示，即将粉尘测定结果进行对数换算，使之成为对数正态分布，再求对数的真值，即几何均数；此外也可用中位数表示平均水平。计算方法如下：

(1) 算术均数。

$$\overline{X} = \frac{X_1 + X_2 + \cdots + X_n}{n} = \frac{\Sigma X}{n} \tag{9-24}$$

式中 $\overline{X}$——算术均数；

X_1，X_2，…，X_n——样品结果；

n——测定例数。

样品数量少时可直接按式（9-24）计算，当样品含量大时，上述计算繁杂，则可将原始数据编制成频数表后用加权法加以计算，具体计算法可见统计学。

(2) 几何均数。小样本：$G = n\ \sqrt{X_1X_2\cdots X_n}$。

为便于计算也可直接将原始结果先进行对数换算，求出几何平均值的对数后，再计算出对数的反对数，即可求出几何均值。即：

$$\lg G = \frac{\lg X_1 + \lg X_2 + \cdots + \lg X_n}{n} = \frac{\Sigma \lg X}{n} \tag{9-25}$$

式中 G——几何均数；

$\lg X_1$，$\lg X_2$，…，$\lg X_n$——每个样品的对数值；

n——样本例数。

上述方法便于小样本计算，当样本量大时则计算繁杂，和算术均数一样，编制频数表后，用加权方法计算。

(3) 中位数。把粉尘测定结果按大小顺序排列，居中的那个测定值即为中位数，计算时因样品个数有奇、偶之分，方法略有不同：

奇数时，

$$M = \frac{n+1}{2}X$$

偶数时，

$$M = \frac{\frac{n}{2}X + \left(\frac{n}{2}+1\right)}{2}$$

式中 M——中位数；

X——样品结果；

n——样本例数。

当样本数量足够大时，可编制频数分配表，按式（9-26）计算出来：

$$M = L + \frac{i}{f_{\mathrm{M}}}\left(\frac{n}{2} - c\right) \tag{9-26}$$

式中 L——中位数所在组的下限；

i——组距；

f_{M}——中位数所在组的频数；

n——样本例数；

c——小于 L 的累积频数。

C 标准差

对粉尘资料进行分析时，不仅要看样品集中趋势，还要分析离散趋势，说明离散程度的常用指标有全距（极差）、四分位间距、方差、标准差和变异系数，尤其标准差、方差更为常用，方差是标准差的平方，因此应对标准差有所了解。标准差是反映测定值变异程度的指标，将均数和标准差结合起来，才能全面描述粉尘测定值的分布情况，常用 S 表示标准差。式（9-27）是基本计算公式。

$$S=\sqrt{\frac{\sum(X-\overline{X})^{2}}{n-1}} \quad \text{或} \quad S=\sqrt{\frac{\sum X^{2}-\frac{(\sum \overline{X})^{2}}{n}}{n-1}} \tag{9-27}$$

式中 S——标准差；

X——样本值；

$\overline{X}$——样本均数；

n——样本例数。

但当样本数量大时，可编制频数表，用加权法计算即可求出，即：

$$S=i\sqrt{\frac{\sum fd^{2}-\frac{(\sum fd)^{2}}{n}}{n-1}} \tag{9-28}$$

式中 S——标准差；

i——组距；

f——频率；

d——简化组中值。

应用标准差表示测定值分布的离散程度，当分析两组测定值均数相近时，标准差大，说明测定值变异程度（离散程度）较大，均值代表性差，反之则变异程度小，代表性较好。

D 均数的抽样误差和显著性检验

a 抽样误差

由总体中随机抽取样本来推断总体的方法，称为抽样研究。在抽样研究中不可避免地存在着样本均数与总体均数间或样本均数间的差别，这种差别称为抽样误差。在粉尘测定中，测定次数是按规定进行的，是随机抽样，因而出现因抽样而造成的差别。由抽样误差而出现的差别用样本均数的标准差表示，为与样本的标准差区别，将样本均数的标准差称为标准误差。标准误差反映样本均数的离散程度，标准误差小，表示样本均数与总体均数靠近，用样本均数代表总体均数的可靠性大，反之则可靠性小。

在实际工作中往往只知样本标准差，所以多以样本标准差代替总体标准差来求得标准误差的估计值。

$$S_{\overline{X}}=\frac{S}{\sqrt{n}} \tag{9-29}$$

式中 $S_{\overline{X}}$——标准误差；

S——样本标准差；

n——样本例数。

b 显著性检验

样本均数与总体均数间、样本均数间不可避免地存在着抽样误差，而这种数字上的差异如果是在抽样误差允许范围内，则统计上认为这种差异没有意义，如果超出抽样误差允许范围，则统计上认为这种差异有显著性意义，即两者间有实质性的差别。均数差别的显著性检验，就是判断样本均数与总体均数（或两个样本均数）间差别是否有显著意义的一种方法。一般步骤如下：

（1）建立检验假设。假设比较的两样本来自相同的总体，样本均数与总体均数（或两样本均数）之差仅仅由抽样误差所致，这种抽样误差的可能性用概率 P 表示。

（2）根据检验假设计算样本检验误差 t 值。要根据资料的类型选取适宜的 t 值公式，常见的类型有样本均数与总体均数差异的显著性比较、样品配对资料的显著性比较、两样本均数的显著性比较。当样本较小时，t 值计算如下：

$$t = \frac{|\overline{X}_1 - \overline{X}_2|}{S_{\overline{X}_1 - \overline{X}_2}} \tag{9-30}$$

式中 $\overline{X}_1 - \overline{X}_2$——两样本的均数；

$S_{\overline{X}_1 - \overline{X}_2}$——两样本合并标准误差。

当样本较大时可用大样本检验误差 u 检验，公式为：

$$u = \frac{|\overline{X}_1 - \overline{X}_2|}{\sqrt{S_{X_1}^2 - S_{X_2}^2}} \tag{9-31}$$

上述公式表明 t 值实际上就是样本均数与总体均数或两样本均数之差，是标准误差的倍数。

c 确定概率和判断结果

计算出 t 值后，查 t 值表确定概率 P，再根据 P 值大小做出显著性有无的判断，划分差别有无显著性的界限，一般选择概率 5%，t 值越大 P 值越小，当 $t \geqslant t(n')0.05$ 或 $t(n')0.01$ 时可以拒绝原假设，认为样本均数与总体均数（或两样本均数）间有显著性差别。

差别显著性意义还需结合调查内容分析是否有实际意义，不能仅凭 t 值的大小做出结论。当样本数量足够大时，可直接用 u 检验计算，不必用 t 计算。在 u 检验计算中，u 与 P 关系为 $u=1.96P$ 时以 0.05 为界限，$u=2.58P$ 时以 0.01 为界限，进行判断（见表 9-14）。

表 9-14 t 值、P 值与差别意义的关系

t 值	P 值	差别意义
$<t(n')\ 0.05$	>0.05	无显著意义
$\geqslant t(n')\ 0.05$	$\leqslant 0.05$	有显著意义
$\geqslant t(n')\ 0.01$	$\leqslant 0.01$	极显著意义

E 变异系数

变异系数以 C_V 表示，当两样本观察值的单位不同而无法进行比较时，用变异系数比较是合宜的：

$$C_V = \frac{S}{X} \times 100\% \tag{9-32}$$

变异系数没有单位，只表明变异的幅度，变异系数小，说明观察值个体的变异程度小，反之则大。

复习思考题

9-1　矿山哪些生产环节产生粉尘？
9-2　粉尘的传播途径有哪些？
9-3　粉尘对人体的危害有哪些？
9-4　粉尘对井下空气环境有什么影响？
9-5　巷道内最低排尘风速是多少？
9-6　巷道内的扬尘风速是多少？
9-7　试叙述湿式凿岩的防尘作用。
9-8　试叙述悬浮粉尘的捕捉方法。
9-9　试叙述粉尘浓度的测定方法。

附　录

实验1　矿井空气中主要有害气体浓度的测定

一、实验目的

（1）学习使用 AQY-50 型手动采样器测定 CO、CO_2 和 H_2S 含量的方法。

（2）学习使用比长式检测管测定 CO、CO_2 和 H_2S 含量的方法。

二、实验要求

（1）掌握 AQY-50 型手动采样器的构造、原理和使用方法。

（2）掌握比长式检测管测定 CO、CO_2 和 H_2S 的原理及方法。

三、实验仪器和设备（表1）

表1　实验1所用的仪器和设备

序　号	名　称	型号或规格	数　量
1	手动采样器	AQY-50	7
2	秒　表	普通	7
3	气普发生器	普通	1
4	CO 检测管	Ⅰ、Ⅱ、Ⅲ型	7
5	CO_2 检测管	Ⅰ、Ⅱ型	7
6	H_2S 检测管	Ⅰ型	7
7	长颈漏斗	普通	4
8	烧　瓶	普通	4
9	烧　杯	普通	7
10	广口瓶	普通	7

四、实验内容及步骤

（一）仪器的构造和原理

1. 检测管

检测管的工作原理是：当被测气体以一定的速度通过检测管时，被测气体与指示粉发生有色反应，根据指示粉的变色长度来确定其浓度。测定不同气体的检测管，其指示粉吸附不同的化学试剂。

一氧化碳检测管是以活性硅胶为载体的，吸附化学试剂碘酸钾和发烟硫酸充填于细玻璃管中，两者反应生成的五氧化二碘吸附在硅胶上。当含有一氧化碳的气体通过检测管时，一氧化碳与五氧化二碘反应使碘游离，形成一个棕色环，随着气流通过，棕色环向前移动，移动的距离与被测环境中的一氧化碳浓度成正比，即：

$$I_2O_5 + 5CO \xrightarrow{H_2SO_4} 5CO_2 + I_2$$

$$I_2 + SO_3 \longrightarrow \text{棕色化合物}$$

因此，当检测管中通过定量气体后，根据棕色环移动的距离，便可测得环境空气中一氧化碳的浓度。

硫化氢检测管也以活性硅胶为载体，而它所吸附的化学试剂为醋酸铅，当含有硫化氢的气体通过检测管时，便与指示粉反应，在玻璃管内壁产生一个棕色变色柱，棕色变色柱的移动距离与空气中硫化氢的浓度成正比。其反应式如下：

$$Pb(CH_3COO)_2 + H_2S \longrightarrow PbS + 2CH_3COOH$$

根据变色柱的距离，便可测得环境空气中硫化氢的浓度。

二氧化碳检测管与上述两种基本相同，它以活性氧化铝为载体，吸附带有变色指示剂的氢氧化钠充填于玻璃中，当含有二氧化碳气体通过检测管时，它与活性氧化铝上所载的氢氧化钠反应，由原来蓝色色柱变为白色色柱向前移动，其白色色柱的移动距离与被测环境空气中二氧化碳浓度成正比，于是根据移动距离，便可测得空气中二氧化碳的浓度。其反应式如下：

$$CO_2 + 2NaOH \longrightarrow H_2O + Na_2CO_3$$

2. 吸气装置

吸气装置主要采用 AQY-50 型手动采样器。

（二）测定方法和步骤

1. 试样气体的制备

一氧化碳试样气体制备的方法如图 1 所示，在长颈漏斗中盛蚁酸，圆底烧杯中盛浓硫酸并加热，其反应式如下：

$$HCOOH \xrightarrow{\text{浓硫酸加热}} H_2O + CO\uparrow$$

应预先测定容器中一氧化碳的浓度，以给学生选定检测管的规格。

硫化氢试样制备所用的设备与图 1 所示设备相同，在长颈漏斗中盛盐酸，圆底烧杯中盛硫化亚铁，其反应式如下：

$$FeS + 2HCl = FeCl_2 + H_2S\uparrow$$

二氧化碳试样的制备方法如图 2 所示，在左边的广口瓶里放大理石小块，从长颈漏斗注入稀盐酸（为了防止气体从长颈漏斗逸出，需将漏斗下端插入液面以下），用向上排空气法可将 CO_2 收集在右边的广口瓶中。其反应式如下：

$$CaCO_3 + 2HCl = CaCl_2 + H_2O + CO_2\uparrow$$

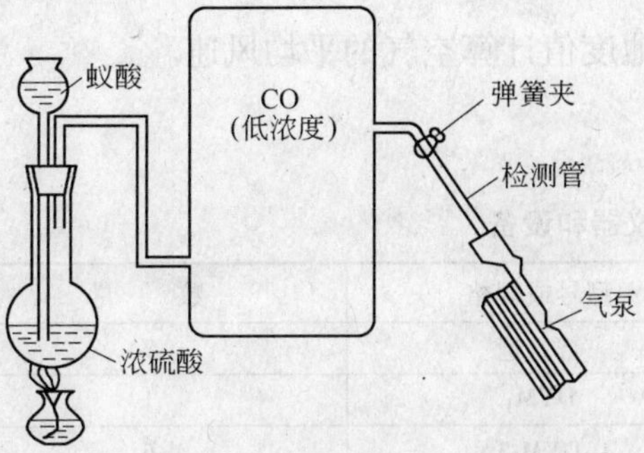

图1　一氧化碳试样制备方法

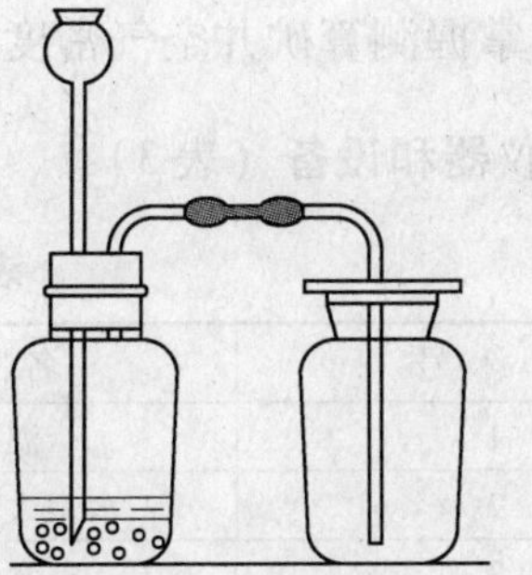

图2　二氧化碳试样制备方法

2. 测定方法

使用 AQY-50 型手动采样器时，先将三通阀把手置于水平位置，气嘴入口插入盛 CO 等被测气体的容器中，拉动活塞取样，然后将三通阀把手置于 45°位置，打开检测管，把浓度标尺“0”的一端插入采样器的接头胶管上，按规定的送气时间以均匀的速度送入检测管，最后从检测管浓度标尺上读出被测气体的浓度，填入实验报告中。

五、实验数据表格（表2）

表2　实验室空气中 CO、CO_2 和 H_2S 浓度记录表

检定气体	检测管型号	吸气装置	环境温度/℃	吸气时间/s	浓度读数/%			
					第1次	第2次	第3次	平均浓度
一氧化碳								
二氧化碳								
硫化氢								

六、思考题

（1）测定 CO 含量时，棕色环并没有出现，或者棕色环超过检测管最大量程，这是怎么回事？请解释。

（2）如果测量环境空气的一氧化碳、二氧化碳或硫化氢浓度较大或特小，如何利用比长式检测管测定其浓度？

实验2　矿井大气主要参数的测定

一、实验目的

（1）学习使用温度计、湿度计、气压计测量空气的湿度和密度。

（2）学习使用卡他温度计测量环境气候的卡他度和风速。

二、实验要求

（1）掌握使用湿度计、气压计、卡他温度计测量矿井大气的温度、湿度、大气压力、

风速及卡他度的方法；

（2）掌握测算矿井空气密度的方法，会用卡他度值计算空气的平均风速。

三、实验仪器和设备（表 3）

表 3　实验 2 所用的仪器和设备

序　号	名　称	型号或规格	数　量
1	温度计	普　通	7
2	水银大气压力计	DYM_1	1
3	空盒气压计	DYM-3	6
4	数字式气压计	WFQ-2	1
5	手摇湿度计	DHM_{1-1}	7
6	风扇式湿度计	DHM_2	7
7	卡他温度计		7
8	秒　表	普　通	7

四、实验内容及步骤

（一）空气温度的测定

使用普通温度计或湿度计中的干温度计测定空气温度，然后换算成绝对温度，记入实验报告中。

（二）大气压力的测定

1. 使用水银气压计测定大气压力

在实验室测量大气压力，主要采用水银气压计。使用时，只需将其悬挂于待测地点，等候管内水银面稳定后，直接读其高度数值就是待测地点的大气压力，并将其数值换算成 kPa 记入实验报告中。

2. 使用空盒气压计测定大气压力

在矿井井下测量大气压力主要采用空盒气压计。

空盒气压计出厂时要附一个检定证，检定证中给出了三种读数的订正值。

空盒气压计检定证（仪器号 116750）如下：

（1）刻度订正：如表 4 所示。

表 4　空盒气压计刻度订正表（仪器号 116750）　mmHg

气　压	订正值	气　压	订正值	气　压	订正值
800	−0.4	730	+0.2	660	−0.6
790	−0.3	720	+0.2	650	−0.5
780	−0.2	710	+0.1	640	−0.5
770	−0.1	700	0.0	630	−0.5
760	0.0	690	−0.2	620	−0.4
750	+0.1	680	−0.4	610	−0.3
740	+0.1	670	−0.5	600	−0.2

（2）温度订正：-0.03mmHg/℃。

（3）补充订正：$+0.6$mmHg。

空盒气压计的读数要经过下述三种订正，才为实测大气压力值。例如读数为675mmHg，测定时的温度为16.5℃，则：

（1）刻度订正。从检定证中查出，当读数为675mmHg时，其订正值为-0.45mmHg。

（2）温度订正。从检定证中查出，当温度变化1℃时的气压订正值为-0.03mmHg/℃，故温度订正值为$-0.03\times16.5=-0.5$mmHg。

（3）补充订正。从检定证中查出，其订正值为$+0.6$mmHg。

经上述三种订正后，实际大气压力为$p=675-0.45-0.5+0.6=674.65$(mmHg)$=$89.95(kPa)，换算成kPa后记入实验报告中。

注意：每只空盒气压计必须使用它自己的订正值，切记不能互相代替。

3. 使用数字式气压计测定大气压力

数字式气压计具有体积小、重量轻、测量参数多、数据准确、读数简便、使用寿命长等特点，目前，在实验室、煤矿井下测量大气压力多用数字式气压计。使用时，只要按一下“总清”键，液晶显示就会显示当时当地大气压力值。换算成kPa记入实验报告中。

（三）湿度测定

矿井大气的相对湿度一般用手摇湿度计或风扇湿度计。它们的结构不同，但原理相同，都是由干温度计和湿温度计（水银球部包以湿纱布）组成。前者用手摇，后者有带发条转动的小风扇。用前者测量时，用大约120r/min的速度旋转60s，使湿温度计外包的湿纱布水分蒸发，吸收热量，湿温度计的指示值下降，根据两温度计上分别读出的干温度和湿温度值查表可得到相对湿度值φ。用后者测量时，首先上紧发条，然后开启风扇，此时小风扇吸风，在湿球周围形成2~5m/s的风速，60s后同样读出干温度和湿温度值查表得到相对湿度值φ。

上述温度、大气压力、相对湿度要读数3次，取其平均值计算。

（四）空气密度计算

按以下两式分别计算空气密度（kg/m^3）：

（1）精确式

$$\rho=\frac{\gamma}{g}=0.465\,\frac{p}{gT}\left(1-0.378\,\frac{\phi p_{\mathrm{W}}}{p}\right)$$

式中　p——大气压力，mmHg；

T——空气绝对温度，$T=273+t$，K；

t——空气温度，℃；

ϕ——空气相对湿度，%；

p_{W}——空气饱和水蒸气分压力，mmHg；

γ——空气的重力密度，N/m^3。

（2）近似式

$$\rho\approx(3.485\sim3.473)\frac{p}{T}$$

（五）卡他度测定

卡他计是检查气温、湿度、风速综合作用的一种仪器，如图 8-3 所示，其下端是长圆形的贮液球，长约 40mm，直径为 16mm，表面积为 22.6cm^2，内贮酒精。上端也有长圆形的空间，以便在测定时容纳上升的酒精，全长约 200mm。其上刻 38℃ 和 35℃，其平均值正好等于人体温度。

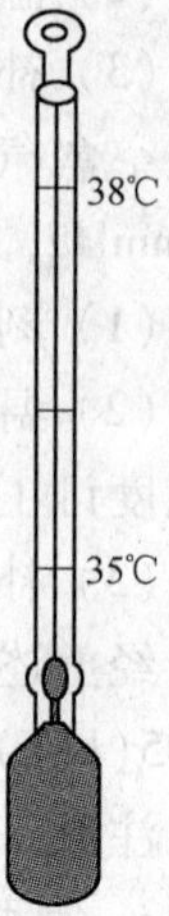

图 3　卡他计

测定时，将卡他计先放入 55℃ 左右的热水中使酒精面开始升至仪器上部空间 1/3 处，取出卡他计抹干，然后挂在待测点，此时酒精液面开始下降。记录由 38℃ 下降至 35℃ 所需时间，然后用下式计算卡他度：

$$H_{干} = \frac{F}{t}$$

式中　$H_{干}$——干卡他度，mcal/(m^2·s)；

F——卡他常数（附于仪器上）；

t——温度由 38℃ 下降至 35℃ 所需时间，s。

测定湿卡他度时，仅需将贮液球包上湿纱布后，按上述方法进行，然后用下式计算湿卡他度 $H_{湿}$。

$$H_{湿} = \frac{F}{t}$$

根据用卡他度所测定的上述数据，可用以下两式分别计算风速：

（1）当 $H/\theta \leqslant 0.6$ 时，　$v = \left(\frac{H/\theta - 0.20}{0.40}\right)^2$

（2）当 $H/\theta \geqslant 0.6$ 时，　$v = \left(\frac{H/\theta - 0.13}{0.40}\right)^2$

式中　v——待测点风速，m/s；

θ——卡他度的平均温度，即 36.5℃ 减去该处的空气温度，℃；

其他符号意义同前。

五、实验数据表格（表 5～表 7）

表 5　大气压力记录表

仪器类别	大气压力							
	读数				刻度订正值 /mmHg	温度订正值 /mmHg	补充订正值 /mmHg	实际气压 /Pa
	第1次	第2次	第3次	平均值				
空盒气压计								
水银气压计								
数字气压计								

表6　空气湿度记录表

仪器类别	测定次数	空气温度/℃		平均干温度/℃	平均湿温度/℃	绝对温度/K	相对湿度/%	饱和蒸气压力/kPa	空气密度/kg·m^{-3}
		干	湿						
手摇湿度计	1								
	2								
	3								
风扇湿度计	1								
	2								
	3								

表7　卡他度与风速记录表

仪器类别	测定次数	时间/s	时间平均值/s	干卡他度/mcal·(m^2·s)$^{-1}$	湿卡他度/mcal·(m^2·s)$^{-1}$	环境温度/℃	卡他常数	平均风速/m·s^{-1}
干卡他计	1							
	2							
	3							
湿卡他计	1							
	2							
	3							

六、思考题

（1）为何要对空盒气压计的读数进行校正？

（2）为什么说卡他计是检查气温、湿度及风速综合作用的一种仪器？

实验3　通风管道中风流点压力和风速的测定

一、实验目的

（1）学习用皮托管及压差计测定通风管道中的点压力，并了解皮托管及压差计的构造；

（2）学习用皮托管及压差计测定通风管道中某断面的平均风速并计算风量。

二、实验要求

（1）掌握用皮托管及压差计测定通风管道中某点空气的静压、动压和全压的方法，以巩固 $h_t = h_s \pm h_v$ 的概念。

（2）掌握用皮托管及压差计测定通风管道中某点平均风速、最大风速和速度场系数 K

的方法，并计算风量。

三、实验仪器和设备（表8）

表8 实验3所用的仪器和设备

序 号	名 称	型号或规格	数 量
1	通风管道	大直径	1
2	通风管道	小直径	6
3	皮托管	AFP-8A	10
4	皮托管	微型	15
5	U形垂直压差计	±200mm	10
6	U形倾斜压差计	AFJ-150	7
7	单管倾斜压差计	YYT-200；Y-61	7
8	补偿式微压计	DJM9	7

四、实验内容及步骤

（一）管道中空气点压力的测定

1. 原理

皮托管与压差计布置如图4所示，图4（a）为压入式通风，图4（b）为抽出式通风。皮托管“+”管脚接受该点的绝对全压 p_t，皮托管“-”管脚接受该点的绝对静压 p_s，压差计开口端接受同标高的大气压 p_0。所以1、4压差计的读数为该点的相对静压 h_s；2、5压差计的读数为该点的动压 h_v；3、6压差计的读数为相对全压 h_t。就相对压力而言，$h_t = h_s \pm h_v$；压入式通风为“+”，抽出式通风为“-”。通过本实验数据可以验证相对压力之间的关系。

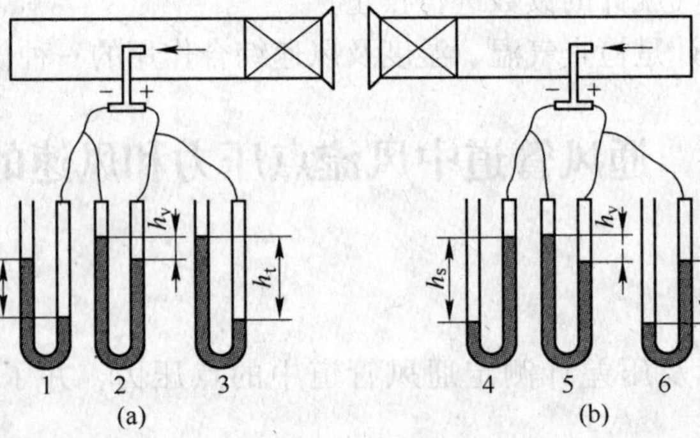

图4 管道中空气点压力测定

（a）压入式通风；（b）抽出式通风

2. 实验方法和步骤

（1）将U形垂直压差计和皮托管用胶皮管按图4连接。先验证压入式通风相对压力之间关系。

（2）检查无误后，开动风机。

（3）当水柱计稳定时，同时读取 h_t、h_s、h_v。

（4）然后用同样的方法同时读取抽出式管道的 h_t、h_s、h_v。

（5）将实验数据填写于实验报告中。

（二）测定管道中某断面的平均风速并计算风量

1. 原理

风流在管道中流动时，各点的风速并不一致，用皮托管测得的动压，实际上是风流在管道中流动时，皮托管所在测试断面风流某点的动压值，而不是整个断面风流动压的平均值。在实际工作中，由于时间限制，逐点测定并计算平均值是比较困难的。通常只测量断面中心点最大动压值，然后用式 $\bar{v}_i = K\sqrt{\dfrac{2h_{i\mathrm{vmax}}}{\rho_i}}$ 计算平均风速。其中，K 是速度场系数。

求得测点断面的平均风速后，将平均风速乘以测点的管道断面积 S_i，即为管道通过的风量（$Q_i = \bar{v}_i S_i$）。

2. 测定方法和步骤

（1）测定速度场系数。速度场系数 K 即为管道断面的平均风速 $\bar{v}_i$ 与最大风速 $v_{i\mathrm{max}}$ 之比值。因此，测算速度场系数，必须首先计算管道的平均风速。为了保证测值准确性，合理的布置测点是十分重要的。测点一般选择在管道的直线段，皮托管与压差计连接方法如图5所示。

在测点断面上，要布置若干个测点。对于圆形管道，一般将圆断面分成若干个等面积环，并在各等面积环的面积平分线上布置测点，如图6所示。

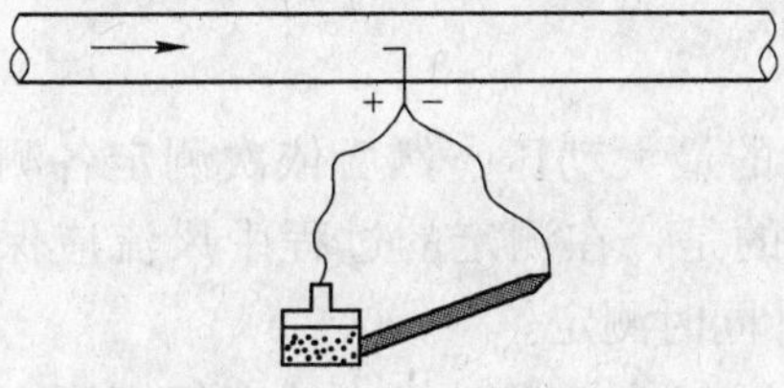

图5　管道风速测定图

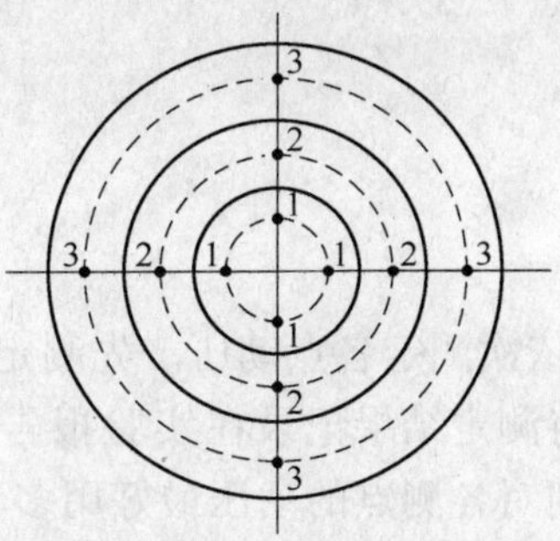

图6　测定风速时测点布置

如果速度场纵横对称，也可在纵向或横向上布置测点。测取各点动压值后，计算平均风速，具体步骤如下：

1）确定等面积环个数。等面积环个数，一般按管道直径大小来确定，环数越多则精度越高，可按表9选取。

表9　管道直径与等面积环个数关系

管道直径/m	≤0.3	0.4	0.5	≥0.6
等面积环个数/个	2~3	3~4	4~5	5~6

2）计算各测点距中心点的距离 r_i。

$$r_i = r_0\sqrt{\frac{2i-1}{2n}}$$

式中　r_i——各测点距中心点的距离，m；

r_0——管道的半径，m；

i——由管道中心点算起的等面积环编号数；

n——等面积环个数。

为了安装皮托管方便，一般将 r_i 值换算成从管道一侧插到测点的深度 l_i 值，如图 7 所示，可计算如下：

$$l_1 = r_0 - r_3 \qquad l_2 = r_0 - r_2 \qquad l_3 = r_0 - r_1$$

$$l_4 = r_0 + r_1 \qquad l_5 = r_0 + r_2 \qquad l_6 = r_0 + r_3$$

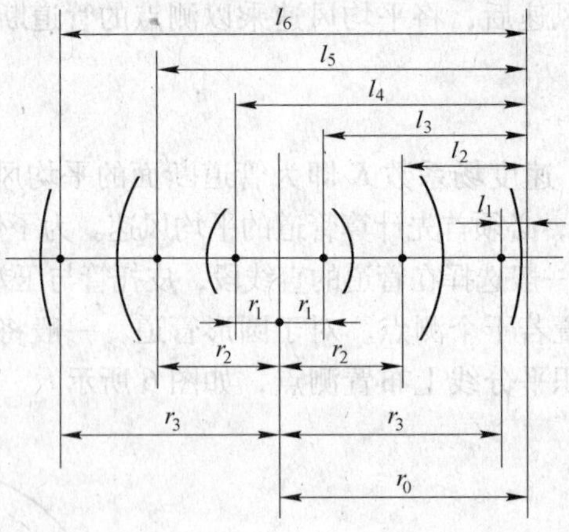

图 7　r_i 与 l_i 换算图

3）依次测定各点动压。先测定管道断面中心点的最大动压，然后依次测定各测点的动压，将测定结果记录在实验报告书中。应当强调的是，在测定的过程中风流应保持稳定，否则对各测点的动压最好用多支皮托管与压差计同时测定。

4）测定管道中的空气密度。管道流动的空气密度与外界相对静止的空气密度有所不同，但差别不大，为了节省时间，可采用实验 2 的测定结果。

5）计算中心最大风速（m/s）、平均风速（m/s）及速度场系数。

$$v_{i\max} = \sqrt{\frac{2h_{i\max}}{\rho_i}}$$

$$\bar{v}_i = \sqrt{\frac{2}{\rho_i}} \times \frac{\sqrt{h_{v1}} + \sqrt{h_{v2}} + \cdots + \sqrt{h_{vn}}}{n}$$

$$K = \frac{\bar{v}_i}{v_{i\max}}$$

（2）计算通过管道的风量。根据管道直径计算管道断面面积 S_i，按式 $Q_i = \bar{v}_i S_i$ 计算管道风量。

五、实验数据表格（表 10、表 11）

表 10　管道中某点空气相对压力值记录表

测量次数	压入式通风			抽出式通风		
	h_t/Pa	h_s/Pa	h_v/Pa	h_t/Pa	h_s/Pa	h_v/Pa
1						
2						
3						
平　均						

表 11　管道中某断面动压记录表　　管道直径 D =

测量次数	h_{v1}/Pa	h_{v2}/Pa	h_{v3}/Pa	h_{v4}/Pa	h_{vmax}/Pa	平均风速 /m·s^{-1}	最大风速 /m·s^{-1}	速度场系数 K	管道风量 /m^3·s^{-1}
1									
2									
3									
平　均									

六、思考题

（1）从 U 形垂直压差计上如何判断风机的工作方法？

（2）如何确定皮托管管脚？

（3）管道中的风量大小对测定速度场系数有无影响？

实验 4　通风管道中摩擦阻力与摩擦阻力系数的测定

一、实验目的

学习测算通风阻力及摩擦阻力系数的方法，加深对矿井通风阻力的理解。

二、实验要求

（1）掌握测定通风阻力、求算风阻和等积孔、绘制风阻特性曲线的方法。

（2）掌握在通风管道中测算摩擦阻力系数的方法。

三、实验仪器和设备

同实验 3 所需的仪器和设备。

四、实验内容及步骤

（一）原理

根据能量方程可知，当管道水平放置时，两测点之间管道断面相等，没有局部阻力，且空气密度近似相等时，则两点之间的摩擦阻力就是通风阻力，它等于两点之间的绝对静压差（$h_f = h_{1-2} = p_1 - p_2$）。

根据第 2 章内容可知：

管道的摩擦阻力 h_f(Pa)　　$h_f = \alpha \dfrac{PL}{S^3}Q^2$

风阻 R_f($N \cdot s^2/m^8$)　　$R_f = \dfrac{h_f}{Q^2}$

等积孔 A(m^2)　　$A = \dfrac{1.192}{\sqrt{R}}$

摩擦阻力系数 $\alpha_{测}$($N \cdot s^2/m^4$)　　$\alpha_{测} = \dfrac{h_f S^3}{PLQ^2}$

换算为标准状态的 $\alpha_{标}$($N \cdot s^2/m^4$)　　$\alpha_{标} = \dfrac{1.2\alpha_{测}}{\rho_{测}}$

最大动压平均值 $\bar{h}_{vmax}$(Pa)　　$\bar{h}_{vmax} = \dfrac{h_{vmax1} + h_{vmax2}}{2}$

平均最大风速 $\bar{v}_{max}$(m/s)　　$\bar{v}_{max} = \sqrt{\dfrac{2\,\bar{h}_{vmax}}{\rho}}$

管道平均风速 $\bar{v}$(m/s)　　$\bar{v} = K\,\bar{v}_{max}$

管道风量 Q(m^3/s)　　$Q = \bar{v}S$

(二) 测定方法和步骤

(1) 将 U 形垂直压差计和皮托管用胶皮管按图 8 连接，检查无误后开机测定。

(2) 当水柱计稳定时，同时读取 h_{vmax1}、h_{vmax2} 和 h_{1-2}，记入实验报告书中。

(3) 用皮尺量出测点 1、2 之间的距离，根据管道直径，计算出管道面积和周长，记入实验报告书中。

(4) 根据上述数据计算风阻、等积孔、摩擦阻力系数，记入实验报告书中。

(5) 计算时空气的密度和速度场系数用实验 2 和实验 3 的实验结果。

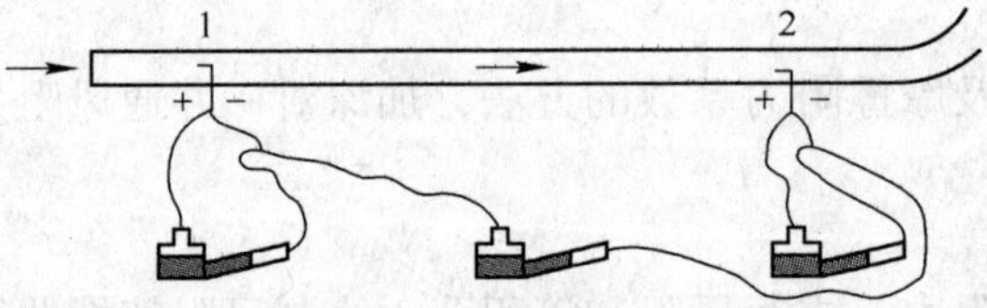

图 8　通风管道中摩擦阻力测定布置图

五、实验数据记录（表 12、表 13）

表 12　管道参数与压差计读数记录表

测量次数	$h_{v\,max1}$/Pa	$h_{v\,max2}$/Pa	h_{1-2}/Pa	测点间距离/m	管道直径/m	周长/m	断面/m^2	空气密度/$kg \cdot m^{-3}$	速度场系数
1									
2									
3									
平均									

表13　管道摩擦风阻与摩擦阻力系数计算结果表

平均风速/$m \cdot s^{-1}$	风量/$m^3 \cdot s^{-1}$	管道风阻值/$N \cdot s^2 \cdot m^{-8}$	等积孔/m^2	摩擦阻力系数/$N \cdot s^2 \cdot m^{-4}$	摩擦阻力系数标准值/$N \cdot s^2 \cdot m^{-4}$

六、思考题

（1）如果改变实验管道的断面、长度、风量，对实验结果有无影响，为什么？

（2）为什么要同时读取 $h_{v\,max1}$、$h_{v\,max2}$ 和 h_{1-2}？

实验5　风机特性曲线的测定

一、实验目的

通过实测风机特性曲线，加深对风机特性曲线的理解，并进一步理解扇风机的性能。

二、实验要求

（1）掌握扇风机性能试验的方法和实测数据的计算整理；

（2）绘制扇风机性能曲线，进一步理解扇风机性能。

三、实验仪器和设备（表14）

表14　实验5所用的仪器和设备

序　号	名　称	型号或规格	数　量
1	风机试验装置	6-463C	1
2	转数表	LZ-30	1
3	电工仪表		1
4	皮托管	300mm	1
5	干湿球湿度计	ZJ1、-25～50℃	1
6	空盒气压计	DYJ_1-1	1
7	单管倾斜压差计	YYT-200；Y-61	1

四、实验内容及步骤

（一）原理

扇风机特性曲线是以风量 Q 为横坐标，压差 h、功率 N 及效率 η 为纵坐标，而作出的 h-Q、N-Q、η-Q 的三条曲线。

根据第5章内容可知，每变动一次风阻，就必然相应地存在一组压差 h 值及风量 Q 值。在图纸上又可以作出相应的一个工作点。不断地改变风阻，便不断得到新的工作点。

这些工作点的连线也就是它的轨迹，即 h-Q 曲线。

根据风压及风量值可求出扇风机理论上所需要的功率（kW）：

$$N_L = \frac{hQ}{1000}$$

式中　h——扇风机实际风压，Pa；

Q——扇风机实际风量，m^3/s。

根据实测可以求出扇风机实际消耗的功率，扇风机的理论功率与实际功率之比值称为扇风机效率，以 η 表示：

$$\eta = \frac{N_L}{N} = \frac{hQ}{1000N}$$

式中　N——实际功率，kW。

实际上，功率及效率都会随着工作点而变化。也就是说，功率及效率都会随着风量而变化。所以一个完整的扇风机特性曲线图，应包括风压曲线 h-Q、功率曲线 N-Q 和效率曲线 η-Q。

在管网风阻不变的条件下，改变叶片安装角，扇风机的特性曲线就随之变化，即风压、风量、功率、效率等值随之变化。在叶片安装角一定时，改变扇风机转速 n，则风压、风量、功率、效率也会随之变化，其变化关系为：

$$\left.\begin{aligned}\frac{Q_1}{Q_2} &= \frac{n_1}{n_2}\\ \frac{h_1}{h_2} &= \left(\frac{n_1}{n_2}\right)^2\\ \frac{N_1}{N_2} &= \left(\frac{n_1}{n_2}\right)^3\end{aligned}\right\}$$

（二）测定方法和步骤

（1）根据扇风机的工作方式，布置皮托管和压差计。

（2）在不改变转速的情况下，改变风阻，测出压差、风速、电流值、电压值、气压值、温度，记入实验报告书中。

（3）在不改变风阻的情况下，改变叶片安装角，测出压差、风速、电流值、电压值、气压值、温度，记入实验报告书中。

（4）在不改变风阻的情况下，改变风机转速，测出压差、风速、电流值、电压值、气压值、温度，记入实验报告书中。

（5）根据上述数据计算风量、功率、效率，记入实验报告书中。

（6）根据风量、压差、功率、效率数值绘制风机特性曲线。

五、实验数据记录（表 15）

表 15　扇风机特性曲线实测记录表

扇风机类型				电机效率				cosφ	
空气重力密度				风筒断面				速度场系数	
测量次数	动压/Pa	风速 /$m^3 \cdot s^{-1}$	平均风速 /$m^3 \cdot s^{-1}$	风量 /$m^3 \cdot s^{-1}$	压差/Pa	理论功率 /kW	电压/V	电流/A	实际功率 /kW
1									
2									
3									
4									
5									

六、思考题

（1）风阻变化对扇风机特性曲线有何影响？

（2）扇风机实际工作效率主要和哪些因素有关？

实验 6　粉尘浓度的测定

一、实验目的

了解评价作业场所空气中粉尘对人体健康的危害程度，研究改善防尘技术措施以及评价其效果。

二、实验要求

（1）根据《作业场所空气中粉尘测定方法》(GB 5748—85）及相关文献，确定粉尘浓度的测定方法。

（2）掌握各种仪器设备的使用方法。

三、实验仪器和设备（表 16）

表 16　实验 6 所用的仪器和设备

序　　号	名　　称	型号或规格	数　　量
1	粉尘采样器	D-4	1
2	滤　膜	φ 40mm	10
3	尘云室		1
4	显微镜	Xsp-13A	1
5	显微镜测微尺		1
6	扭力天平	JN-A-100	1

续表16

序 号	名 称	型号或规格	数 量
7	气体流量计	15~40L/min	1
8	秒 表		
9	玻璃棒		
10	物镜测微尺		
11	内盛变色硅胶		
12	干燥器		

四、实验内容及步骤

（一）粉尘浓度的测定

1. 方法和原理

（1）测定方法：滤膜质量浓度法。

（2）测尘原理：在电动抽气机的作用下，使一定体积的空气在一定时间内通过已知质量的滤膜，粉尘被阻留在滤膜上，然后通过测量采气量和测量滤膜上粉尘的质量，计算出粉尘的浓度。

2. 测定步骤

（1）滤膜的准备。用镊子取下滤膜两面的夹衬纸，置于天平上称量，记录初始质量，然后将滤膜装入滤膜夹，确认滤膜无褶皱或裂隙后，放入带编号的样品盒里备用。

（2）采样器的架设。取出准备好的滤膜夹，装入采样头中拧紧，采样时，滤膜的受尘面应迎向含尘气流。当迎向含尘气流无法避免飞溅的泥浆、砂粒对样品的污染时，受尘面可以侧向。

（3）采样开始的时间。在连续性产尘作业点，应在作业开始30min后采样；在阵发性产尘作业点，应在工人工作时采样。

（4）采样的流量。常用流量为15~40L/min。浓度较低时，可适当加大流量，但流量应稳定。

（5）采样的持续时间。根据测尘点的粉尘浓度估计值及滤膜上所需粉尘增量的最低值确定采样的持续时间，但一般不得小于10min（当粉尘浓度高于10mg/m^{3}时，采气量不得小于0.2m^3；粉尘浓度低于2mg/m^{3}时，采气量为（0.5~1m^3））。采样持续时间一般估算为：

$$t \geqslant \frac{\Delta m \times 1000}{C'Q}$$

式中 t——采样持续时间，min；

Δm——要求的粉尘增量，其质量应大于或等于1mg；

C'——作业场所的估计粉尘浓度，mg/m^3；

Q——采样时通过滤膜的单位时间空气量，L/min。

（6）采集在滤膜上的粉尘的增量。直径为40mm滤膜上的粉尘的增量，不应少于1mg，但不得多于10mg，直径为75mm的滤膜，应做成锥形漏斗进行采样，其粉尘增量不受此限制。

（7）采样后样品的处理。采样结束后，将滤膜从滤膜夹上取下，一般情况下，不需干燥处理，可直接放在如上规定的天平上称量，记录质量。如果采样时现场的相对湿度在90%以上或有水雾存在时，应将滤膜放在干燥器内干燥2h后称量，并记录测定结果。称量后再放入干燥器中干燥30min，再次称量，当相邻两次的质量差不超过0.1mg时，取其最小值。

3. 粉尘浓度计算

$$C = \frac{(m_2 - m_1) \times 1000}{Qt}$$

式中　C——粉尘浓度，mg/m^3；

m_1——采样前的滤膜质量，mg；

m_2——采样后的滤膜质量，mg；

t——采样时间，min；

Q——采样时通过滤膜的单位时间空气量，L/min。

（二）粉尘分散度的测定

1. 原理

采样后的滤膜溶解于有机溶剂中，形成粉尘粒子的混悬液，制成标本，在显微镜下测定。

2. 操作步骤

（1）将采有粉尘的滤膜放在瓷坩埚或小烧杯中，用吸管加入1~2mL乙酸丁酯，再用玻璃棒充分搅拌，制成均匀的粉尘混悬液，立即用滴管吸取一滴，滴于载物玻片上，用另一载物玻片成45°角推片，贴上标签、编号、注明采样地点及日期。

（2）镜检时如发现涂片上粉尘密集而影响测定时，可再加适量乙酸丁酯稀释，重新制备标本。

（3）制好的标本应保存在玻璃平皿中，避免外界粉尘的污染。

（4）在400~600倍的放大倍率下，用物镜测微尺校正目镜测微尺每一刻度的间距，即将物镜测微尺放在显微镜载物台上，目镜测微尺放在目镜内。在低倍镜下（物镜4×或10×），找到物镜测微尺的刻度线，将其刻度移到视野中央，然后换成测定时所需倍率，在视野中心，使物镜测微尺的任一刻度与目镜测微尺的任一刻度相重合。然后找出两尺再次重合的刻度线，分别数出两种测微尺重合部分的刻度数，计算出目镜测微尺一个刻度的间距。

（5）测定分散度时，取下物镜测微尺，将粉尘标本放在载物台上，先用低倍镜找到粉尘粒子，然后用400~600倍观察。用目镜测微尺无选择地依次测定粉尘粒子的大小，遇长径量长径，遇短径量短径。至少测量200个尘粒，按表17记录，算出百分数。

五、实验数据记录（表17）

表17　粉尘数量分散度测量记录表

粒径/μm	<2	≥2~5	>5~10	>10
尘粒数/个				
百分数/%				

六、思考题

(1) 粉尘对人体的危害主要表现在哪几方面?

(2) 粉尘浓度测量过程中主要注意事项有哪些?

实验7　扇风机特性测定

一、实验目的

掌握扇风机特性测定方法，通过测定加深理解扇风机风量和风压、功率与效率的关系。

二、实验设备与仪表

本实验所需的设备与仪表有:

5.5kW 轴流式风机、风筒、调节闸门、皮托管、U 形压差计、单管压差计、电度表(或功率表、电压表、电流表、功率因数表)、秒表、空盒气压计、湿度计、胶皮管、酒精、皮尺、转速计(本实验不测风机转速)。

三、实验方法和计算

实验按图 9 所示布置，用调节闸门由全开到全闭调节风机工况，测定每一工况时的风量、风压和电动机功率，经过计算，绘制该扇风机的特性曲线。

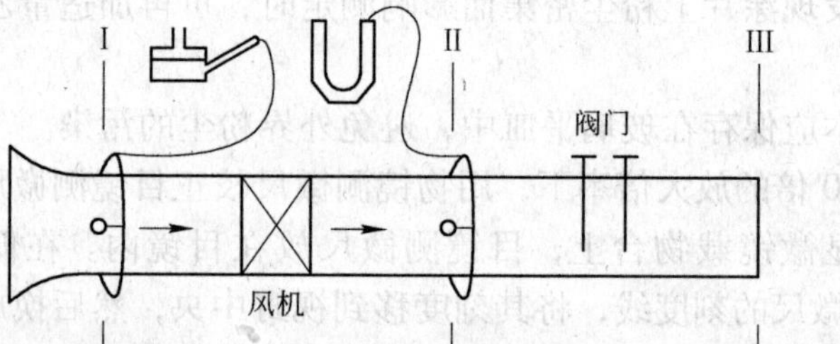

图 9　扇风机特性测定布置图

(1) 风量测定。在扇风机入风侧断面 I 处用单管压差计测得相对静压 $h_{\mathrm{I s}}$ 后按下式计算风量 Q($\mathrm{m^3/s}$):

$$Q = V_{\mathrm{I m}} \cdot S_{\mathrm{I}}$$

$$V_{\mathrm{I m}} = \sqrt{\frac{2}{\rho} K h_{\mathrm{I s}}}$$

式中　$V_{\mathrm{I m}}$—— I 断面的平均风速，m/s;

S_{I}—— I 断面的面积，$\mathrm{m^2}$;

ρ——测定时的空气密度，kg/m^3；

K——集流器系数，经标定，本实验所用集流器系数为0.95；

h_{Is}——Ⅰ断面的相对静压，Pa。

（2）扇风机风压测定。因为：

因 $$H_t = H_s + H_{ov} = h_R + h_{ov}$$

且 $$H_{ov} = h_{ov} = h_{\mathrm{II}v} = h_{\mathrm{I}v}$$

所以 $$H_s = h_r$$

又因Ⅰ～Ⅱ断面风筒很短，其阻力可略去，故：

$$h_R = h_{\mathrm{II}s} + h_{\mathrm{I}s}(1 - K)$$

$$H_t = h_{\mathrm{II}s} + h_{\mathrm{I}s}$$

式中 H_t——扇风机的全风压，Pa；

H_s——扇风机的静风压，Pa；

h_R——扇风机所克服的通风阻力，Pa；

H_{ov}，$h_{\mathrm{II}v}$，$h_{\mathrm{I}v}$——扇风机出口，风筒Ⅰ断面，风筒Ⅱ断面的平均动压，Pa；

$h_{\mathrm{I}s}$，$h_{\mathrm{II}s}$——Ⅰ断面，Ⅱ断面的相对静压，Pa。

由上式可知，只要测得Ⅰ、Ⅱ断面的相对静压（h_{Is}、h_{IIs}），即可算出扇风机的风压H_t和静压H_s。

（3）电动机功率测定。本实验采用三相功率表读出其表指针偏转格数n后，用下式计算电动机输入功率$N_电$：

$$N_电 = 0.04 \times n$$

（4）扇风机效率计算。

扇风机全压效率 $$\eta_电 = \frac{QH_t}{1000N_电} \times 100\%$$

扇风机静压效率 $$\eta_s = \frac{QH_s}{1000N_电} \times 100\%$$

（5）空气密度测定。用空盒气压计测大气压，用湿度计测湿度，计算空气密度。

（6）测点断面积测算。

（7）绘制扇风机特性曲线。以风量为横坐标，扇风机的静压、功率、效率为纵坐标，分别绘制Q-H_s、Q-$N_电$、Q-η_s的关系曲线。

注：1. 转速测定可参阅教材的有关部分。

2. 压力读数是以mmH_2O为单位的，应换算为Pa带入公式计算。

参考文献

[1]《采矿设计手册》编写组．采矿设计手册［M］．北京：建筑工业出版社，1989.

[2]《采矿手册》编写组．采矿手册[M]. 北京：冶金工业出版社，2008.

[3] 浑宝炬．矿井通风与除尘[M]. 北京：冶金工业出版社，2007.

[4] 王英敏．矿井通风与防尘[M]. 北京：冶金工业出版社，1993.

[5] 陈国山．矿山通风与环保[M]. 北京：冶金工业出版社，2008.

[6] 支学艺．矿井通风与防尘[M]. 北京：化学工业出版社，2013.

[7] 周洵远．金属矿井通风防尘（修订版)[M]. 北京：冶金工业出版社，1989.